干法超微粉碎技术在食品加工中的应用

王立东 庄柯瑾 包国凤◎著

GANFA CHAOWEI FENSUI JISHU
ZAI SHIPIN JIAGONG ZHONG DE YINGYONG

U0298860

 中国纺织出版社有限公司

内 容 提 要

本著作重点阐述了气流超微粉碎、球磨研磨超微粉碎等干法粉碎技术处理对玉米淀粉、马铃薯淀粉、绿豆淀粉、豌豆淀粉、荞麦淀粉、小米全粉、绿豆全粉、小米麸皮结构和性质的影响及相关产品开发。为干法超微粉碎技术在食品加工中的应用提供理论和应用基础,本书具有一定的前瞻性和实用性,有较高的学术价值。

本书可作为粮食加工专业、食品专业的参考用书,也可供相关领域的科研人员阅读。

图书在版编目(CIP)数据

干法超微粉碎技术在食品加工中的应用/王立东,庄柯瑾,包国凤著. -- 北京 : 中国纺织出版社有限公司,2022.6

ISBN 978-7-5180-9173-7

Ⅰ.①干… Ⅱ.①王… ②庄… ③包… Ⅲ.①食品加工 Ⅳ.①TS205

中国版本图书馆 CIP 数据核字(2021)第 235999 号

责任编辑:闫 婷 责任校对:楼旭红 责任印制:王艳丽

中国纺织出版社有限公司出版发行
地址:北京市朝阳区百子湾东里 A407 号楼 邮政编码:100124
销售电话:010— 67004422 传真:010— 87155801
http://www.c-textilep.com
中国纺织出版社天猫旗舰店
官方微博 http://weibo.com/2119887771
唐山玺城印务有限公司印刷 各地新华书店经销
2022 年 6 月第 1 版第 1 次印刷
开本:710×1000 1/16 印张:21.00
字数:332 千字 定价:98.00 元

前　言

　　现代高新技术和新材料产业的发展、传统产业的技术进步和产品升级要求许多粉体原料具有微细的颗粒、严格的粒度分布、特定的颗粒形状和极高的纯度或极低的污染程度。超细粉体具有粒度小、比表面积大、表面质点数多、表面质点能量高、活性大，分散性、流变性、溶解性能好等优点，被应用于陶瓷、冶金、化工和食品等工业领域。

　　干法超微粉碎是一种重要的物理改性技术，使原料的微观结构、粒度及理化性质等发生改变，减少干燥、解聚等烦琐环节，生产工艺简单，产品分散性好；干法超微粉碎也是一种有效的预处理手段，被应用于食品加工过程中原料的预处理阶段，改善了粉体溶解性和比表面积等性质，从而提高后续处理工序的效率。干法超微粉碎改性技术主要包括气流超微粉碎、球磨研磨超微粉碎、振动磨超微粉碎和高速机械冲击磨超微粉碎等，通过激光粒度分布仪、红外光谱仪、黏度测定仪、X射线衍射仪、差示扫描热量仪和扫描电镜等先进仪器检测分析。干法超微粉碎可显著降低粉体粒度和改善粉体品质。深度研究干法超微粉碎工业技术，拓展超微粉碎产品加工途径与产品表现形式，实现粮食资源的高值化利用，已成为食品工业的重要任务。

　　本书主要介绍气流超微粉碎、球磨研磨超微粉碎等干法粉碎技术处理对玉米淀粉、马铃薯淀粉、绿豆淀粉、豌豆淀粉、荞麦淀粉、绿豆全粉、小米全粉、小米麸皮等物质结构及性质的影响及相关产品开发。书中系统介绍了气流超微粉碎处理对不同链/支比玉米淀粉、马铃薯淀粉多层级结构及理化性质的影响，以及气流超微粉碎预处理玉米淀粉对辛烯基琥珀酸淀粉酯制备及性质的影响；气流超微粉碎处理对小米全粉性质的影响及相关产品开发；球磨研磨超微粉碎对绿豆淀粉、豌豆淀粉、荞麦淀粉颗粒结构及理化性质的影响；对比了不同粉碎处理方式对绿豆全粉性质的影响；超微粉碎处理对小米麸皮膳食纤维物理特性的影响等内容，本书从机理到工艺、从技术到产品，具体、详尽地介绍了干法超微粉碎关键技术和产品开发。

　　全书共十章，第一章主要论述了现代产业发展与超细粉体、超微粉碎技术及其在淀粉改性中的应用现状;第二章介绍了不同链/支比玉米淀粉气流超微粉碎层级结构及理化性质研究;第三章介绍了马铃薯淀粉气流超微粉碎层级结构及理化性质研究;第四章介绍了气流微粉碎预处理对辛烯基琥珀酸淀粉酯制备及性质的影响;第五章介绍了球磨研磨对绿豆淀粉颗粒结构及理化性质的影响;第六章介绍了球磨处理对豌豆淀粉结构及理化性质的影响;第七章介绍了球磨研磨对荞麦淀粉结构及性质的影响;第八章介绍了气流超微粉碎对小米全粉结构及性质的影响;第九章介绍了不同的粉碎预处理方式对绿豆全粉性质的影响;第十章介绍了超微粉碎对小米麸皮膳食纤维物理特性影响。

全书由黑龙江八一农垦大学的王立东、庄柯瑾、包国凤合著而成,并由张东杰完成主审,字数共计 332 千字。其中王立东完成第二章的第二节、第三节、第四节、第五节和第五章,共计 113 千字;庄柯瑾完成第二章的第一节、第三章和第四章,共计 104 千字;包国凤完成第一章、第六章、第七章、第八章、第九章和第十章,共计 110 千字。本书的出版得到黑龙江省自然科学基金项目"气流粉碎强化固相化学反应合成高疏水性酯化淀粉及其作用机理研究(LH2020C087)"、国家重点研发计划战略性国际科技创新合作重点专项项目"杂粮食品精细化加工关键技术合作研究及应用示范(2018YFE0206300)"、黑龙江省杂粮生产与加工优势特色学科资助项目(黑教联[2018]4 号)、黑龙江八一农垦大学学术专著论文基金的资助,以及黑龙江八一农垦大学农业部农产品加工质量监督检验测试中心(大庆)博士后工作站的支持。本书在成书过程中得到黑龙江八一农垦大学王长远、曹龙奎、王维浩的大力支持,在此表示由衷的感谢,并对参与研究项目的黑龙江八一农垦大学李晓强、于仕博、李振江、武彦春、高菲等科研人员表示诚挚的感谢。

由于作者水平有限,受研究方法和条件的局限,书中难免会出现疏漏或者不恰当的观点和叙述,愿各位同仁和广大读者在阅读的过程中能够给予更多的指导,并提出宝贵的意见。我们衷心希望本书的出版可以为相关科研人员、企业人员和高校教师提供参考。最后,再次感谢在本书编辑与出版过程中所有对我们的工作给予支持和帮助的人们。

作者

2021 年 10 月于大庆

目　　录

第一章 绪论

第一节 现代产业发展与超细粉体

现代高新技术和新材料产业的发展、传统产业的技术进步和产品升级要求许多粉体原料具有微细的颗粒、严格的粒度分布、特定的颗粒形状和极高的纯度或极低的污染程度。有的要求平均粒径仅数微米，甚至 $1\mu m$ 以下；有的要求粒度分布狭窄，产品中粗大颗粒和过细颗粒，尤其是粗大颗粒的含量极低，甚至完全不含有；有的要求颗粒表面光滑、形状规则；有的要求颗粒形状接近于球形、圆柱形、纺锤形、片形、针形或其他形状。粉体物料最主要和最重要的质量指标之一是其粒度。这是因为粒度决定了粉体产品的许多技术性能和应用范围。粉体的比表面积、化学反应速率、吸附性能、分散性、流变性、沉降速度、溶解性能、光学性能等，这些都与粉体的粒度大小和粒度分布有关。

超细粉体粒度细、比表面积较大、表面质点数多，而表面层的质点与内部质点所受周围质点(原子、离子或分子)的相互作用力是不同的，表面质点在不平衡力的作用下，就会偏离平衡位置，加上超细粉碎过程的机械力激活或机械化学作用，这一切都使超细粉体表面的质点比其内部的质点具有更高的能量(表面能)和活性。因此，超细粉体具有化学反应速度快、吸附量大、溶解度大以及独特的分散性、流变性、电性、磁性等性能。

20 世纪 80 年代以来，随着对超细粉体独特性质的认识及超细粉体加工技术的发展，超细粉体在现代工业和高技术及新材料产业的相关领域，如高级(或高技术)陶瓷，微电子及信息材料，塑料、橡胶及复合材料填料，润滑剂及高温润滑材料，精细磨料及研磨抛光剂，造纸填料及涂料，高级耐火材料及保温隔热材料，化妆品、医药和保健品等中得到了广泛的应用。

第二节　超微粉碎技术概述

超细粉体,尤其是亚微米及纳米材料具有特殊的力学、电学、磁学、热学、光学和化学活性等特性,使其在国防、电子、核技术、材料、冶金、航空、轻工、医药等领域占有重要的应用价值。

机械法超微粉碎工艺可分为干法和湿法两种类型。干法超细粉碎工艺是一种广泛应用的硬脆性物料的超细粉碎工艺。干法超微粉碎工艺简单,生产流程较短,在生产干粉时无需设置后续过滤、干燥等脱水工艺设备,因此,具有操作简便、容易控制、投资较省、运转费用较低等特点。根据所采用的超细粉碎设备的不同,有多种不同的超细粉碎工艺,如气流超细粉碎工艺、机械冲击磨超细粉碎工艺、介质磨(球磨机、振动磨、搅拌磨或砂磨机、塔式磨等)超细粉碎工艺。湿法粉碎工艺是利用粉碎设备加工处理流动性或半流动性物料的一项技术,粉碎过程中有水(或其他液体)的参与。该技术被广泛应用于新型材料、制药、化工、农业、电子、废弃物再生及食品加工等高新技术领域。湿法除了胶体磨、高压射流磨外,湿法超细粉碎大多采用搅拌磨、砂磨机、振动磨等介质研磨类超细粉碎设备。

一、干法超微粉碎技术

研究表明,降低食品原料的水分含量可以改变其生化特性、结构和质构及研磨特性。在干法粉碎技术中,研磨通常会改善干燥原料的质地(弹性、塑性或刚性)。干法生产食品超微粉可以通过以下一种或多种方式实现:冲击法(最常用)、磨损或切割法等。根据原材料的特性和最终产品所需的特性,粉碎操作可以通过特定装置进行,如锤、销、圆盘、刀片、高速气流或球磨机等。在此,介绍了两种主要的干法超微粉碎技术:气流超微粉碎和球磨研磨超微粉碎。

(一)气流超微粉碎技术

1.气流粉碎过程与机理

气流粉碎技术是将干燥、净化后压缩气体通过喷嘴产生高速气流,在粉碎腔内带动颗粒高速运动,使颗粒受到冲击碰撞、摩擦、剪切等作用而被粉碎,被粉碎颗粒随气流分级,细度要求合格颗粒由捕集器收集,而未达要求的粗颗粒再返回粉碎室继续粉碎,直至达到所需细度并收集,气流粉碎产品平均粒径为 $0.1\sim10~\mu m$。流化床式气流粉碎因其粉碎颗粒在磨腔内流态化,颗粒粉碎主要通过颗粒间相互碰撞和摩擦实现,颗粒与磨机部件作用小,使成品粉纯度高,近"零"污染,颗粒粉碎更充分,粉碎效率更好,产品粒度更细且分布窄,产量大,能耗小,适于大型工业化和连续生产。流化床气流粉碎系统如图1-1及设备如图1-2所示。

　　Hinting等提出粉体颗粒粉碎模型主要有3种,如图1-3所示。一是体积粉碎模型,生成粒度相对较大的中间颗粒;二是表面粉碎模型,生成细小颗粒,不破坏颗粒内部结构;三是均一粉碎模型,生成均匀性微粉成分,但此种情况较难发生。粉体粉碎过程主要是体积粉碎和表面粉碎的结合,形成二成分分布。

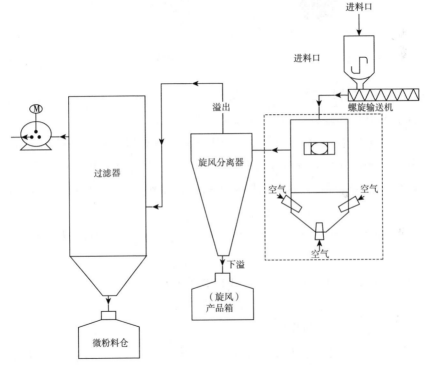

图1-1　流化床气流粉碎系统流程示意图

图1-2　流化床气流粉碎装置图

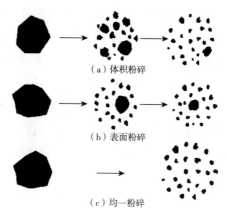

（a）体积粉碎

（b）表面粉碎

（c）均一粉碎

图 1-3　颗粒的 3 种主要粉碎模型

2. 气流粉碎技术的特点与优势

气流粉碎与其他粉碎方式相比，具有以下优点：

（1）产品污染小，纯度高。气流粉碎尤其是流化床式气流粉碎颗粒加速、混合和粉碎均在磨腔内气—粒分散体系中完成，为"无介质"粉碎，主要依靠颗粒之间碰撞、摩擦和剪切实现粉碎，因此，颗粒与粉碎设备作用很小，产品污染小，能够满足药品、食品等行业加工高纯度要求。

（2）产品粒度细、粒度分布窄且均匀。流化床式气流粉碎分级装置由高速旋转分级轮完成，符合粒度要求被分级，未达到粒度要求将被继续粉碎，其粒度范围一般在 0.1~20 μm 之间（视粉碎条件和物料而定）。

（3）气流粉碎较湿法粉碎避免了干燥、解聚等烦琐后处理环节，生产工艺更为简单，粉碎产品具有较好分散性。

（4）气流粉碎压缩气体绝热膨胀产生焦耳—汤姆逊降温效应，因此适合热敏性、低熔点、易燃易爆性物料粉碎，粉碎环境为低温环境。

3. 气流粉碎技术的应用现状

（1）在食品领域中的应用。

在食品领域，利用气流粉碎技术对食品原料进行粉碎处理，主要应用在粉碎作用对原料有效成分的提取利用效果、工艺、微观结构、粒度及理化性质等方面的研究。如小麦、大米经过气流粉碎后促进多酚等有效成分的提取效果，提高提取效率，并保持有效成分活性。Protonotariou 等研究发现，小麦面粉经过气流粉碎后其理化性质发生改变，颗粒粒度减小至 19 μm，面粉持水量增大，色泽光亮，降低了面粉糊化温度，处理后面粉更适于烘焙面包应用。Araki 和 Ashida 等利用气流粉碎处理大米细粉和脱脂米糠,并利用微细粉制作大米粉面包和米糠面包,所得产品质地柔软、色泽好、口感细腻、体积大。Sotome 等利用气流粉碎处理米粉后,发现粉体中细菌数量减少,但还需深入研究。Antonios 等研究了气流粉碎对大麦粉、黑麦粉颗粒组成、形貌以及理化性质的影响,气流粉碎作用后粉体粒度明显减小,增加了粉体中损伤淀粉含量,随着粒度减小粉体振实密度和体积密度增加,粉碎参数——持料量对粉体性质产生重要影响;Syahrizal 等研究了气流粉碎对脱脂大豆粉物理化学性质及感官特性的影响,气流粉碎作用使大豆粉平均粒径降低至 4.3 μm,增加了粉体溶解性、持水性和持油性,并且降低了大豆粉苦涩味道,有益于大豆粉工业应用;Chanvorleak 等通过传统研磨和气流粉碎方法处理猴头菌粉,气流粉碎处理得到粉体产品在比表面积、粉体密度、溶解度、膨胀度、蛋白质提取率等方面表现出良好优越性,使猴头菌粉更有益于食品工业应用。Xia 等利用高速气流粉碎木薯淀粉制备纳米颗粒淀粉,并对淀粉粉碎机制进行分析,得到粒径为 66.94 nm 的纳米颗粒,并对纳米淀粉晶体结构、分子特性、糊化特性、流变特性进行分析,纳米淀粉存在糊黏度显著降低、剪切稀化行为,淀粉晶体结构受到破坏,淀粉分子链降解。

(2)在医药领域中的应用。

在医药领域,Marija 等研究了气流粉碎技术处理立痛定药物对其理化性质的影响,气流粉碎作用使产品晶体结构发生变化,颗粒粒度减小;Onoue 等将胰岛素干粉利用气流粉碎处理,得到的干粉进行小鼠喂养实验观察,发现小鼠吸入的胰岛素干粉降血糖效果明显优于未气流粉碎产品,同时干粉的溶出度明显改善;Shariare 等研究气流粉碎对布洛芬晶体颗粒的粉碎效果,得到粒度低于 5 μm,溶出度较好的产品;Saleem 等利用气流粉碎和球磨研磨处理药物,发现气流粉碎能够使药物粒度更小且粒度分布更窄,同时能够提高药物溶出度和吸收效果,且粉碎过程无污染。利用气流粉碎对药物进行粉碎,应根据药物特性和实际需要,通过调整粉碎参数来获得所需药物粉体粒度,粉碎粒度过细将导致药物溶解速度过快和促进血液浓度骤然升高,同时影响药物粉体的流动性和填充性。

(3)在矿业、材料及其他领域中的应用。

气流粉碎技术在食品和医药领域应用较少,其主要应用在非金属矿物中如滑石、石英、高岭土、钛白粉、硅灰石等领域;Lu 等利用流化床气流粉碎处理 TiAl 粉,并研究加工参数对物料粉碎效果的影响,重点考察了工质压力、分级转速等操作参数对粉体颗粒大小、粒度分布、微观形貌和晶体结构影响;Xu 等利用流化床气流粉碎干法处理废弃轮胎橡胶粉,分析和考察工质压力、持料量和粉碎温度对粉碎效果的影响,进一步分析了 Kapur 功能与粒度关系。Rama 等研究了气流粉碎加工参数对 MnBi 合金颗粒大小、形貌、相组成及磁性影响,粉碎后粉体粒径达 1 μm;Wang 等利用流化床气流干法粉碎氧化铝粉,考察了粉碎参数对粉碎效果影响,得到粉碎压力、进料量和喷嘴到粉碎点之间的距离等参数对产品粒度产生重要影响;Xu 等利用流化床气流粉碎技术处理废弃轮胎橡胶,并考察粉碎动力学模型,研究发现气体压力、进料量和粉碎温度对粉碎产生重要影响;Viktor 等考察了螺旋式气流粉碎过程中动力学参数,获得良好动力学模型参数。在不同行业中,气流粉碎技术作为制备纳米颗粒的预处理手段被广泛应用。

(二)球磨研磨粉碎技术

1.球磨研磨粉碎过程与机理

球磨又称球磨机,是磨碎或研磨的一种常用设备。利用下落的研磨体(如钢球、鹅卵石等)的冲击作用以及研磨体与球磨内壁的研磨作用而将物料粉碎并混合。按照机体的形状可分为圆筒球磨、锥形球磨和管磨(又称管磨机)3 种。磨体有 3 种运动状态:泻落式、离心式、抛落式。

球磨处理是一种常用的物理改性方法,是将材料放置在含有不同大小磨球的球磨罐中,通过球与球之间、球与物料之间以及球与容器壁之间的摩擦、碰撞、挤压和剪切等机械作用来改变粉体状态,这个过程将粉体中的大颗粒粉碎形成更小的颗粒。球磨机依靠球磨介质对物料的冲击和摩擦,利用研磨介质之间的挤压力与剪切力来粉碎物料,既可用于干磨也可用于湿磨,研磨效果强,具有成本低、绿色环保等优点。

行星式球磨机(图 1-4)是获取超微颗粒研究试样的理想设备。行星式球磨机通常由安装在罐架上的一个或多个罐子组成,围绕罐子的轴线以角速度旋转,样品主要通过研磨球和罐子内壁之间的压力、碰撞和磨损作用进行研磨。对于具有多种组分的系统,球磨粉碎已被证明可有效提高固态化学反应。球磨粉碎技术已广泛用于各种材料的粉碎,如矿物质、化学品、颜料、建筑材料和药品等。由于其优异的性能,球磨机的应用已经扩展到超细食品粉末的加工,如蘑菇粉等。如今,球磨在淀粉改性中发挥着越来越重要的作用。研究表明,室温条件下球磨淀粉可以促进淀粉颗粒半结晶向无定形状态转化,导致分子结构、晶体结构、水溶性、热特性、形态特征和消化率的变化。然而,传统的球磨也存在一些缺点。主要问题是其不适合热敏原料的加工,尤其是食用香精和香料。近年来,通过与温度控制系统的结合,球磨粉碎技术已经成功应用于热敏食品原料的加工。

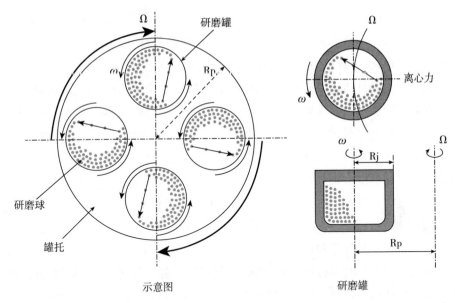

图 1-4 行星式球磨仪器原理图

2.球磨研磨粉碎技术的特点与优势

球磨研磨粉碎与其他粉碎方式相比,具有以下优点:

(1)球磨法相比于化学法制备超细粉体的优点在于工作效率高,可间歇操作,也可连续操作,能达到少时高效的成果,易于工业化生产。

(2)球磨法运转可靠,具有易操作、低能耗、廉价高效等优点。

(3)可用于干磨或湿磨。

(4)操作条件好,粉碎在密闭机内进行,没有尘灰飞扬。

(5)粉碎易爆物料时,磨中可充入惰性气体以代替空气。

3.球磨研磨粉碎技术的应用现状

(1)在食品领域中的应用。

研究表明,球磨处理会导致淀粉颗粒的表面变得粗糙、结晶度降低、糊化焓变小、溶解度与膨胀度提高等。逯蕾等通过对比球磨 0 h、1 h、2 h、4 h、6 h 时绿豆淀粉颗粒形态和淀粉糊理化性质的变化后发现,随着球磨时间的延长,损伤淀粉和直链淀粉的含量逐渐增加,淀粉糊的黏度显著下降。田建珍等发现面粉经球磨 5h 研磨后粒度迅速减小,但之后粒径不减反增,可能是由于球磨后期淀粉颗粒发生了团聚。球磨对淀粉特性的影响也与球磨能量大小有关,球磨产生的能量越大,淀粉结构破坏越明显。Ramadhan 等指出,球磨转速越高,淀粉颗粒的平均直径越小。González 等发现,随着球磨功率的增加,淀粉颗粒大小、相对结晶度和糊化焓均降低。杨晨等发现,球磨辅助处理后南瓜子蛋白酶解产物的 ACE 抑制率显著高于未经处理的酶解产物,证明了球磨处理在辅助酶解南瓜子蛋白制备 ACE 抑制肽的研究中能有效提高酶解效率。薛健冀等研究发现,球磨研磨处理发芽糙米具有明显的降低粒径作用,粒度分布集中于 10~100 μm,球磨微细化处理让发芽糙米的淀粉颗粒形貌与晶体结构遭到了破坏,部分微粒外壳坍塌,喷雾干燥后颗粒变得细小且均匀,小颗粒的团聚现象减少;球磨研磨处理后发芽糙米的 β-折叠结构含量继续减小,β-转角结构含量继续增大,无规则卷曲结构含量减小引起蛋白质结构的伸展,相比普通干法粉碎,淀粉红外指数显著减小,受剪切力影响,有序结构遭到破坏。与传统粉碎方法相比,高能球磨能通过磨珠、谷物颗粒间以及球磨室壁对谷物颗粒产生剪切、冲击、摩擦和其他力,该过程能减小谷物颗粒的粒度和改变淀粉、膳食纤维等大分子化合物的结构和理化性质,并且更有利于全谷物皮层和胚的微细化,从而提高全谷物的生物利用度和营养价值。经过球磨处理 2 h 和喷雾干燥处理后,发芽糙米粉总的水合性能显著增强,采用高能湿法球磨结合喷雾干燥生产了高 GABA、低植酸,粒径微细且分布均匀,颜色更白,具有良好溶解性、分散性和口感的发芽糙米粉,并且经过冲调后形成了具备良好黏弹性的米浆。谭文研究发现,球磨处理改变了蛋清蛋白结构,能够降低蛋清蛋白表面疏水性,降低 Zeta-电位绝对值,增大水解度及粒径;此外,球磨处理改变了蛋清蛋白结构性质,虽对蛋清起泡性无显著影响,但对泡沫稳定性有显著影响。

(2)在矿业、材料及其他领域中的应用。

球磨在复合材料中的应用,李佳佳等研究发现,当球磨时间为 30 h 时,WS_2 在铜基体中有较好的结合与分布,材料的综合性能最佳,WS_2/Cu 复合材料的力学性能良好,平均摩擦系数维持在较低水平,且磨损率低。球磨机被广泛应用于水泥生产行业,可以对各种可磨性物料进行干式或湿式粉碎。王武等利用水相球磨法在行星式球磨机中成功制备出石墨烯纳米材料,这种石墨烯纳米材料具有亲水性,在水中具有很好的分散效果。

(三)其他干法超微粉碎技术

(1)机械粉碎技术。

机械粉碎机的工作原理主要是通过改变粉碎介质、增加搅拌振动装置、改变机器的结构或运动形式、安装分级器等方面,使外加力充分而强大地作用于待处理物料,以达到理想的粉碎效果。利用该粉碎机进行普通物料粉碎时可使粉体

的 D_{90}（颗粒累积分布为 90% 的粒径）小于 2 μm，D_{50}（颗粒累积分布为 50% 的粒径）达到 0.1~1 μm。新研制开发的 MIC 研磨剪切超细粉碎机是利用多个高速公转和自转的环状粉碎媒体，获得强大的离心力场，使原料受到强大的压缩力、剪切力及研磨力，将原料粒子"研碎"，得到的粉体粒径可达到 2 μm 以下。

（2）振动磨粉碎技术。

振动磨被广泛应用于多个行业和领域，是主要利用高强度的振动使物料和器壁进行高速碰撞和切磋，且能在短时间内使得物料混合均匀的超微粉碎技术。影响超微粉碎主要的工艺参数是粉碎时间和介质填充率，振动磨的介质填充率比较高，一般为 60%~80%，并且在单位时间内物料撞击和剪切的次数较多，振动磨的冲击次数通常是普通球磨机的 4~5 倍，所以它的粉碎效率是普通球磨机的 10~20 倍，耗能也比普通的粉碎机低很多。同时，由于振动磨配有水冷却装置，可实现低温或常温的粉碎，对含有挥发性成分的中药材同样较适用，经振动磨粉碎制备的产品，粒径平均可达 2~3 μm 甚至以下。

在利用振动磨进行超微粉碎过程中，粒子粒径呈现"快粉碎—慢粉碎—粉碎平衡—逆粉碎"4 个阶段的变化，当粉碎达到平衡后，粉体的粒径不再随粉碎时间的延长而减小，甚至会出现粒径有所增大的趋势。这是因为当颗粒达到一定的粒径后，继续粉碎易引起粉体的团聚，因此，在应用时应控制粉碎时间。

二、湿法超微粉碎技术

湿法粉碎是将固体颗粒悬浮在液体中的过程。在湿法粉碎过程中，研磨介质、研磨腔壁和材料本身之间的碰撞提供的剪切力将悬浮在液体中的固体颗粒粉碎至纳米级。对不同材料的湿法粉碎研究表明，粉碎速率动力学，即中值粒径与研磨时间，遵循一级指数衰减，更长的研磨时间可产生更精细的悬浮液。较大固体颗粒中存在的更多裂缝以及固体本身的缺陷，导致破裂相对容易以及较快的初始破碎速率。随着颗粒尺寸的减小，破碎速度明显减慢，直至达到平衡。这表明破碎变化接近湿磨的最后阶段。湿法研磨技术已成功应用于油漆、生物材料、制药和食品工业，常用于制备具有良好表面性能的超细/纳米颗粒。在此，介绍 3 种主要的湿法超微粉碎技术，包括高压均质粉碎、动态超高压均质粉碎和胶体磨粉碎。

（一）高压均质粉碎

高压均质（high pressure homogenization，HPH）广泛用于粉碎、乳化、分散和混合等加工中，在生物技术、制药、化工和食品行业中有着广泛的应用。HPH 处理时,样品在输送泵的作用下通过一个或多个均质阀。当样品通过阀门的狭窄通道时,由于巨大的压力梯度,流体样品会被加速,产生高剪切、湍流、空化和速度梯度,从而导致悬浮颗粒尺寸的减小。在食品工业中,HPH 最初被应用于食品消毒,主要用于破坏腐败微生物和病原体。随后,HPH 被用于灭活和钝化酶类。目前,研究者们正在研究和开发 HPH 的新用途,尤其在生物活性化合物的加工。HPH 处理对食物的营养价值和感官特性几乎没有影响,且通常给予终产品"新鲜"的外观。在食品加工领域,HPH 技术已经广泛应用于果汁和液体蛋等的生产。近来研究表明,HPH 作为一种新型的非热食品加工技术,可以维持并提高食品的营养价值和质量特性。HPH 处理时,在压力的作用下,结构相对简单的生物活性化合物,例如,氨基酸、维生素、挥发性化合物和色素等,不受影响。相比之下,较大的分子如多糖,包括淀粉和纤维素、蛋白质,包括酶和核酸,可能会被修饰或者改变。

(二)动态超高压均质粉碎

动态超高压均质,又称高速微射流技术(microfluidization),是一种独特的超微粉碎技术,其主要利用高压均质原理来产生均匀的超细粒径。通过该方法,样品被加压并通过两个几何相同的微通道。随后,液流以非常高的速度相互碰撞,从而导致样品结构变形或者悬浮颗粒被破坏。在此过程中,极强冲击力和剪切应力被施加到微通道中以产生超微颗粒或乳液。因此,相比传统的均质加工,高速微射流技术可以生产出更加细小的颗粒,甚至纳米颗粒。高速微射流技术已被应用于开发各种食品或食品原料,主要包括食品乳液和食品纳米颗粒。此外,该方法已被用作牛奶均质化的替代方法,并用于加工一系列其他乳制品,如酸奶、冰淇淋和奶酪等。

(三)胶体磨粉碎技术

胶体磨是由电动机通过皮带传动带动转齿(或称为转子)与相配的定齿(或称为定子)作相对的高速旋转,被加工物料通过本身的重量或外部压力(可由泵产生)加压产生向下的螺旋冲击力,透过定、转齿之间的间隙(间隙可调)时受到强大的剪切力、摩擦力、高频振动等物理作用,使物料被有效地乳化、分散和粉碎,达到物料细粉碎及乳化的效果。主要特点:相对于压力式均质机,胶体磨首先是一种离心式设备,它的优点是结构简单,设备保养维护方便,适用于较高黏度物料以及较大颗粒的物料。它的主要缺点也是由其结构决定的。首先,由于做离心运动,其流量是不恒定的,对于不同黏性的物料,其流量变化很大;其次,由于转定子和物料间高速摩擦,故易产生较大的热量,使被处理物料变性;最后,表面较易磨损,而磨损后,细化效果会显著下降。除破碎外,胶体磨还具有混合、乳化和均质效果。值得注意的是,胶体磨是工业中常见的高黏度乳液(超过 5000 MPa·s)处理的首选技术。在食品加工中,胶体磨主要用于饮料的均质化和乳化。

第三节 超微粉碎技术在淀粉改性中的应用

用机械方式破碎淀粉,导致淀粉颗粒结构发生改变,变得易于酶解,这一现象在 1879 年首先被 Brown 和 Heron 发现。已有研究表明,超微粉碎处理后淀粉出现比表面积和抗性淀粉含量增加,溶解度和酶解率显著提高,淀粉糊黏度降低等性质变化。微细化淀粉颗粒过程中,粉碎时间对颗粒大小有显著影响,在粉磨后期,随着颗粒变得越来越细,其粉碎难度也急剧增大,粉碎逐渐达到平衡,湿法得到的超微粉碎淀粉若不进行分散处理,则会发生团聚现象,形成二次颗粒。超微粉碎淀粉的组成发生变化,微细化过程中淀粉颗粒大分子中的键断裂,直链淀粉含量增加,直支比也随之增加。淀粉颗粒遭到破坏,表面粗糙,粒径变小,比表面积增加,颗粒分布均一,圆形、椭圆形颗粒增多;结晶区受破坏,结晶度显著下降,X 射线衍射图谱无法看出晶型,因此糊化温度、热焓值和黏度值均显著下降,糊透明度明显降低,一定温度条件下溶解度和膨胀率略有提高,吸水率增加。

一、气流超微粉碎技术在淀粉中的应用

气流粉碎是以压缩空气或过热蒸汽,高压空气或高压热气流通过喷嘴喷出后,迅速膨胀产生高速气流,且在喷嘴附近形成很高的速度梯度,通过喷嘴产生的超音速高湍流气流作为颗粒的载体,利用颗粒与颗粒之间或颗粒与固定板之间发生冲击性挤压、摩擦和剪切等作用,从而达到粉碎的目的。

潘思轶、王可兴等对不同粒度超微粉碎米粉理化特性进行了研究,发现大米经过超微粉碎后,粒径减小、比表面积增大;米粉糊化温度、透光率、冻融稳定性降低,热稳定性、溶解度提高。熊善柏、赵思明等对稻米淀粉的糊化进程进行了研究,发现粒径较小的淀粉颗粒会加快糊化的进程,促进回落程度。姚怀芝、涂清荣等对籼米淀粉超微粉体的理化性质进行了研究,发现超微粉体的糊化温度下降,糊的黏度降低,稳定性提高,溶解度增加,直链淀粉的比例减少。

王立东等对不同分级转速超微粉碎高直链玉米淀粉结构及理化特性进行了

研究,发现微细化高直链玉米淀粉颗粒形态由光滑多角形变为不规则形状,表面粗糙,颗粒粒度明显减小,比表面积增大,粒度分布均匀,颗粒中位径为5.8 μm,且粉碎后90%粒径<11.41 μm。气流粉碎处理后微细化淀粉颗粒无团聚现象,可获得颗粒粒径更小、比表面积更大的淀粉产品,并且气流粉碎微细化淀粉粉体具有良好溶解性、膨胀性及持水能力等水合特性,脂肪结合能力增大,粉体具有热糊、冷糊稳定性,应用特性较好。

Wang 等研究了气流超微粉碎的不同分级转速对糯玉米淀粉的结构和理化性质的影响,经研究发现,随着分级频率的增加,气流粉碎后淀粉粒度显著减小,呈双峰分布。显微分析表明,气流粉碎处理后淀粉颗粒表面变得粗糙,形状不规则,而未经处理的淀粉颗粒表面光滑、规则。双折射和 X 射线衍射分析表明,气流粉碎破坏了淀粉的结晶区,降低了淀粉的结晶度。微粉化淀粉样品的糊化温度、糊化热熔和糊化黏度均显著低于未微粉化淀粉样品。然而,气流粉碎后糯玉米淀粉的比表面积、水溶性、膨胀势和糊化稳定性都有所提高。

二、球磨超微粉碎在淀粉中的应用

在 20 世纪末和 21 世纪初期国内外对谷物类微细化淀粉的理化性质进行了系列研究。国际上机械活化主要采用球磨机,球磨机依靠球磨介质(二氧化锆球或玛瑙球)对物料的冲击和摩擦,利用研磨体与球磨内壁的挤压力与剪切力来粉碎物料。史俊丽比较了气流粉碎、胶体磨粉碎和球磨粉碎 3 种方法,发现气流粉碎及胶体磨粉碎的淀粉仍保持完整的颗粒形态,淀粉边缘光滑,而球磨淀粉颗粒破碎比例高,边缘凹凸不平,界限不明显且易团聚,但黏度曲线表明,球磨的超微细化效果明显好于气流粉碎和胶体磨粉碎。

陈玲、庞艳生等用球磨技术对绿豆淀粉进行破碎处理,对不同粉碎粒度的淀粉颗粒结晶结构和糊的流变特性的影响进行了研究。研究表明机械球磨可以有效地将绿豆淀粉非晶体化,绿豆淀粉糊随着球磨时间延长、稠度系数 k 不断减小,而流动特征指数 m 则不断增大,说明球磨处理后绿豆淀粉糊趋向于牛顿流体的特征。

吴斌同样利用球磨设备对淀粉进行微细化,淀粉颗粒在微细化过程中,淀粉颗粒粒径随着微细化程度的加深逐渐减小。深程度的微细化可使淀粉的分子链断裂,颗粒小的分子数量增加,结晶结构遭到破坏。随着小粒径颗粒在整个体系中数量增加,淀粉的溶解度、膨胀力、吸湿性、透明度等都将改善。

田建珍等研究了球磨对 3 种不同硬度的小麦结构和性质的影响,硬度越低的小麦面粉及淀粉越易造成淀粉颗粒的损伤,提高球磨转速,延长粉碎时间,均可增大淀粉颗粒的损伤,但研磨温度及动力消耗也会随之增高。但硬度越低的小麦面粉及淀粉越易造成淀粉颗粒的损伤,提高球磨转速,延长粉碎时间,均可增大淀粉颗粒的损伤,但研磨温度及动力消耗也会随之增高。

徐中岳等以无水乙醇为研磨介质、陶瓷球为研磨材料,对木薯淀粉进行了湿法研磨处理,并对其结构和理化性质进行了研究。研究表明,随球磨时间的延长,木薯淀粉颗粒粒径减小、比表面积变大、黏度减小,但都是一个由急剧变化到缓慢变化的过程,由于存在粉碎极限,球磨后期时间对颗粒粒径、比表面积、黏度的影响不再明显。球磨处理破坏了颗粒形貌同时,也破坏了结晶结构,使之变成了非晶态。

杨宏志等采用球磨超微粉碎对马铃薯淀粉进行改性处理,并对工艺参数进行优化。选择球磨时间、球磨机转速、淀粉液浓度为影响因素,经实验优化,最终确定马铃薯淀粉微细化的最适宜条件为以无水乙醇为球磨介质,球磨时间24 h,球磨机转速350 r/min,淀粉液浓度0.35 g/mL,最终得到的淀粉粒度为11.09 μm,为淀粉微细化改性提供了一定参考。

史俊丽、荣建华等人研究了球磨超微细化大米淀粉的特性,发现不同球磨时间淀粉颗粒形态不同,初期颗粒出现裂纹而未断裂,淀粉颗粒相对原淀粉颗粒膨大,出现粒径增大的现象,末期形成大小均一、微小颗粒,比表面积大幅度增加,形成网状结构。球磨时间越长,小颗粒越多,分子量、结晶度下降,淀粉分子更易与水分子结合,溶解度增加,在较低温度下即可糊化,膨胀度减小,因此峰值黏度小,黏度曲线较平坦,降落值减小,表现出较好的黏度热稳定性和冷稳定性,透明度和胶稠度增加,不易形成凝胶和老化,且抗性淀粉含量显著降低,可消化淀粉含量增加,可提高血糖指数。通过超微粉碎技术处理玉米淀粉、马铃薯淀粉、木薯淀粉、绿豆淀粉等,也发现类似的结构性质和理化性质的改变。胡飞、熊兴耀等研究了马铃薯淀粉糊的流变特性,发现机械球磨方法能有效地改变马铃薯淀粉的糊性质,球磨时间越长,淀粉糊的表观黏度、触变性和剪切稀化越低,越偏近牛顿流体。Shahram等对普通大麦、蜡质大麦和高直链大麦的快速消化淀粉、慢速消化淀粉和抗性淀粉进行了微粉化处理,发现消化率均显著提高。

扶雄等研究了酶解—球磨超微粉碎对玉米淀粉结构性质的影响。研究表明,与玉米原淀粉、原淀粉球磨淀粉的粒径相比,酶解—球磨淀粉的表面积平均粒径、中位径显著降低,比表面积显著增大,X射线衍射图呈弥散状,结晶结构遭到严重破坏,部分偏光十字消失,双折射强度减弱。随着酶解—球磨淀粉粒径的降低，比表面积增加，当比表面积增加至一定程度时，随着细小颗粒表面的范德华力和静电引力增大，高表面能的微细颗粒容易产生二次团聚现象，使颗粒粒径增大。酶解结合球磨超微粉碎可以改善球磨直接粉碎的耗时长、能耗高、产物易糊化等问题，为开拓新的微细化淀粉提供参考。

三、其他粉碎方式在淀粉中的应用

(一)超高压微射流粉碎技术在淀粉改性中的应用

超高压微射流技术是一种非热加工技术，它是利用液体高速撞击、振荡、剪切等作用使物料达到微细化的效果，粉碎细度可达到 1 μm 以下，目前已广泛用于淀粉改性、蛋白质和多糖提取、饮料加工等研究中，并取得了良好的效果。任维采用超高压微射流技术对大米淀粉和玉米淀粉进行改性处理，并对改性淀粉进行结构和理化性质分析。经研究发现，随着超高压微射流处理压力的增加，淀粉颗粒被破坏成多个不规则的小颗粒，淀粉粒度减小，比表面积增大，偏光十字消失，X 射线衍射强度减弱，结晶结构被破坏。在理化性质上，随着压力增加，淀粉的吸湿性、溶解度和膨胀度先是快速上升，当达到一定压力后，上升速度减慢，黏度、糊化温度和糊化热焓减小，对淀粉的回生有一定的影响，使淀粉糊的透明度升高、沉降体积减小、冻融稳定性增加，并且适当的超高压微射流处理可以增强淀粉凝胶的强度和黏弹性，过高的压力则会破坏淀粉的颗粒结构，致使淀粉糊化后形成松散的凝胶结构，凝胶强度和黏弹性减弱。吴进菊等采用超高压微射流技术对紫薯淀粉进行改性，并对其结构及理化性质进行了研究，结果表明，经超高压微射流处理后，紫薯淀粉的吸水性、持油能力、冻融稳定性明显增强，黏度和糊化特性发生较大程度的改变。偏光显微、红外吸收光谱和 X 射线衍射分析表明超高压微射流处理后，紫薯淀粉结构发生一定程度的改变。

(二)高能纳米冲击粉碎技术在淀粉改性中的应用

在常温或低温(罐体冷循环系统)下通过罐体快速的多维摆动式运动，使磨介在罐内的不规则运动产生巨大的冲击力；延长磨介的运动轨迹、提高冲击能、减少撞击盲点，其工作效率是传统工艺的几十倍。可以显著提高罐内磨介的冲击能量和运动次数，使被粉碎的物质颗粒达到纳米级；同时，大大提高了被粉碎颗粒的均匀度。郭洪梅以锆球为研磨介质，采用高能纳米冲击磨，研究了不同粉碎时间淀粉的结构与理化性质。研究发现，超微粉碎处理显著改变杂粮(豆)淀粉的结构特性,且随着超微粉碎处理时间的延长,结构破坏逐渐加剧。各种类淀粉超微粉碎处理 2 h 后,淀粉颗粒发生形变,偏光十字减少,晶体类型发生改变,结晶度下降,部分衍射峰趋于平滑甚至消失;处理 6 h 后淀粉颗粒失去原有形态,颗粒达到粉碎极限而团聚,偏光十字完全消失;处理 8 h 后淀粉进一步团聚,大颗粒粒径达到 200 ~ 300 μm,颗粒分布不均,团聚大颗粒与碎片小颗粒并存,淀粉发生低温糊化;超微粉碎处理对杂粮(豆)淀粉碘蓝值的影响较小,总体呈下降趋势。处理后的杂粮(豆)淀粉均无明显吸热峰,一定程度说明超微粉碎处理对淀粉结构具有显著影响,但对淀粉分子内的化学键破坏较小。随着超微粉碎处理时间的延长,杂粮(豆)淀粉的持水性和凝沉体积呈现先上升后下降的趋势,糯糜淀粉的凝沉体积始终为 100 mL/100 mL;溶解度、膨胀度和糊透明度呈上升趋势,糯糜淀粉在超微粉碎处理时间达到 6 h,试验温度达到 60℃后,淀粉糊离心后无下层沉淀,说明糯性淀粉完全糊化形成溶胶。黏度、衰减值和回生值低于原淀粉,且随着超微粉碎处理时间的延长而逐渐降低,峰值时间和成糊温度不稳定。青稞原淀粉、小米原淀粉、粳糜原淀粉和糯糜原淀粉的析水率显著低于超微粉碎处理淀粉,且析水率随处理时间的延长而增加,淀粉冻融稳定性逐渐降低,其中超微粉碎处理的糯糜淀粉析水率迅速提高且在冻融条件下未能形成完整凝胶;荞麦原淀粉和杂豆原淀粉的析水率随处理时间的延长而降低,淀粉糊在低温条件下结构更稳定。

(三)超微粉碎技术在淀粉改性中的应用

微粉碎机是利用空气分离、重压研磨、剪切的形式来实现干性物料超微粉碎的设备。它由柱形粉碎室、研磨轮、研磨轨、风机、物料收集系统等组成。物料通过投料口进入柱形粉碎室,被沿着研磨轨做圆周运动的研磨轮碾压、剪切而实现粉碎。被粉碎的物料通过风机引起的负压气流带出粉碎室,进入物料收集系统,经过滤袋过滤,空气被排出,物料、粉尘被收集,完成粉碎。夏文等研究了超微粉碎机不同处理时间对木薯淀粉的结构及理化性质的影响。研究表明,经过不同时间超微粉碎处理后,木薯淀粉表面结构破坏,颗粒团聚,直链淀粉含量增加,支链淀粉含量降低;木薯淀粉糊液回复值显著降低,且处理时间超过 30 min 后,下降趋势变缓,这说明不同时间超微粉碎处理对淀粉的短期老化有抑制作用。然而,随着超微粉碎处理时间的增加,木薯淀粉冻融稳定性降低、凝沉性增加、碘结合能力增强,这表明超微粉碎处理对木薯淀粉的长期老化有一定的促进作用。谢涛等采用超微粉碎机对锥栗淀粉进行超微粉碎处理,并对其结构和理化性质进行表征,并研究其对酒精发酵的影响。研究发现,随着超微粉碎时间的延长,锥栗淀粉颗粒的粒径、结晶度、膨胀度、糊化温度范围与糊化焓均减小,而其溶解度与酶解率增加,且都是一个由急剧变化到缓慢变化的过程。当超微粉碎达到 60 min 后,淀粉颗粒有序结构的无序化过程达到平衡。超微粉碎同时破坏了淀粉颗粒的表观结构与结晶结构,使之变成了无定形状态,因而其 α-淀粉酶的酶解率大大提高,超过了 70%。锥栗原淀粉经超微粉碎处理后,其糖化—发酵特性有很大的改善,如超微粉碎处理 60 min 的淀粉经直接糖化—发酵后,仍能获得比较理想的酒精产量与产率。

(四)振动式超微粉碎技术在淀粉改性中的应用

郝征红等采用振动式超微粉碎机对绿豆淀粉进行改性处理,研究了不同粉碎时间对淀粉结构及理化性质的影响。研究表明,随着振动式超微粉碎处理时间的延长,绿豆淀粉颗粒的平均粒径、中位径(D_{50})和粒径分布的离散度增大,比表面积总体呈下降趋势;淀粉晶体的有序化程度降低,无定形化程度逐渐增强;在同一温度下,样品的溶解度大幅增加,同一处理时间的绿豆淀粉其溶解度随着温度的升高不断增加,低温膨润力随处理时间的延长而增加,高温膨润力随处理时间的延长而降低,且随着处理时间的延长,温度对膨润力的影响逐渐减小;绿豆淀粉糊的凝沉程度变高、凝沉速度变快,超微处理 20 min 可明显提高绿豆淀粉的老化程度,对提高抗性淀粉的形成具有促进作用。

参考文献

［1］BARBOSA‑CANOVAS G V, ORTEGA‑RIVASE, JULIAN O P, et al. Food powders: physical properties, processing, and functi on ality ［M］. Springer Science & Business Media, 2006: 1‑17.

［2］JIANG H, ZHANG M, A DHIKARI B. Fruit an d vegetable powders ［M］. Handbook of food powders. Elsevier, 2013: 532‑552.

［3］FITZPATRICK J J, AHN é L. Food powder handling and processing: In dustry problems, knowledge barriers and research opportunities ［J］. Chemical Engineering an d Processing: Process Inten sification, 2005, 44(2): 209‑214.

［4］BHANDARI B. Introduction to food powders ［M］. Handbook of Food Powders. Elsevier, 2013: 1‑25.

［5］HOTM, TRUONG T, BHANDARI BR. Methods to ch aracterize the structure of food powders – a review ［J］. Bioscience, Biotechnology, and Biochemistry, 2017,81(4): 651-671.

［6］ZHAO X Y, AO Q, YANG I W, et al. Application of superfin e pulverization technology in Biom aterial Industry ［J］. Journal of the Taiwan institute of Chemical Engineers,2009,40(3):337-343.

［7］MUTTAKIN S, KIM M S, LEE D U. Tailoring physicochemical and sensorial properties of defatted soybeanflour using jet – milling technology ［J］. Food Chemistry, 2015,187: 106-111.

［8］ZHONG C, ZU Y, ZHAO X, et al. Effect of superfine grinding on physicochemical and antioxi dant Properties of pomegran ate peel ［J］. Intemational Joum al of Food Science & Technology,2016,51(1):212-221.

［9］CHEN T,ZH ANG M,BHANDARI B, et al. Micronization and nanosizing of particles for an enhanced qualityof food A review ［J］. Critical Reviews in Food Science and Nutrition, 2018,58(6): 993-1001.

［10］SAZENA S. ,SHARMA Y,RATHORE S, et al. Efect of cryogenic grindng on volatile oil, oleoresin content andanti – oxidant properties of coriander (Coriandrum sativum L.) genotypes ［J］. Journal of Food Scienceand Technology. 2015,52(1): 568-573.

［11］DJANTOUE,MBOFUNG C,SCHER J, et al. A lternation drying an d grinding (ADG) technique: A novel approach for producing ripe mango powder ［J］. LWT-Food Science and Technology, 2011,44(7): 1585-1590.

［12］KARAM M C,PETITJ,ZIMMER D, et al. Effects of drying and grinding in production of fruit and vegetable powders: A review ［J］. Journal of Food Engineering, 2016,188: 32-49.

［13］BALASUBRAMANIAN S,GUPTA M K,SINGH K. Cryogenics and its applicati on with reference to spice grinding: a review ［J］. Critical Reviews in Food Science an d Nutrition, 2012,52(9): 781-794.

［14］PALANIANDY S,KADIR N A, JAAFAR M. Value adding lim estone to filler grade through an ultra – fine grinding process in jet mill for use in plastic industries ［J］. Minerals Engineering, 2009,22(7-8):695-703.

［15］CHAMAYOU A, DODDS J A. Air jet milling ［J］. Handbook of Powder Te chnology,2007,12:421-435.

［16］LETANG C, SAMSON M F, LASSERRE T M, et al. Production of starch with very low protein content from soft and hard wheat flours by jet milling and air classification ［J］. Cereal Chemistry,2002,79(4): 535-543.

［17］LAZARIDOU A, VOURIS D G,ZOUMPOULAKIS P, et al. Physicochemical properties of jet milled whe at flours and doughs［J］. Food Hydrocolloids, 2018,80: 111-121.

［18］PAL ANIANDY S, AZIZLI K A M,HUSSIN H, et al. Mechanochemistry of silica on jet milling ［J］. Journal of Materials Processing Techn ology, 2008, 205(1-3): 119-127.

［19］LI R, QIN M, LIU C, et al. Injection molding of tungsten powder treated by jet mill with high powder loading: A solution for fabrication of dense tungsten component at relative low temperature ［J］. International Journal of Refractory Metals and Hard Materials, 2017,62:42-46.

［20］HAYAKCAWA L, YAMADA Y, FUJIO Y. Microparticulation by jet mill grin ding of protein powders an d effectson hydrophobicity ［J］. Journal of Food Science, 1993,58(5): 1026-1029.

［21］SHI L, CHENG F,ZHU P X, et al. Physicochemical changes of maize starch treated by ball milling withlimited water content［J］. Starch-Starke,2015,67 (9-10): 772-779.

［22］ZHANG Z,ZHAO S,XIONG S. Morphology and physicochemical properties of m echanically activatedrice starch ［J］. Carbohy drate Polymers. 2010,79(2): 341-348.

［23］RAM ACHANDRAIAH K, CHIN K B. Evaluation of ball-milling time on the physicochemical and antioxidant properties of persimmon by-products powder ［J］. Innovative Food Science & Emerging Technologies,2016,37: 115-124.

［24］BURMEISTER C, TITS CHER L, BREITUNG-FAES S, et al. Dry grinding in planetary ball mills: Evaluation of a stressing model ［J］. Advanced Powder Technology,2018,29(1): 191-201.

［25］WANG J, WANG C, LI W, et al. Ball milling improves extractability and antioxi dant properties of the active constituents of mushroom Inonotus obliquus powders ［J］. International Journal of Food Science &Technology. 2016, 51 (10): 2193-2200.

[26] CAVALLINI CM, FRANCO CM. Effect of acid-ethanol treatment followed by ball milling on stru ctural and physicochemical characteristics of cassava starch [J]. Starch-Starke, 2010, 62(5): 236-245.

[27] MORRISON W, TESTER R. Properties of damaged starch granules. Ⅳ. Composition of ball-milled whe atstarches and of fractions obtained on hydration [J]. Journal of Cereal Science, 1994, 20(1):69-77.

[28] LEE P-J, CHEN S. Effect of adding ball-milled achenes to must on bioactive compounds and antioxidant activities in fruit wine[J]. Journal of Food Science and Technology, 20 16, 53(3): 1551-1560.

[29] HUJ, CHEN Y, N D. Effect of superfine grinding on quality and antioxidant property of fine green teapowders [J]. LWT-Food Science and Technology, 2012, 45(1):8-12.

[30] ZHU Y, DONG Y, QIAN X, et al. Effect of superfin e grin ding on antidiabetic activity of bitter melon powder [J]. International Journal of Molecular Sciences, 2012, 13(11): 14203-14218.

[31] NIU M. ZHANG B, JIA C, et al. Multi-scale structures and pasting characteristics of starch in whole-wheat flour treated by superfine grinding [J]. International Journal of Biological Macrom olecules, 2017, 104;837-845.

[32] ZHAOX, DU F, ZHU Q, et al. Effect of superfine pulverization on properties of A stragalus membranaceus powder [J]. Powder Technology, 2010, 203(3): 620-625.

[33] ABOUZEID A-Z M, FUERSTENAU D W. Flow of materials in rod mills as compared to ball mills in drysystems [J]. International Journal of Mineral Processing, 2012, 102;51-57.

[34] MALAMATARI M, TAYLOR K M, MALAMATARIS S, et al. Pharmaceutical nanocrystals: production by wetmilling and applications [J]. Drug Discovery Today, 2018, 23(3):534-547.

[35] STENGER F; PEUKERT W. The role of particle interactions on suspension rheology-application to submicron grinding in stirred ball mills [J]. Chemical Engineering &Techology, 2003, 26(2):177-183.

[36] CHEN C J, SHEN Y C, YEH AI. Physico-chemical characteristics of media-milled corn starch [J]. Journalof Agricultural and Food Chemistry, 2010, 58

（16）：9083-9091.

［37］BROSEGHINI M，GELISIO L, D'INCAU M, et al. Modeling of the planetary ball-milling process：The casestudy of ceramic powders ［J］. Journal of the European Ceramic Society, 2016,36(9):2205-2212.

［38］WEI B, CAI C, XU B, et al. Disruption and molecule degradation of waxy maize starch granules duinghigh pressure homogenization process ［J］. Food Chemistry, 2018,240:165-173.

［39］ALIA, LE POTIER I, HUANG N, et al. Effect of high pressure homogenization on the structure and theinterfacial and emulsifying properties of β-lactoglobulin ［J］. International Journal of Pharmaceutics,2018,537(1-2)：111-121.

［40］BROOKMAN G, JAMES S. Mechanism of cell disintegration in a high pressure homogenizer ［J］. Biotechnology and Bioengineering, 1974,16(3)：371-383.

［41］ZAMORA A, GUAMIS B. Opportunities for ultra-high-pressure homogenisation (UHPH) for the foodindustry ［J］. Food Engineering Reviews, 2015,7(2)：130-142.

［42］TRIBST A A L, RIBEIRO L R, CRISTIANINI M. Comparison of the effects of high presstue homogenization and high pressure processing on the enzyme activity and antimicrobial profile of lysozyme ［J］. Innovative Food Science & Emerging Technologies, 2017,43:60-67.

［43］BETORET E, BETORET N, ROCCULI P, et al. Strategies to improve food functionality：Structure-property relationships on high pressures homogenization, vacuum impregnation and drying technologies ［J］. Trends in Food Science & Technology, 2015,46(1)：1-12.

［44］PEREDA J, FERRAGUT V, QUEVEDO J, et al. Effects of ultra-high pressure homogenization on microbial and physicochemical shelf life of milk ［J］. Jounal of Dairy Science, 2007,90(3):1081-1093.

［45］DUMAYE, CHEVALIER-LUCIA D, PICART-PALMADE L, et al. Technological aspects and potential applicationsof (ultra) high-pressure homogenisation ［J］. Trends in Food Science & Technology, 2013,31(1):13-26.

［46］SUAREZ-JACOBO A, GERVILLA R, GUAMIS B, et al. Effect of UHPH on indigenous microbiota of apple juice：a preliminary study of microbial shelf-life ［J］. International Journal ofFood Microbiology, 2010,136(3):261-267.

［47］VELAZQUEZ – ESTRADA R, HEMANDEZ – HERRERO M, LOPEZ – PEDEMONTE T, et al. Inactivation of Salmonella enterica serovar senftenberg 775w in liqud whole egg by uuangi pessue totn t Journal of Food Protection, 2008,71(11): 2283-2288.

［48］LAGOUEYTE N, PAQUIN P. Effects of microfluidization on the functional properties of xanthar［J］. Food Hydrocolloids, 1998,12(3): 365-371.

［49］MCRAE C H. Homogenization of milk emulsions: use of microfluidizer ［J］. International Journal of Dairy Technology, 1994,47(1):28-31.

［50］MERT B. Using high presstre microfluidization to improve physical properties and lycopene content of ketchup type products ［J］. Journal of Food Engineering, 2012,109(3):579-587.

［51］BAI L, MCCLEMENTS D J. Development of microfluidization methods for efficient production of concentrated nanoemulsions: Comparison of single – and dual – channel microfluidizers ［J］. Journal of Colloid and Interface Science, 2016,466:206-212.

［52］GARCIA-MARQUEZE, HIGUERA-CIAPARA I, ESPINOSA-ANDREWS H. Design of fish oil-in-water nanoemulsion by microfluidization ［J］. Innovative Food Science & Emerging Technologies,2017,40:87-91.

［53］EBERT S, KOO C K, WEISS J, et al. Continuous production of core-shell protein nanoparticles byantisolvent precipitation using dual – channel microfluidization: Caseinate – coated zein nanoparticles ［J］. Food Research International, 2017,92:48-55.

［54］OLSON D, WHITE C, RICHTER R. Effect of pressure and fat content on particle sizes in microfluidized milk［J］. Jounal of Dairy Science, 2004, 87(10): 3217-3223.

［55］CIRON CIE, GEE V L,KELLY A L, et al. Effect of microflidization of heat-treated milk on rheology andsensory properties of reduced fat yoghurt［J］. Food Hydrocolloids, 2011,25(6):1470-1476.

第二章 不同链/支比玉米淀粉气流超微粉碎层级结构及理化性质研究

第一节 引言

一、淀粉的多层级结构和性质

(一)淀粉的多层级结构

淀粉为高分子聚合物,其结构层次主要包括近程结构、远程结构和聚集态结构三个层次。其中淀粉链构型和链构造组成淀粉近程结构,链尺寸和链形态组成淀粉远程结构,晶态、非晶态和取向结构组成淀粉的聚集态结构。其中近程结构对应淀粉葡萄糖单元、直链和分支结构,远程结构对应淀粉分子量大小及分布、分子螺旋构象和分子链柔顺性,聚集态结构对应淀粉分子间的几何排布。目前,淀粉结构模型已被揭示,形成了淀粉颗粒内部多层级结构理论,主要包括颗粒结构、生长环结构、blocklet 结构、层状结构、晶体结构和链结构。以玉米淀粉为例,图 2-1 展示了淀粉多层级结构模型。

1.淀粉的颗粒结构

淀粉以颗粒形式存在于植物的根、茎、种子和子叶中,不同植物来源淀粉具有不同的颗粒大小、形貌和结构,淀粉颗粒形貌主要呈球形、多边形、椭圆形、肾形及圆盘形等形状。淀粉颗粒形貌观察可通过光学显微镜、扫描电子显微镜、原子力显微镜、激光共聚焦显微镜等光学或电子显微技术获得清晰显微图片,如图 2-2 所示。可以看出,玉米淀粉、蜡质玉米淀粉颗粒主要呈球形或多边形,马铃薯淀粉颗粒主要呈椭圆形,小麦淀粉主要呈圆形或卵形,木薯淀粉主要呈圆形或截头圆形;不同来源淀粉颗粒大小差别较大,粒径从 $1\sim100~\mu m$ 不等,玉米淀粉颗粒一般为 $5\sim20~\mu m$,马铃薯淀粉为 $15\sim75~\mu m$,大米淀粉颗粒较小为 $3\sim8~\mu m$。

淀粉颗粒表面结构和内部孔道因淀粉种类不同而存在差异,能够影响淀粉

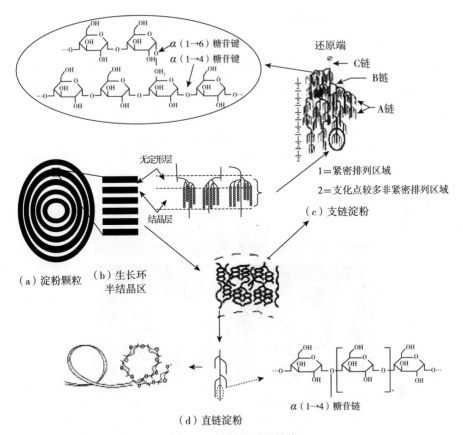

（a）淀粉颗粒　（b）生长环半结晶区　（c）支链淀粉　（d）直链淀粉

图 2-1　淀粉多层级结构

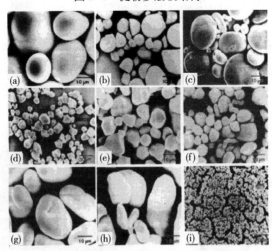

（a)马铃薯淀粉　（b)木薯淀粉　（c)小麦淀粉　（d)蜡质玉米淀粉　（e)普通玉米淀粉
（f)高直链玉米淀粉　（g)豌豆淀粉　（h)香蕉淀粉　（i)苋菜淀粉

图 2-2　不同淀粉颗粒形貌

的性质。通过原子力显微技术观察淀粉颗粒表面结构,如图 2-3 所示,发现马铃薯淀粉颗粒表面形貌粗糙、波状起伏,有偶尔凹痕和无数凸起的小节点;小麦淀粉颗粒表面光滑,由大量尺寸相似结构组成,仅有少数表面缺陷和凸起结节,说明淀粉颗粒内部 blocklets 粒子的存在。进一步说明不同品种淀粉具有不同的表面组分和有序化程度。

（a1）马铃薯淀粉 SEM　（a2）马铃薯淀粉 AFM　（b1）小麦淀粉 SEM　（b2）小麦淀粉 AFM
图 2-3　淀粉颗粒表面结构的扫描电镜及原子力显微镜照片

观察发现在玉米、高粱、小麦等谷物淀粉颗粒表面存在微孔结构,而在马铃薯、木薯等块茎淀粉颗粒表面无微孔结构,这种微孔是颗粒内部脐点到颗粒表面的孔道结构。淀粉颗粒孔道结构如图 2-4 所示,对蜡质玉米淀粉和高直链玉米淀粉进行荧光显微镜荧光染色和激光共聚焦显微技术发现,淀粉颗粒内部孔道真实存在且没有被无定形物质填充。P. Chen 等研究发现,不同链/支比玉米淀粉具有不同的孔道结构。

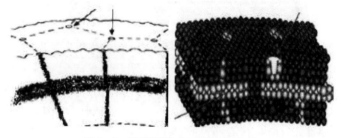

图 2-4　淀粉颗粒表面及内部孔道

2.淀粉的生长环结构

通过显微镜或扫描电镜可以观察到淀粉分子以生长环形式排列,低于淀粉颗粒层级水平,由淀粉颗粒结晶区和半结晶区交替排列形成。生长环从脐点处开始生长,并向四周扩散,表征淀粉颗粒内部不同密度。不同粒径大小淀粉颗粒具有不同生长环结构,如图 2-5(a)所示,颗粒较大的马铃薯淀粉具有明显生长环结构,而粒径相对较小的淀粉颗粒生长环不明显,需进行酸或酶预处理后来观察生长环结构,如图 2-5(b)所示为酸预处理后的蜡质玉米淀粉生长环结构。

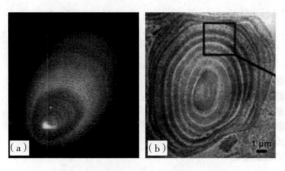

(a)马铃薯淀粉　(b)酸变性蜡质玉米淀粉
图 2-5　淀粉生长环结构

3.淀粉的 blocklets 结构

在淀粉颗粒薄片层和生长环之间存在 blocklets 水平团粒组织,对淀粉颗粒内部架构及相关性能有显著影响。blocklets 粒子模型由 Badenhuizen 提出,后经实验证实了 blocklets 结构存在。结晶片层的不连续片段和非晶态片层相互交错形成 blocklets 粒子结构模型,blocklets 粒子直径为 20~500 nm。blocklets 结构尺寸大小在不同区域存在差异,在半结晶生长环中尺寸较大,如小麦淀粉半结晶生长环

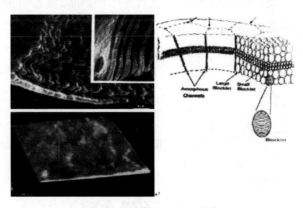

图 2-6　淀粉 blocklets 结构

blocklets 直径为 80~120 nm;而在无定形区生长环中结构尺寸较小,如小麦淀粉无定形生长环 blocklets 直径为 25 nm 左右。不同晶型淀粉具有不同 blocklets 直径,其中 A 型淀粉直径较小,B 型和 C 型淀粉直径为 200~500 nm。然而,对于 blocklets 分离方法和内部结构需进一步研究。Blocklets 结构如图 2-6 所示。

4.淀粉层状结构

研究发现淀粉颗粒内部存在周期性半结晶层状结构,以 9 nm 为一个周期,可利用电子显微镜和小角 X 射线散射技术测得,如图 2-7 所示。这种周期性层状结构是由双螺旋组成的支链淀粉结晶区和分支组成的非晶区交替排列而成。在淀粉簇状结构中,淀粉晶体片层是由支链淀粉双螺旋有序折叠形成,而无定形层由链簇分支位点上的支链淀粉和直链淀粉组成。

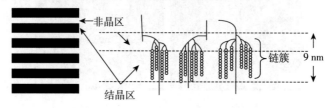

图 2-7　淀粉层状结构

5.淀粉的晶体结构

淀粉颗粒为半结晶体系,在 X 射线衍射图形中呈 A、B、C、V 4 种结晶类型。其中谷物淀粉多属于 A 型晶体类型,块茎淀粉多属于 B 型,C 型如香蕉淀粉为 A、B 两种晶型特征的混合晶型,V 型是由直链淀粉和脂肪酸、乳化剂、丁醇及碘等物质混合得到,在天然淀粉中很少。其中,A 型结晶属于单斜晶系,由平行排列左手双螺旋构成,B2 空间群,每个晶胞有 8 个结晶水,淀粉结构紧密。B 型结晶分子链以平行密集双螺旋结构存在,构成六方晶体,P61 空间群,具有与 A 型晶体不同的晶体堆积和结合水,每个晶胞有 36 个结晶水,图 2-8 中为 A、B 型淀粉结晶单元示意图。

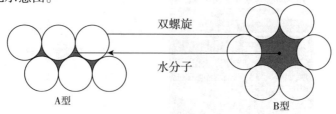

图 2-8　A、B 型淀粉结晶单元

淀粉 A 型结晶结构中支链淀粉与直链淀粉相互独立,其结构堆积紧密,具有相对较高的稳定性;B 型结晶结构中支链淀粉与直链淀粉缠绕在一起,因此稳定性相对较低,在一定条件下 B 型能够向 A 型转变。不同晶型淀粉 XRD 衍射图见图 2-9。

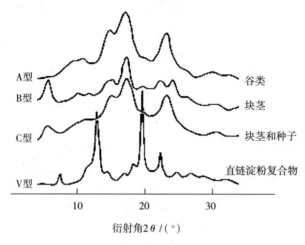

图 2-9　不同晶型淀粉 XRD 衍射图

6.淀粉的分子链结构

淀粉主要由直链淀粉和支链淀粉组成,直链淀粉是一种线形或极少分支链多聚物,由 D-葡萄糖以 α-(1,4)糖苷键连接而成,支链淀粉作为高度支化大分子,主要以 α-(1,4)糖苷键相连,并以 α-(1,6)糖苷键形成分支。直链淀粉和支链淀粉分子能够形成特定三维空间构造,在淀粉颗粒内部形成无定形区和结晶区,从而形成了淀粉多层级结构。淀粉分子链结构是淀粉多层级结构基础,因此需深入了解直链淀粉与支链淀粉结构特征,两种淀粉结构见图 2-10。

直链淀粉主要由 α-1,4-D-糖苷键相连的葡萄糖残基组成螺旋线性高分子聚合物,有的也通过 α-D-1,6 糖苷键相连,平均聚合度 DP 为 800~3000。在不同环境中,直链淀粉构象存在差异,如图 2-11 所示。淀粉颗粒中,直链淀粉可呈现由 6 个葡萄糖单元组成的单螺旋或双螺旋状态,其中单螺旋间距为 0.805 nm,而双螺旋间距为 2.13 nm。在碘或醇新配制溶液中,直链淀粉不稳定易与碘或醇络合形成稳定单螺旋结构。

支链淀粉则是由 α-1,4-D-糖苷键或 α-1,6-D-糖苷键连接的高支化聚合物,聚合度 DP 为 4300000~35000000,分子量介于 (7×10^{7}) ~ (5×10^{9}) 之间。支链淀粉结构 French 和 Robin 等提出的簇状模型,将支链淀粉分为 A、B、C 3 种链,各

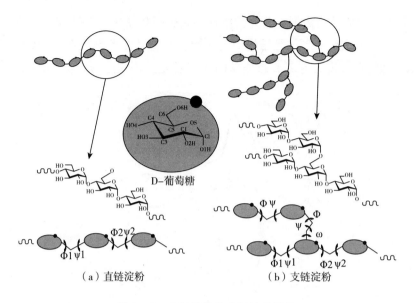

（a）直链淀粉　　　　　　（b）支链淀粉

图 2-10　直链淀粉和支链淀粉结构

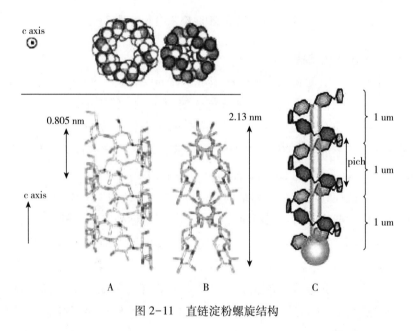

图 2-11　直链淀粉螺旋结构

链之间连接方式存在差异,如图 2-12 所示。研究发现淀粉 A 型结晶形态淀粉中支链淀粉侧链较 B 型结晶侧链短,说明不同晶型淀粉中支链淀粉侧链长度存在较大差异。

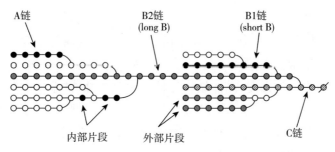

图 2-12　支链淀粉分子结构

(二) 淀粉的性质

1. 淀粉的糊化特性

加热淀粉悬浮液,达到一定温度后淀粉颗粒发生膨胀,膨胀后体积增大数倍,悬浮液变成黏稠的胶体溶液,这种现象称为淀粉的糊化,淀粉糊化后结构由结晶态转变为无定形态。淀粉糊化与结晶结构、双螺旋结构等分子间有序排列状态密切相关,其本质是水分子作用破坏淀粉分子间氢键缔合状态并使之断裂,以胶体溶液形式分散于水中。糊化性质是淀粉的重要理化特性,糊化温度是衡量糊化特性的重要指标,不同淀粉糊化温度差异显著,可通过 DSC 和黏度分析(RVA、Brabender 黏度仪)测定淀粉糊化过程中各项特征。淀粉黏度曲线可分析淀粉糊化过程中淀粉颗粒黏度大小、糊冷热稳定性、糊凝沉性等信息。

2. 淀粉糊的性质

淀粉在各种应用中主要是加热后应用其糊,所以对改性后淀粉糊的性质研究很有必要。淀粉糊化后,糊的性质如黏度、透明度、冻融性及抗老化能力等均存在差别,从而影响淀粉应用效果,如表 2-1 所示。糊化后淀粉溶液黏度增加,冷却后抗性增加,溶液呈流动或一种固体—半固体凝胶状态,因此,需要了解淀粉糊的性质,从而使其在生产中被更好利用。

表 2-1　淀粉糊的主要性质

糊性质	玉米淀粉	木薯淀粉	马铃薯淀粉	小麦淀粉
老化性能	很高	低	低	高
冷糊稠度	短,不凝固	长,易凝固	长,成丝	短
凝胶强度	强	很弱	很弱	强
抗剪切	低	差	差	中低
冻融稳定性	差	稍差	好	差
透明度	差	稍差	好	模糊不透明

3.淀粉的溶解性

天然淀粉几乎不溶于冷水,主要是由于淀粉分子间通过水分子进行氢键结合,氢键及架桥数量较多,使得分子间结合牢固,以至于不溶于水。同时,淀粉颗粒结合紧密,具有一定强度,晶体结构保持一定完整性,常温下水分子主要是进入无定形区与游离亲水基水合。然而,只有受损伤淀粉颗粒或变性淀粉颗粒可溶于冷水。不同品种淀粉溶解度因其来源、结晶结构不同存在较大差异,例如,玉米淀粉颗粒小,溶解性能低于颗粒较大的马铃薯淀粉。温度对淀粉溶解度产生一定影响,温度升高,膨胀度上升,溶解度增大。淀粉溶解性高低影响淀粉产品性能和应用效果。

(三)淀粉不同层级结构与性质之间的关系

淀粉稳定性、转化性能和物理特性在很大程度上取决于天然淀粉结构或加工后淀粉中无定形区和结晶区特性,说明淀粉结构变化将引起其理化性质改变。阐明淀粉不同层级结构的变化对其性质影响规律,确定结构和性质之间关系,将为淀粉性质调控和改性技术方法的揭示提供依据。

通过对淀粉结构及性质修饰调控技术的系统研究和不断深化,丰富和拓展了淀粉基础理论,取得了不少有价值成果。淀粉溶解度和膨胀度受淀粉聚集态结构和表面结构影响;淀粉热力学特性、凝胶性和成膜性受淀粉中直链淀粉含量影响;淀粉抗老化性能、冻融稳定性、流变性及吸水膨胀性受淀粉中支链淀粉链长分布、内外链长度、A 链与 B 链比例影响;淀粉分形特征、结晶结构、链/支比、支链长度对淀粉酶解性能具有重要影响;淀粉辅料、淀粉基降解材料和淀粉基控释载体材料等产品性能受淀粉分子链结构影响。因此说明,淀粉结构变化对其理化特性产生重要影响。

二、淀粉的改性

淀粉应用领域广泛,但天然淀粉仍存在应用局限性,归因于天然淀粉溶解性能差、加工性能差、加工产品质量不稳定、应用过程淀粉凝胶易凝沉等因素,为拓宽淀粉在不同领域应用和改善其应用质量,需通过物理、化学、生物等技术手段改变其结构和性质,从而达到有效利用。

目前淀粉改性方法主要有化学改性、物理改性、生物改性和复合改性 4 类。化学改性是利用化学试剂对淀粉进行改性处理,主要发生反应有氧化、酯化、醚化、交联和接枝共聚等;物理改性是通过热场、力场、温度场、速度场和电磁场等手段处理淀粉,使淀粉结构和功能发生改变,生产中常采用方法主要有挤压法、热液处理法、湿热处理法、预糊化等;生物方法是采用生物酶对淀粉进行改性处理,常用的酶有淀粉酶、糖化酶和普鲁兰酶等;复合改性是利用两种或多种技术手段联合对淀粉进行改性处理使之性能发生改变,如表 2-2 所示。

表 2-2　淀粉传统改性方法

改性方法	改性淀粉类型
化学改性	氧化淀粉(双醛淀粉、次氯酸钠淀粉等)、酯化淀粉(醋酸酯淀粉、磷酸酯淀粉、辛烯基琥珀酸淀粉酯淀粉、黄原酸酯等)、醚化淀粉(羧甲基淀粉、羟烷基淀粉、阳离子淀粉)、交联淀粉(三氯氧磷、三偏磷酸钠)、接枝共聚淀粉、酸变性淀粉(硫酸、盐酸、磷酸)
物理改性	挤压改性淀粉、湿热处理改性淀粉、预糊化淀粉、热解糊精、机械活化(球磨)淀粉
生物改性	酶改性淀粉(环状糊精、麦芽糊精)、基因改性淀粉
复合改性	酯化交联淀粉、醚化交联淀粉、酸酯淀粉、氧化交联淀粉、交联羟甲基淀粉

三、玉米淀粉及其用途

玉米淀粉具有较优化学成分和较广应用领域,纯度达 99.5%,因组成中直链淀粉和支链淀粉含量差异,有蜡质玉米淀粉、普通玉米淀粉和高直链玉米淀粉常见类型。蜡质玉米淀粉中几乎不含直链淀粉,普通玉米淀粉中含有 22%~28% 直链淀粉,而高直链玉米淀粉中直链淀粉含量大于 55% 以上。因直链淀粉与支链淀粉结构及性质差异,使得不同链/支比玉米淀粉具有不同的结构和理化性质。

高直链玉米经过改性处理后,可获得特殊功能直链淀粉,如耐热性、沸水浴中保持较好糊化特性及颗粒完整性,以及抗消化性能等,使其常作为抗性淀粉应用到食品加工及药物缓释性能方面;将直链淀粉进行溶解,与氢键结合,可形成刚性不透明胶体,应用于糖果业;直链淀粉还可用于多种胶片和胶条制造,产品具有突出透明度、弹性、抗拉强度和抗水性;直链淀粉是优质浆纱原料,可作为玻璃状定形胶料。高直链玉米淀粉另一潜在利用价值是生产高强度可消化塑料膜,高直链玉米淀粉是生产光解塑料膜最佳原料。

蜡质玉米淀粉因其具有较高的黏度、适口性、膨胀性、稳定性和透明度,主要应用于商品的增稠或冷冻食物辅料,造纸和纺织等行业的黏着剂,或者作为饲料应用。淀粉经过物理或化学方法微细化处理后,其微观结构如颗粒形貌、颗粒大小、结晶程度等发生改变,引起微细化淀粉溶解度、膨胀度、糊化特性及热特性等发生相应改变。

第二节　材料与方法

一、试验材料

（一）主要原料

普通玉米淀粉,食品级,购于黑龙江龙凤玉米开发有限公司,产品符合国家标准（GB/T 8885—2008）的规定;高直链玉米淀粉,食品级,购于河南秀仓化工产品有限公司;蜡质玉米淀粉,食品级,购于河南秀仓化工产品有限公司。

三种玉米淀粉的基本组成如表2-3所示。

表2-3　玉米淀粉的化学组成

原料	总糖/%	水分/%	脂肪/%	蛋白质/%	灰分/%	直链/支链/%
普通玉米淀粉	86.04	13.50	0.06	0.35	0.05	26.7∶73.3
蜡质玉米淀粉	92.77	6.86	0.07	0.24	0.06	0.5∶99.5
高直链玉米淀粉	89.02	10.48	0.06	0.36	0.08	82.51∶17.49

（二）主要试剂

直链淀粉标准品	Sigma-aldrich
冰醋酸	国药集团化学试剂有限公司
无水乙醇	国药集团化学试剂有限公司
二甲基亚砜（DMSO）	美国Burdick & Jackson公司
LiBr	天津市福晨化学试剂厂
KBr碎晶	天津市恒创立达科技发展有限公司
乙醇	辽宁泉瑞试剂有限公司
盐酸	国药集团化学试剂有限公司
氢氧化钠	天津市大茂化学试剂厂
无水碳酸钠	天津市致远化学试剂有限公司
无水硫酸钠	天津市大茂化学试剂厂

碳酸氢钠	天津市大茂化学试剂厂
异丙醇	天津市永茂精细化工有限公司
$AgNO_3$	国药集团化学试剂有限公司
浓硫酸	上海化学试剂有限公司

(三)主要仪器设备

LHL 中试型流化床式气流粉碎机组	山东潍坊正远粉体工程设备有限公司
Bettersize 2000 激光粒度分布仪	丹东市百特仪器有限公司
NP-800TRF 偏光显微镜	宁波永新光化学股份有限公司
Merlin Compact 超高分辨率场发射扫描电镜	德国 ZEISS 公司
S-3400N 扫描电子显微镜	日本 HITACHI 公司
X'Pert PRO X 射线衍射仪	荷兰帕纳科公司
Wyatt-OPTILABrEx 示差检测器	美国 Wyatt 公司
Nicolet 6700 红外光谱仪	美国 Thermo Fisher Scientific 公司
1515 凝胶渗透色谱	美国 Waters 公司
Avance digital 400MHz 核磁共振仪	德国 Bruker 公司
DAWN HELEOS 十八角度激光光散射仪	美国 Wyatt 公司
RVA4500 快速黏度分析仪	瑞典 Perten 公司
DSC1 差示扫描量热仪	瑞士梅特勒—托利多仪器有限公司
HH-4 恒温水浴锅	江苏省金坛市宏华仪器厂
Five-Easy-Plus FE28 精密 pH 计	梅特勒—托利多公司
LD4-8 台式低速离心机	北京京立离心机有限公司
TU-1800 紫外可见分光光度计	北京普析仪器公司
AR2140 分析天平	梅特勒—托利多国际有限公司
DGG-9053A 电热恒温鼓风干燥箱	上海森信实验仪器有限公司
FW 100 高速万能粉碎机	天津市泰斯特仪器有限公司

二、试验方法

(一)气流超微粉碎玉米淀粉的制备

1.不同含水量淀粉的处理

将一定含水量淀粉原料在55℃条件下热风干燥至水分含量为11%左右和6%左右,再将含水量为6%淀粉在105℃条件下干燥至水分含量为1%左右,精确测定上述干燥淀粉样品含水量,得到3个水分含量梯度淀粉原料,贮存备用于气流粉碎实验研究。

2.气流超微粉碎普通玉米淀粉的制备

试验采用LHL中式型流化床式气流粉碎设备,由进料控制系统、气流粉碎系统、分级机主机、旋风、布袋收集器及引风机6部分组成。粉碎系统设有喷嘴数量3个,喷嘴间平面角度为120°,洁净压缩空气为粉碎工质,空气温度≤45℃;进料粒度需小于1 mm,产品粒度为3~80 μm。

粉碎参数设定:选择产品持料量分别为0.5 kg、1.0 kg、1.5 kg;压缩空气选择低、中、高三档,分别为0.6 MPa、0.7 MPa、0.8 MPa;粉碎后淀粉在分级室内分级,分级转速选择5个转速,分别为1800 r/min、2400 r/min、3000 r/min、3600 r/min、4200 r/min;为获得较高产品得率,引风机流速选取最大值,为-15 m³/min;粉碎时间恒定为2 h。

以不同水分含量普通玉米淀粉为原料,设定不同操作参数进行粉碎处理,淀粉颗粒在粉碎腔内被粉碎,当粉碎粒度达到设定需求时,淀粉颗粒通过分级轮分级达到收集区,制备得到微细化淀粉,未达到粒度要求颗粒继续被粉碎,直至达到粒度需求。应用激光粒度分析仪进行粒度测定。以粉体粒径、粒度分布、比表面积等为判定指标,考察原料含水量、持料量、粉碎空气压力和分级轮转速对普通玉米淀粉粉碎效果影响,优化最适粉碎操作参数。

3.气流超微粉碎蜡质玉米淀粉和高直链玉米淀粉的制备

参照对普通玉米淀粉粉碎最适参数的基础上,将蜡质玉米淀粉和高直链玉米淀粉原料水分含量调节至6%左右,操作参数选择为引风机流速选取最大值,为-15 m³/min,粉碎时间恒定为2 h,产品持料量1.0 kg,粉碎空气压力0.8 MPa,分级转速分别设定为2400 r/min、3000 r/min、3600 r/min条件,制备不同粒度的微细化蜡质玉米淀粉和微细化高直链玉米淀粉,将获得的微细化淀粉样品收集并置于干燥器中,留待分析测试使用。

(二)气流超微粉碎玉米淀粉的结构表征和性质测定

采用多种现代分析技术手段对气流粉碎前后不同链/支比玉米淀粉结构进行表征,其中激光粒度进行淀粉颗粒粒度大小及分布表征、光学显微镜进行淀粉颗粒水溶液中形貌及分散性分析、扫描电子显微镜进行淀粉颗粒形貌及表面结构表征、偏光显微镜进行淀粉颗粒双折射特性表征、X射线衍射进行淀粉颗粒结晶性表征、傅里叶红外光谱进行淀粉颗粒基团变化分析、核磁共振进行淀粉双螺旋结构表征、凝胶渗透色谱进行淀粉分子量大小及分布表征,并采用快速黏度分析仪、差示量热扫描分析仪等手段分析淀粉糊化和老化特性,进一步对淀粉糊溶解度、膨胀度、冻融稳定性、糊透明度和凝沉性等进行了研究,具体试验方法参考测定方法。

三、测定方法

(一)淀粉粒度的测定与分析(LPA)

粉体物料的粉碎效果常采用体积平均直径(D)、中位径D_{50},以及D_{90}和D_{10}表征粉碎颗粒粒度大小;粒度分布宽度($Span$),表征粉碎颗粒分布均匀性;颗粒的比表面积(S_w)表征粉碎颗粒的形态特征,该形态系数表征不规则颗粒偏离球形的程度。下面对这3个参数进行定义。

(1)体积平均直径D定义为:

$$D_{[4,3]} = \frac{\sum D_i^4 v_i}{\sum D_i^3 v_i} \qquad (2-1)$$

其中,D_i为使用相邻筛分粒径的几何平均值,即粒径上限直径乘以下线直径的平方根,v_i(%)为筛分粒径在D_{i-1}和D_i之间的颗粒百分数。

(2)粒度分布宽度($Span$)被用来评价颗粒分布均匀程度,定义为:

$$Span = \frac{D(v,0.9) - D(v,0.1)}{D(v,0.5)} \qquad (2-2)$$

其中,$D(v,0.9)$、$D(v,0.5)$和$D(v,0.1)$分别表示累计分布百分数达到90%、50%和10%时所对应的粒径值。

(3)颗粒的比表面积S_w是单位质量粉体物料的比表面积($m^2 \cdot g^{-1}$),定义为:

$$S_w = \frac{a_s \cdot \sum n_i \overline{D_i}^2}{a_v \cdot \sum n_i \overline{D_i}^3} = \frac{k}{D_{[3,2]} \cdot \rho} \qquad (2-3)$$

其中,ρ 为淀粉的密度;$k = a_s/a_v$,为颗粒的形状系数。

淀粉颗粒大小及分布采用激光粒度分析仪(laser particle analyzer, LPA)分析,测定方法参照 Liu 方法,以去离子水作为分散溶剂,粒度仪折射率和吸收率分别设定为 1.520 和 0.001。

(二)淀粉颗粒形貌及表面结构观察(SEM)

扫描电子显微镜(scanning electron microscope, SEM)不仅可以观测样品整体形貌,还可观察样品表面形貌。因此,可利用扫描电镜来观察气流粉碎处理前后淀粉颗粒形貌变化情况。

取适量淀粉样品分散于导电双面胶上,将双面胶黏贴于载物台上,并镀金处理,加速电压为 10 kV,并于适当放大倍数下观察淀粉颗粒形貌。

(三)淀粉双折射的偏光显微分析(PLM)

偏光显微镜(polarizing microscope, PLM)是通过对淀粉偏光结构变化来反映淀粉结晶结构变化的分析技术。天然淀粉结构存在结晶区和无定形区,这两种区域在偏振光下产生异性双折射现象,形成"偏光十字",淀粉结晶区域受到破坏,偏光十字会消失或减弱。

偏光十字观测:以无水乙醇为分散剂,配制 2%淀粉乳液,选择适当光强度和放大倍数,来观察和拍摄淀粉颗粒双折射现象;

普通光学观测:以纯净水为分散剂,配制 1%淀粉乳液,选择适当光强度和放大倍数,来观察和拍摄淀粉颗粒在水中颗粒形貌。

(四)淀粉长程结晶结构分析(XRD)

X 射线衍射(X-ray diffraction, XRD)是对物质晶体结构分析的重要手段,可通过衍射特征峰来分析物质晶体结构。淀粉结晶区结构在 X 射线衍射特征峰中呈尖峰特征,无定形区结构呈弥散特征,利用 XRD 技术可分析淀粉经过气流粉碎前后晶体结构和晶型变化情况。淀粉结晶结构变化可用相对结晶度(relative crystallinity,RC)来表示,将 XRD 衍射图谱分割为尖锐结晶峰区域和弥散非结晶峰区域,然后分别计算结晶区和非晶区面积,从而获得淀粉相对结晶度。

衍射测试条件参照 Liu 等的方法：衍射角 2θ，$4° \sim 37°$；步长，$0.02°$；扫描速度 $8°/min$；靶型，Cu；管压、管流，$40\ kV$、$30\ mA$。淀粉相对结晶度（relative crystallinity，RC）计算参照 Nara 方法，使用 MDI Jade 软件进行分析计算，取 3 次拟合结果平均值。

（五）淀粉分子基团结构分析（FTIR）

傅里叶变换红外光谱技术（fourier transform infrared spectroscopy，FTIR）是获得淀粉分子基团信息，分析淀粉短程有序结构，表征物质分子结构的重要手段。常用的中红外光谱图中分为官能团区（$4000 \sim 1300\ cm^{-1}$）和指纹区（$1300 \sim 400\ cm^{-1}$）两个区域。淀粉结构的红外光谱表征，主要是利用官能团区中基团伸缩振动产生谱带和指纹区化学键伸缩振动和弯曲振动信息谱带。

测定方法参照 Fang 等方法。称取 5 mg 左右干燥至恒重淀粉样品，与 500 mg 左右溴化钾碎晶粉末混合均匀，研磨 10 min 后过筛（2 μm），将筛好混合粉末压片，通过红外光谱分析仪进行测试，参比选用空白溴化钾片，波长扫描范围为 $4000 \sim 400\ cm^{-1}$。

（六）淀粉双螺旋结构分析（13C CP/MAS NMR）

淀粉双螺旋结构表征分析采用固体核磁共振结合魔角旋转/交叉极化技术来实现。核磁共振技术是用来研究和分析高分子结构和性质的有效手段，其是在外加直流磁场作用下，磁性原子核通过吸收能量并产生能级跃迁，原子核磁矩与外加磁场夹角会发生变化，获取核磁共振信号，从而获得纵向弛豫、横向弛豫、自旋回波等参数。

测定方法参照 Cheetham 等人的方法并适当修改。选用 ^{13}C CP/MAS NMR 核磁共振仪测试样品。测试条件为：^{13}C 共振频率为 100 MHz，4.0 mmMAS 固体探头，转速 3.5 kHz，采集时间 23 ms，扫描次数 3000 次。

（七）淀粉分子量大小及其分布（GPC-MALS）

凝胶渗透色谱（gel permeation chromatography，GPC）结合多角度激光散射（multi-angle light scattering，MALS）技术能够直接测定高分子化合物分子量而不需要标样，因此该技术是测定淀粉分子量大小及其分布的有效手段。

测定方法参照韩等人的方法：称取一定量淀粉样品溶于 DMSO 中，50℃水浴溶解 3 h，将溶解淀粉样品过 0.2 μm PTFE 膜后测定。色谱柱为 waters HMW 6E，

7.8 mm×300 mm(分离范围 $5×10^5 ~ 5×10^8$ g·mol^{-1}),柱温 60℃;检测波长为 658 nm,流速 0.4 mL·min^{-1},进样量 100 μL,dn/dc=0.074 mL·g^{-1}。

(八)淀粉热力学特性分析及老化动力学模型(DSC)

(1)热力学特性分析。

差示扫描量热仪(differential scanning calorimeter,DSC)是检测物质热性能的有效工具,DSC 曲线上热流峰特征温度可用来描述热反应发生温度,峰面积大小可以用来描述热反应能量。

热力学测定参照 Huang 等的方法:称取淀粉样品 3.0 mg(干基)置于铝盘中,加入 3 倍去离子水,密封平衡 24 h;以水作为参比,设定加热范围 20~120℃,加热速率 10℃·min^{-1}。相变参数分别用起始温度(T_0)、峰值温度(T_p)、最终温度(T_c)和焓变(ΔH)表示。

(2)淀粉老化动力学模型。

参照郭等人的方法:将糊化后淀粉样品贮藏于 4℃冰箱中,分别在第 1 d、3 d、5 d、7 d、14 d 取样,利用 DSC 测定淀粉老化所形成结晶在发生熔融作用时的老化焓,老化度计算方法如下:

$$R(t) = \frac{\Delta Ht}{\Delta H \infty} × 100\% = 1 - \exp(-kt^n) \qquad (2-4)$$

高聚物在等温下结晶速率变化动力学关系式可用 Avrami 方程来描述。

$$\ln(-\ln \frac{\Delta H \infty}{\Delta H \infty - \Delta Ht}) = n\ln t = \ln k \qquad (2-5)$$

式中,$R(t)$ 为淀粉贮藏 t 时刻老化度;ΔH_t 为淀粉贮藏 t 时刻老化焓;$\Delta H\infty$ 为淀粉样品贮藏 14 d 老化焓;k 为淀粉重结晶速率常数,为 $\ln[-\ln(H\infty)]/(\Delta H\infty - \Delta H_t)$ 对 $\ln t$ 所做曲线截距;n 为 Avrami 指数,与成核机理及晶核生长方式有关。

(九)淀粉糊化特性分析(RVA)

快速黏度分析仪(rapid visco analyser,RVA)是检测糊化淀粉黏度特性的有效工具。淀粉糊化与结晶结构、双螺旋结构等分子间有序排列密切相关,其本质是水分子作用使得淀粉分子间氢键断裂,破坏分子间缔合状态,使之分散在水中并呈胶体溶液。

测试过程温度采用 Std1 升温程序,具体步骤参照 Yao 等的方法加以适当改进。称取淀粉 3.5 g,加入蒸馏水 20 mL,制备测试样品。在搅拌过程中,罐内温度变化如下：50℃下保持 1 min；在 3 min 42 s 内上升到 95℃；95℃下保持 2.5 min；在 3 min 48 s 内将温度降到 50℃后并保持 2 min。搅拌器在起始 10 s 内转动速度为 960 r·min⁻¹，之后保持在 160 r·min⁻¹。

（十）淀粉溶解度和膨胀度测定

溶解度和膨胀度测定参照 Zhang 等的方法。溶解度测定：称取 1.0 g 左右淀粉样品（M_1）置于离心管中（以干基计），在室温下用 50 mL 去离子水分散溶解，然后分别置于不同温度水浴锅中保持 30 min，冷却后以 3000 r·min⁻¹ 离心 20 min。将上清液置于已知重量（M_2）铝箔中，110℃条件下干燥至恒重，然后测定铝箔及残渣重量（M_3）；离心后沉淀物质量为膨胀淀粉质量（M_4，以干基计）。溶解度和膨胀度计算公式如式（2-6）和式（2-7）所示。

$$溶解度\ S(\%) = \frac{M_3 - M_2}{M_1} \times 100 \qquad (2-6)$$

$$膨胀度\ B(\%) = \frac{M_4}{M_1(1 - S)} \times 100 \qquad (2-7)$$

（十一）淀粉糊冻融稳定性测定

冻融稳定性参照 Kaur 等的方法，称取淀粉 5 g，配制成质量百分比为 5% 的淀粉—水悬液，置于沸水浴中搅拌糊化 30 min，称取淀粉糊液 20 g 左右倒入 50 mL 具塞离心管中，置于 -18℃ 冰箱储藏 12 h，取出，于 30℃ 水浴中解冻 4 h，在 3000 r·min⁻¹ 下离心 20 min，弃去上清液后称量沉淀物重量，以 12 h 为一个循环，反复冻融 8 次，计算淀粉析水率。

$$析水率(\%) = \frac{糊质量(g) - 沉淀物质量(g)}{糊质量(g)} \times 100 \qquad (2-8)$$

（十二）淀粉糊透明度测定

淀粉糊透明度测定参照黄祖强等的方法，并适当修改。考察不同温度和不同贮藏时间条件下淀粉糊透明度变化。不同温度条件下淀粉糊透明度测定方法：配制浓度为 1%（w/v）淀粉乳液，分别在 30℃、70℃、100℃ 水浴中加热搅拌 20 min，在搅拌过程中适量添加水分保持乳液体积不变，结束后冷却至室温（25℃），以蒸馏水作空白对照，在波长为 640 nm 条件下测定淀粉乳液透光率，以透光率大小表示淀粉糊透明度；不同贮藏时间条件下淀粉糊透明度测定方法：配制浓度3%(w/v)淀粉乳液,沸水浴中搅拌糊化20 min,在搅拌过程中适量添加水分保持乳液体积不变,糊化后冷却到室温,在640 nm条件下测定淀粉乳液透光率。测定后将乳液置于4℃冰箱中低温贮藏120 h,期间每隔24 h测定一次。

(十三)淀粉糊凝沉性测定

淀粉糊凝沉性测定参照Guo等人的方法。称取淀粉样品0.3 g于试管中,加入30 mL蒸馏水并摇匀,配制成1%淀粉乳液,置于沸水浴中糊化30 min,冷却至室温后于25℃恒温箱中静置贮存,每隔4 h观察淀粉糊上清液体积,累计观察24 h。淀粉凝沉性好坏以上清液体积变化表示。

(十四)淀粉粉体松装密度、振实密度及流动性测定

松装密度反映常规形态下单位体积容器所盛装粉体重量。振实密度反映粉体在排除空气后的单位体积容积所盛粉体重量。流动性反应粉体流动能力,利用卡尔系数表示(Carr Index,%),是指粉体振实密度与松装密度之差与振实密度之比,反应两种状态下粉体体积减小程度,即压缩度。松装密度和振实密度参数常常应用于粉体加工、运输及贮存过程,粉体不同流动性对粉体倾倒、筛分、混合和输送等加工特性具有重要影响。

淀粉粉体松装密度和振实密度测定参照Muttakin等的方法,压缩度测定参照Shah等的方法。体积密度测定:选取带有刻度并已知体积量筒(V_b),称量重量为M_1,将测试淀粉样品装入量筒中并填满,称量淀粉及量筒重量为M_2,粉体体积密度计算公式如式(2-9)所示。振实密度测定:将测试淀粉样品装入已知体积(V_t)和重量(M_1)量筒中,连续振动100次,并不断添加样品,直至粉体重量(M_2)达到稳定状态,粉体振实密度计算公式如式(2-10)所示。压缩度计算如式(2-11)所示。

$$松装密度\ \rho_b(\text{g/cm}^3) = \frac{M_2 - M_1}{V_b} \times 100 \qquad (2-9)$$

$$振实密度\ \rho_t(\text{g/cm}^3) = \frac{M_2 - M_1}{V_t} \times 100 \qquad (2-10)$$

$$卡尔系数\ \text{Carr Index}(\%) = \frac{\rho_t - \rho_b}{\rho_b} \times 100 \qquad (2-11)$$

(十五)直链淀粉含量测定

直链淀粉的测定参照王等的方法:利用马铃薯淀粉标准品配制标准溶液,在

630 nm 波长条件下测定吸光度的变化。直链淀粉含量计算公式如式(2-12)所示。

$$直链淀粉含量(\%) = \frac{0.100 \times 2 \times A_2}{0.1500 \times 5 \times A_1} \times 100 \qquad (2-12)$$

式中:A_1 为标准溶液在 630 nm 处的吸光度;A_2 为淀粉样品在 630 nm 处的吸光度。

(十六)数据分析

采用 Originlab 9.0、Excel 2017 软件对实验结果进行绘图,采用 Graphpad Prism 6.0 软件进行数据处理。试验结果为 3 次测量平均值,数据表示采用均数±标准差($Mean\pm SD$),组间差异显著性采用两两比较 q 检验,以 $P<0.05$ 为具有显著性差异。

第三节　结果与分析

一、气流超微粉碎玉米淀粉的制备及操作参数对粉碎粒度的影响

气流粉碎过程复杂,粉碎颗粒本身物化性质(水分含量、粒径、密度、强度、结构、团聚性、电荷性等)、粉碎设备结构参数(喷嘴种类及尺寸、喷嘴间轴向间距、粉碎室直径等)、粉碎操作参数(气体压力、分级轮转速、持料量)对粉体物料粉磨效率、产品粒度大小及分布、产品颗粒形貌等均有重要影响。因此,为了提高粉碎效率和降低机器磨损并获得要求粒径和粒形的粉体产品,需要对粉碎条件及粉碎过程进行研究。本研究流化床气流粉碎设备参数固定,重点考察操作参数对淀粉颗粒粉碎效果的影响。首先以普通玉米淀粉为原料,考察原料不同含水量(11.24%、6.18%、1.5%)、不同粉碎气体压力(0.6 MPa、0.7 MPa、0.8 MPa)、分级轮转速(2400 r/min、3000 r/min、3600 r/min、4200 r/min)以及持料量(0.5 kg、1.0 kg、1.5 kg)等参数条件下气流粉碎对普通玉米淀粉颗粒大小及分布影响,优化最适粉碎条件;在最适条件基础上,考察气流粉碎对蜡质玉米淀粉和高直链玉米淀粉粒度的影响;并进一步考察气流粉碎处理对淀粉粉体密度及流动性的影响。

(一)操作参数对粉碎粒径大小的影响

粉体颗粒粒径大小通常采用激光粒度分析仪测量,利用等效直径体积平均

径 $D_{[4,3]}$、面积平均径 $D_{[3,2]}$ 以及中位径 D_{50} 表示粒径的大小，D_{10} 和 D_{90} 表示粉体细端和粗端粒度指标，不同行业对产品粒径应用要求使用不同的粒径表示方法。

1.不同粉碎压力与分级转速对粉碎粒径大小的影响

气流粉碎过程中粉碎压力和分级转速对粉体粉碎具有重要影响，气体流速越高，则物料被细化程度越高；分级机分级轮转速越高，产品越细。气流粉碎可以产生微细化淀粉颗粒，经过粉碎作用后玉米淀粉颗粒粒径大小发生显著改变。经过不同压力、分级转速气流粉碎前后普通玉米淀粉粒径大小变化如表 2-4 所示。

由表 2-4 可以看出，普通玉米原淀粉体积平均径 $D_{[4,3]}$、面积平均径 $D_{[3,2]}$ 分别为 13.48 μm 和 6.43 μm，中位径 D_{50} 为 13.87 μm，粗端粒径 D_{90} 为 21.23 μm，细端粒径 D_{10} 为 3.38 μm。淀粉颗粒经过不同压力和分级转速条件粉碎处理后，粒径明显减小，且随着粉碎压力和分级转速增加而下降，表明空气压力越大，淀粉颗粒粉碎效果越好，分级转速越高，淀粉颗粒越细。其原因是压力增大，淀粉颗粒获得动能逐渐增大，使得颗粒间碰撞概率增大，导致产品粒径逐渐减小；分级转速增加使得颗粒在分级区获得离心力增大，符合条件小颗粒被分级出来，部分大颗粒将被继续粉碎，产品粒径减小。当分级转速低于 3600 r/min 时，随着分级转速增加，颗粒粒径减小显著，分级转速由 3600 r/min 升高到 4200 r/min 时，淀粉颗粒粒径减小趋势变缓。Tasirin 等指出，气流粉碎中颗粒粉碎速率与气流速度或颗粒速度呈指数关系，气流粉碎装置入口压力是影响粉碎过程的关键参数。因此，淀粉颗粒最适粉碎压力为 0.8 MPa，分级轮转速为 3600 r/min，此条件下微细化普通玉米淀粉平均径 $D_{[4,3]}$、$D_{[3,2]}$ 分别为 5.23 μm 和 3.08 μm，中位径 D_{50} 为 5.38 μm，且其中 10%粒径(D_{10})小于 1.63 μm，90%粒径(D_{90})小于 11.76 μm。

表 2-4　不同粉碎压力与分级转速作用下普通玉米淀粉的粒径大小

气体压力/ MPa	分级 转速/ r·min⁻¹	$D_{[4,3]}$/ μm	$D_{[3,2]}$/ μm	D_{10}/ μm	D_{50}/ μm	D_{90}/ μm
0	0	13.48±0.06[a]	6.43±0.08[a]	3.38±0.07[a]	13.87±0.02[a]	21.23±0.05[a]
0.6	2400	8.08±0.03[b]	4.89±0.04[b]	2.1±0.03[b]	8.01±0.04[b]	13.95±0.05[b]
	3000	7.93±0.04[b]	4.14±0.02[c]	1.59±0.043[c]	7.79±0.05[b]	13.17±0.02[d]
	3600	7.53±0.02[c]	3.65±0.01[d]	1.34±0.02[c]	6.99±0.04[c]	13.60±0.04[c]
	4200	6.55±0.02[d]	3.53±0.05[d]	1.58±0.03[d]	5.32±0.01[d]	13.43±0.02[d]

气体压力/MPa	分级转速/r·min⁻¹	$D_{[4,3]}$/μm	$D_{[3,2]}$/μm	D_{10}/μm	D_{50}/μm	D_{90}/μm
0.7	2400	7.86±0.05[b]	4.38±0.04[b]	1.85±0.02[b]	7.54±0.05[b]	13.59±0.06[b]
	3000	6.77±0.04[c]	3.84±0.03[c]	1.59±0.06[c]	6.41±0.07[c]	11.90±0.02[d]
	3600	6.86±0.04[d]	3.79±0.06[c]	1.63±0.04[c]	5.67±0.01[d]	12.30±0.02[c]
	4200	6.24±0.07[d]	3.36±0.02[d]	1.49±0.03[c]	5.21±0.03[d]	12.29±0.03[c]
0.8	2400	7.64±0.05[b]	4.26±0.06[b]	1.74±0.06[b]	7.21±0.08[b]	13.53±0.02[b]
	3000	6.55±0.01[c]	3.68±0.05[c]	1.68±0.05[c]	6.54±0.03[c]	12.80±0.02[c]
	3600	5.23±0.04[d]	3.08±0.07[d]	1.63±0.03[c]	5.38±0.04[d]	11.76±0.01[d]
	4200	5.02±0.02[d]	3.02±0.04[d]	1.54±0.04[d]	5.08±0.02[d]	9.17±0.02[e]

注：$D_{[4,3]}$为体积平均径；$D_{[3,2]}$为面积平均径；D_{50}为中位径；D_{90}为粗端粒径；D_{10}为细端粒径；同列中a～e肩字母不同表示差异显著（$P<0.05$）。

2.不同持料量与分级转速对粉碎粒径大小的影响

持料量是影响粉碎效果的重要参数之一，粉碎腔内气—固两相颗粒浓度高低影响颗粒之间碰撞概率及颗粒所携带平均动能。持料量过少，颗粒碰撞概率下降，粒径较大且产率低；持料量过多，粉体密度增大，颗粒获得动能减小，颗粒有效碰撞减少，粒径同样增大且产率低，因此气流粉碎存在最适持料量。不同持料量与分级转速气流粉碎前后普通玉米淀粉粒径大小变化情况如表2-2所示。

由表2-5可以看出，玉米淀粉经过不同持料量及分级转速条件处理后，颗粒粒径明显减小，在相同持料量条件下，随着分级转速增大，粒径大小呈下降趋势。当分级转速低于3600 r/min时，颗粒粒径下降明显，三种持料量粉碎条件下淀粉颗粒中位径由原淀粉的13.87 μm分别减小至5.76 μm、5.27 μm和5.82 μm；当分级转速由3600 r/min增大到4200 r/min时，淀粉颗粒粒径下降缓慢，不同持料量条件下粒径值变化为5.76～5.61 μm、5.27～5.12 μm、5.82～5.77 μm，此不同分级转速条件粒径变化现象与不同压力与分级转速作用效果一致。因此，可以看出在分级转速为3600 r/min，1.0 kg持料量条件下淀粉颗粒粉碎粒径最小，达到最好粉碎效果，增大或减小持料量都使淀粉颗粒粒径增大，即粉碎过程存在最适持料量。此结果与Palaniandy和Bend等人研究结果一致，表明气流粉碎过程中颗粒碰撞概率与所携带平均动能两者之间需达到平衡关系，存在最佳给料速率值使得产品粒度更细，且持料量与产品中位径大小呈"鱼钩"曲线关系，说明粉碎过程存在一个持料量（范围），使得产品颗粒粒径最小。因此，在持料量为

1.0 kg,分级转速 3600 r/min 粉碎条件下,微细化玉米淀粉平均径 $D_{[4,3]}$、$D_{[3,2]}$ 分别为 5.61 μm 和 3.79 μm,中位径 D_{50} 为 5.27 μm,其中 10% 粒径(D_{10})小于 1.56 μm,90% 粒径(D_{90})小于 9.94 μm。

表 2-5　不同持料量与分级转速作用下普通玉米淀粉的粒径大小

持料量/kg	分级转速/(r·min⁻¹)	$D_{[4,3]}$/μm	$D_{[3,2]}$/μm	D_{10}/μm	D_{50}/μm	D_{90}/μm
0	0	13.48±0.05[a]	6.43±0.07[a]	3.38±0.06[a]	13.87±0.012[a]	21.23±0.04[a]
0.5	2400	8.67±0.03[b]	5.26±0.07[b]	2.63±0.04[b]	8.16±0.04[b]	14.88±0.04[b]
	3000	7.14±0.03[c]	3.9±0.03[c]	1.64±0.02[c]	6.50±0.03[c]	12.95±0.02[c]
	3600	6.89±0.03[d]	3.75±0.03[d]	1.64±0.02[c]	5.76±0.01[d]	12.43±0.04[c]
	4200	5.77±0.01[e]	3.54±0.05[d]	1.58±0.04[d]	5.61±0.01[d]	11.23±0.03[d]
1.0	2400	8.22±0.04[b]	4.38±0.02[b]	2.10±0.03[b]	8.23±0.05[b]	13.46±0.06[b]
	3000	7.04±0.04[c]	3.84±0.03[c]	1.72±0.06[c]	6.48±0.02[c]	12.60±0.06[c]
	3600	5.61±0.05[d]	3.79±0.06[c]	1.56±0.01[d]	5.27±0.01[d]	9.94±0.02[d]
	4200	5.88±0.03[d]	3.36±0.02[d]	1.55±0.03[d]	5.12±0.03[d]	9.85±0.03[d]
1.5	2400	8.98±0.04[b]	4.98±0.01[b]	2.45±0.05[b]	8.04±0.04[b]	14.14±0.05[b]
	3000	7.23±0.03[c]	4.07±0.05[c]	1.76±0.06[c]	6.74±0.04[c]	12.68±0.02[c]
	3600	6.74±0.04[d]	3.58±0.02[d]	1.43±0.04[d]	5.82±0.03[d]	12.55±0.06[d]
	4200	5.96±0.02[e]	3.48±0.04[d]	1.36±0.01[d]	5.77±0.05[d]	11.68±0.02[d]

注:$D_{[4,3]}$ 为体积平均径;$D_{[3,2]}$ 为面积平均径;D_{50} 为中位径;D_{90} 为粗端粒径;D_{10} 为细端粒径;同列中 a~e 肩字母不同表示差异显著($P<0.05$)。

3.原料不同含水量与分级转速对粉碎粒径大小的影响

粉碎材料颗粒由于物理化学性能不同,其粉碎过程具有一定差异,通常硬度较低物料,其粉碎更容易,能够获得更细产品。不同含水量普通玉米淀粉在不同分级转速作用下颗粒粒径大小变化如表 2-6 所示。

由表 2-6 可以看出,不同含水量普通玉米淀粉在不同分级转速条件下粉碎处理后,淀粉颗粒粒径明显减小,且随着分级转速增大呈现迅速减小后缓慢降低趋势。原料不同含水量对淀粉颗粒粉碎效果产生影响,随着含水量降低,淀粉颗粒粒径呈降低趋势,在含水量为 1.5%,4200 r/min 条件下,可获得最小的体积平均径和中位径分别为 5.32 μm 和 4.84 μm。但可以看出,在原料水分含量为 6.18%,分级转速为 3600 r/min 时,淀粉颗粒体积平均径和中位径略大于含水量为1.5%的原料,说明此含水量原料也能达到较好粉碎效果。其主要原因是淀粉颗粒在低水分含量时,硬度较大,淀粉颗粒破碎困难;而淀粉含水量较高时,塑性增强,淀粉易发生塑性形变,也不利于淀粉粉碎。Zhang等研究球磨研磨方法对不同含水量(1.00%、3.50%、6.00%、8.50%、11.00%)大米淀粉进行微细化处理,得到原料不同含水量对大米淀粉颗粒粒径及性质具有重要影响的结果。

表2-6　原料不同含水量与分级转速作用下普通玉米淀粉的粒径大小

原料含水量/%	分级转速/(r·min⁻¹)	$D_{[4,3]}$/μm	$D_{[3,2]}$/μm	D_{10}/μm	D_{50}/μm	D_{90}/μm
11.24	0	13.82±0.05[a]	6.16±0.02[a]	3.96±0.06[a]	14.07±0.05[a]	21.90±0.04[a]
	2400	7.87±0.02[b]	4.89±0.06[b]	1.87±0.03[b]	7.63±0.04[b]	13.67±0.05[b]
	3000	7.44±0.04[b]	4.14±0.02[c]	1.72±0.03[c]	7.27±0.04[b]	12.71±0.03[c]
	3600	7.02±0.03[b]	3.75±0.03[d]	1.63±0.03[c]	6.67±0.01[c]	12.29±0.04[c]
	4200	5.96±0.02[c]	3.53±0.05[d]	1.52±0.03[d]	5.21±0.01[d]	10.98±0.02[d]
6.18	0	13.55±0.07[a]	6.02±0.06[a]	3.44±0.08[a]	14.01±0.04[a]	21.24±0.07[a]
	2400	8.22±0.04[b]	4.38±0.02[b]	2.10±0.03[b]	8.23±0.05[b]	13.46±0.06[b]
	3000	7.04±0.04[c]	3.84±0.03[c]	1.72±0.06[c]	6.48±0.02[c]	12.60±0.06[c]
	3600	5.53±0.05[d]	3.68±0.06[c]	1.51±0.01[c]	5.22±0.01[d]	9.81±0.02[d]
	4200	5.88±0.03[d]	3.36±0.02[d]	1.55±0.03[c]	5.12±0.03[d]	9.85±0.03[d]
1.5	0	13.48±0.06[a]	6.43±0.08[a]	3.38±0.07[a]	13.87±0.02[a]	21.23±0.05[a]
	2400	7.64±0.05[b]	4.26±0.01[b]	1.74±0.05[b]	7.21±0.04[b]	13.53±0.04[b]
	3000	6.55±0.03[c]	3.68±0.05[c]	1.68±0.03[c]	5.54±0.03[c]	12.80±0.02[c]
	3600	6.23±0.04[c]	3.58±0.02[d]	1.63±0.04[c]	5.28±0.04[c]	11.76±0.03[d]
	4200	5.32±0.01[d]	3.30±0.04[d]	1.54±0.04[d]	4.84±0.02[d]	9.17±0.02[e]

注:$D_{[4,3]}$为体积平均径;$D_{[3,2]}$为面积平均径;D_{50}为中位径;D_{90}为粗端粒径;D_{10}为细端粒径;同列中a~e肩字母不同表示差异显著($P<0.05$)。

(二)操作参数对粉碎粒度分布影响

粒度分布是指不同粒径颗粒分别占粉体总量的百分比,粉体颗粒粒度分布常采用颗粒频率分布曲线和粒度分布宽度(Span)来表示,其分别表征粉体颗粒粒度分布规律和粒度均匀性。不同压力、持料量、分级转速、原料含水量等条件参数对粉碎粒径产生影响，进而改变粉体的粒度分布特征。

1.不同粉碎压力与分级转速对粉碎粒度分布的影响

粉碎压力即装置粉碎入口压力，是影响气流速度的关键因素之一，其大小对玉米淀粉颗粒粉碎过程影响较大。不同粉碎压力与分级转速对粉体粒度分布影响如图2-13所示。

由图2-13可以看出，低转速条件下，粒度分布接近于单峰分布，且随着压力增大，峰值所在位置对应颗粒粒径向粒度变小方向移动；随着分级转速逐渐增大，颗粒频率分布峰值逐渐向小粒径方向移动，同时在粒径较小位置出现粒度峰，此时粒度分布由单峰分布变为双峰分布，小粒度峰频率分布随着转速升高而逐渐增大。在4200 r/min时，不同压力下1 μm处峰值对应分布频率分别为1.62%、0.27%、0.26%，其中压力为0.6 MPa时小颗粒峰分布频率增加变化明显，而压力为0.7 MPa、0.8 MPa时分布频率只是存在小幅增加。

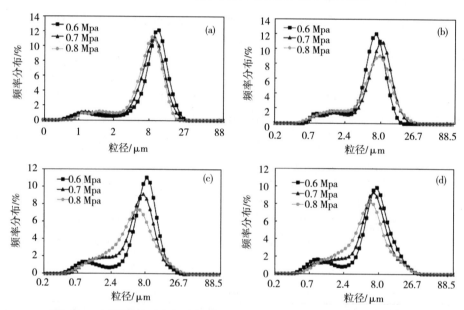

图2-13　不同粉碎压力与分级转速作用下普通玉米淀粉的粒度分布曲线

注：(a)(b)(c)(d)分别表示分级转速为2400 r/min、3000 r/min、3600 r/min、4200 r/min时粉体颗粒在不同压力作用下的粒度分布。

根据Hutting粉碎模型的体积粉碎和表面粉碎理论，从图2-13粒度分布曲线变化可知，在低转速条件下，淀粉颗粒以体积粉碎为主，粒度分布窄，呈单峰分布，随着分级转速增大，表面粉碎作用凸显，使得淀粉颗粒产生更多细粉，粒度分布变宽,且出现双峰分布。同样,粉碎压力越大,淀粉颗粒粉碎在高速气流作用下产生冲击碰撞粉碎,粉碎后产品呈单峰分布,而低压力下颗粒粉碎趋向于表面磨损粉碎,颗粒分布呈双峰分布。此结果与 Lu 等研究结果一致,其研究了在不同压力、分级转速等操作参数对流化床气流粉碎 TiAL 粉影响,获得了最适粉碎压力和分级转速。

　　粒度分布宽度(跨度)在一定程度上反映颗粒分布均匀性,跨度越小,颗粒均匀性越好,反之,颗粒均匀性越差。进一步分析在不同压力和分级转速条件下微细化粉体粒度分布宽度(跨度),结果如图 2-14 所示。由图 2-14 可以看出,随着分级转速增大,不同压力下获得粉体粒度跨度值均呈先增大后减小趋势,说明粉体颗粒均匀性发生变化,在低分级转速条件下,粉体跨度值较低,均匀性较好,随着转速增大,颗粒被粉碎,跨度值增大,当增大到 4200 r/min 时,跨度值逐渐减小并趋于稳定,粉体均匀性达到稳定状态。粉碎压力对颗粒跨度影响显著,在转速低于 3600 r/min 条件下,压力越小跨度值越小,当转速高于 3600 r/min 时,压力越大跨度值越小,粒度分布更均匀。其原因是在低转速条件下,淀粉颗粒发生冲击碰撞粉碎,使得淀粉颗粒粒度减小,导致其粒度范围即跨度值增大;随着分级转速增加到一定程度后,淀粉颗粒在高速离心力作用下在粉碎腔内存留时间增加,细颗粒粉碎时间增加,发生主要以摩擦粉碎为主的粉碎,部分颗粒表面棱角消失,表面相对光滑,球形度较好,但颗粒粒度变化不大。

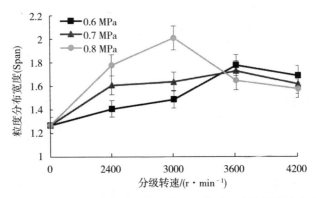

图 2-14　不同粉碎压力与分级转速作用下普通玉米淀粉的粒度跨度

2.不同持料量与分级转速对粉碎粒度分布的影响

　　持料量对气流粉碎玉米淀粉颗粒粒径大小产生重要影响,影响粒度分布。不同持料量与分级转速对粉体粒度分布影响如图 2-5 所示。由图 2-15 可以看出,持料量和分级转速对微细化淀粉颗粒粒度分布产生重要影响。在低转速条件下,颗粒粒度呈现双峰分布,存在大粒度峰和小粒度峰,随着转速提高,小粒度峰逐渐消失,形成一个分布较宽大粒度峰,且峰值对应粒径变小,以及分布频率明显降低。持料量对粒度分布影响显著,在低转速条件下,不同持料量粒度分布峰形相近,同一峰值时 0.5 kg 和 1.5 kg 条件下对应频率分布较高;随着分级转速增大,1.0 kg 持料量条件下频率分布增大,而 0.5 kg 和 1.5 kg 条件下则降低。

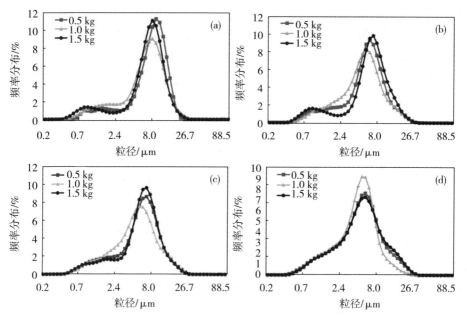

图 2-15　不同持料量与分级转速作用下普通玉米淀粉颗粒粒度分布
注:(a)(b)(c)(d)表示分级转速为 2400 r/min、3000 r/min、3600 r/min、4200 r/min 时粉体颗粒在不同气体压力作用下的粒度分布。

　　进一步分析在不同持料量和分级转速条件下淀粉颗粒粒度分布宽度(跨度),如图 2-16 所示。由图 2-16 可以看出,经过不同持料量及分级转速气流粉

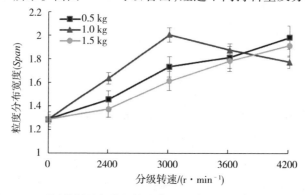

图 2-16　不同持料量与分级转速作用下普通玉米淀粉的粒度跨度

碎处理后,淀粉粉体粒度跨度明显高于原料淀粉,说明原淀粉均匀性优于微细化淀粉。在 1.0 kg 持料量条件下,随着分级转速增大,粉体粒度跨度值均呈现先增大后减小趋势,在 3000 r/min 时达最大,在 4200 r/min 转速下能够获得较优跨度;而在 0.5 kg 和 1.5 kg 持料量条件下,跨度值随转速增加而增大,说明此条件下粒度均匀性较差。

3.不同原料含水量与分级转速对粉碎粒度分布的影响

原料含水量对气流粉碎普通玉米淀粉颗粒粒径大小产生重要影响,影响颗粒粒度分布。不同原料含水量与分级转速对粉体粒度分布影响如图 2-17 所示。

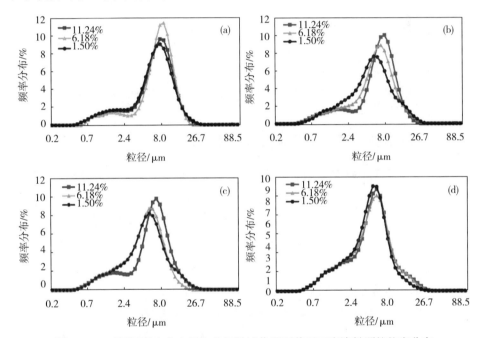

图 2-17　不同原料水分含量与分级转速作用下普通玉米淀粉颗粒粒度分布
注:(a)(b)(c)(d)分别表示分级转速为 2400 r/min、3000 r/min、3600 r/min、4200 r/min 时粉体颗粒在不同气体压力作用下的粒度分布。

由图 2-17 可以看出,随着分级转速增大,淀粉原料峰值所在位置对应粒度值向粒度小的方向移动,其中低含水量淀粉(1.5%、6.18%)原料粒度值移动效果优于高含水量(11.24%)原料。水分含量为 6.18% 原料在 3000 r/min 条件下呈现跨度较宽粒度峰。

进一步分析不同含水量微细化粉体颗粒粒度分布宽度(跨度),如图 2-18 所示。可以看出,在 11.24% 含水量条件下,随着分级转速增大,其跨度值逐渐增大,4200 r/min 时增加显著;在 6.18% 和 1.5% 含水量条件下,随着分级转速增大,跨度值呈先增大后减小趋势,其中含水量为 6.18% 时跨度值更小,说明此时粒度分布均匀性更好。在 4200 r/min 转速下,含水量 6.18% 微细化玉米淀粉粒度分布宽度最小,说明此粉体粉碎效果最好。

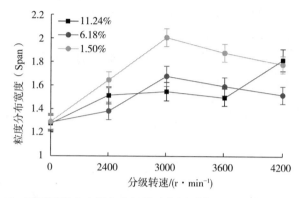

图 2-18　不同原料含水量与分级转速作用下普通玉米淀粉的粒度跨度

(三)操作参数对淀粉颗粒比表面积的影响

形状系数和形状指数是表征和描述颗粒形状不同性质的形状因子。形状系数能够反映出颗粒偏离球形程度,如比表面积、体积、面积的变化;形状指数能够反映颗粒形状,如 Wadell 球形度、Church 形状因子等。不同应用领域采用不同表征方式,本研究采用形状系数比表面积(S_w)来表征微细化淀粉颗粒形态特征,比表面积越大说明粉体粉碎效果好,粒度越细且表面越光滑。

1.不同粉碎压力与分级转速对淀粉颗粒比表面积的影响

不同粉碎气体压力与分级转速条件作用下玉米淀粉颗粒比表面积变化如图 2-19 所示。从图中 2-19 可以看出,不同粉碎压力作用下颗粒比表面积随分级转速升高而增大,在 0.8 MPa 条件下颗粒比表面积最大。在低转速条件下得到颗粒比表面积相对较小,这是由于在低转速下获得粒径相对较大的粉体颗粒,且颗粒形状不规则,比表面积较小;随着分级转速增大,淀粉颗粒在粉碎室内主要发生了表面粉碎,获得的颗粒粒径较小,粒径相对规则完整,使颗粒比表面积增大。

压力对淀粉颗粒比表面积影响较大,增大压力能够有效提高颗粒比表面积。在低转速下,压力越大,粉碎颗粒越小,比表面积越大。在高分级转速下,粉体颗粒不易被分级,此时分级转速对粉体粉碎效果影响大于压力的影响,颗粒粉碎时间增加,使得颗粒比表面积增加。此研究结果与尚等研究结果一致,其利用流化床气流粉碎设备在低亚音速气体压力条件下对煤粉进行粉碎处理,得到不同背压条件和不同分级转速作用下煤粉粉体颗粒球形度发生显著变化的结果。

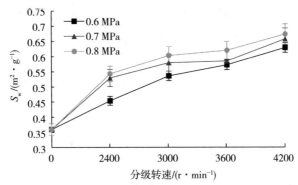

图 2-19　不同粉碎压力与分级转速作用下普通玉米淀粉的比表面积

2.不同持料量与分级转速对淀粉颗粒比表面积的影响

不同持料量与分级转速条件作用下普通玉米淀粉比表面积变化如图 2-20 所示。从图 2-20 中可以看出,不同持料量条件下颗粒比表面积随分级转速升高而增大,在持料量 1.0 kg 条件下的粉碎颗粒比表面积优于持料量为 0.5 kg 和 1.5 kg 条件。结果可知,淀粉颗粒粉碎过程存在最适持料量,在 1.0 kg 持料量条件下,粉体粒径达到最小,粉碎效果较好,此时颗粒粒度分布宽度较窄,上述结果进一步验证淀粉粉体在 1.0 kg 条件下可达到最大比表面积。

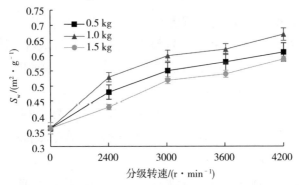

图 2-20　不同持料量与分级转速作用下普通玉米淀粉的比表面积

3.不同原料含水量与分级转速对淀粉颗粒比表面积的影响

不同原料含水量与分级转速作用下普通玉米淀粉比表面积变化如图 2-21 所示。从图 2-21 中可以看出,不同含水量条件下颗粒比表面积随分级转速升高而增大。在低转速条件下,水分含量降低,有易于粉体粉碎,粉体颗粒更细,比表面积更大,其原因可能是低转速下粉体以冲击碰撞粉碎为主,整个颗粒粉碎生成大多为粒度较大的中间颗粒,随着粉碎进行,中间颗粒进一步被粉碎,低水分原料其硬度相对较大,易于颗粒碰撞后破碎,增大了比表面积;而高水分原料塑性较强,颗粒碰撞后不易破碎,但当分级转速增大一定程度后,颗粒在磨腔内存留时间增加,细颗粒粉碎碰撞概率及时间增加,此时在高压、高转速影响下,原料含水量差异作用效果降低。本实验中,当转速达 3600 r/min 时,6.18%含水量原料粉碎效果较好,呈现较大比表面积。

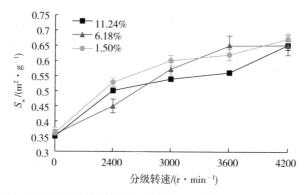

图 2-21 不同原料含水量与分级转速作用下普通玉米淀粉的比表面积

(四)操作参数对粉体密度及流动性的影响

松装密度反映常规形态下单位体积容器所盛装粉体重量。振实密度反映粉体在排除空气后的单位体积容积所盛粉体重量。流动性反应粉体流动能力,利用卡尔系数表示(*Carr Index*,%),是指粉体振实密度与松装密度之差与振实密度之比,反映两种状态下粉体体积减小程度。卡尔系数值在0~15%之间,说明粉体具有非常好流动性;15%~20%之间,说明粉体流动性较好;20%~25%之间,说明粉体流动性一般;25%~30%之间,说明粉体流动性不好;大于30%,说明粉体流动性较差。

原料含水量对粉体密度及流动性具有重要影响,因此本研究选用不同含水量普通玉米淀粉原料在不同分级转速条件下制备微细化淀粉,考察气流粉碎不同参数条件对淀粉粉体密度及流动性的影响,结果如表2-7所示。

表 2-7 不同条件对淀粉松装密度、振实密度及粉体流动性的影响

原料含水量/%	分级转速/ （r·min⁻¹）	松装密度/ （g·cm⁻³）	振实密度/ （g/cm⁻³）	Carr Index/%
	0	0.55 ± 0.02^a	0.81 ± 0.00^a	32.09 ± 0.01^e
	2400	0.47 ± 0.01^b	0.71 ± 0.00^b	33.80 ± 0.01^d
11.24	3000	0.45 ± 0.00^c	0.69 ± 0.01^c	34.78 ± 0.01^c
	3600	0.44 ± 0.00^c	0.68 ± 0.01^d	35.29 ± 0.00^b
	4200	0.43 ± 0.01^d	0.68 ± 0.02^d	36.76 ± 0.02^a
	0	0.55 ± 0.01^a	0.78 ± 0.01^a	29.49 ± 0.01^d
	2400	0.50 ± 0.01^b	0.76 ± 0.01^b	30.21 ± 0.01^d
6.18	3000	0.49 ± 0.01^c	0.72 ± 0.02^c	31.43 ± 0.02^c
	3600	0.48 ± 0.01^d	0.70 ± 0.01^c	31.94 ± 0.01^b
	4200	0.44 ± 0.00^e	0.65 ± 0.00^d	32.31 ± 0.00^a
	0	0.56 ± 0.00^a	0.79 ± 0.01^a	29.11 ± 0.01^d
	2400	0.49 ± 0.02^b	0.70 ± 0.00^b	30.00 ± 0.01^d
1.5	3000	0.48 ± 0.03^c	0.68 ± 0.01^c	30.41 ± 0.02^c
	3600	0.46 ± 0.03^d	0.67 ± 0.02^c	31.14 ± 0.03^b
	4200	0.44 ± 0.03^d	0.64 ± 0.02^d	31.85 ± 0.03^a

注：同列中 a~e 肩字母不同表示差异显著（$P<0.05$）。

由表 2-7 可以看出，与未粉碎原淀粉相比，不同气流粉碎条件作用后玉米淀粉松装密度和振实密度显著降低，且随着分级转速提高，粉体密度呈下降趋势，说明淀粉颗粒粒径越小，粉体密度值越低；在相同分级转速条件下，原料含水量不同对粉体密度产生一定影响。同时，气流粉碎处理后，粉体流动性随着分级转速升高而下降，淀粉颗粒越细粉体流动性越差，低含水量淀粉样品流动性优于高水分含量样品。说明气流粉碎处理，降低微细化淀粉松装密度和振实密度，使粉体流动性变差。此结果与 Muttakin 等研究结果一致，其发现经过气流粉碎处理后，随着粉体颗粒粒径不断减小，脱脂大豆粉流动能力越来越差。

松装密度和振实密度参数常常应用于粉体加工、运输及存贮过程，粉体不同流动性对粉体倾倒、筛分、混合和输送等加工特性具有重要影响。

（五）气流超微粉碎对蜡质玉米淀粉和高直链玉米淀粉粒度影响

通过对普通玉米淀粉在不同操作参数下粉碎后粒度情况测定和分析，得到普通玉米淀粉最适气流粉碎条件：6.18%含水量原料，气体压力 0.8 MPa、持料量 1.0 kg、分级转速 3600 r/min，此条件下得到粒径较小、比表面积较大、分布较窄的微细化普通玉米粉体，具有较好粉碎效果。蜡质玉米淀粉、高直链玉米淀粉因其在直链与支链数量、结构等方面与普通玉米淀粉存在差异，具有不同结晶层和无定形层等微观结构，导致其存在不同分子间和分子内作用力，因此，不同链/支比玉米淀粉在机械力作用下对其颗粒大小及分布将产生一定影响。

依据普通玉米淀粉气流粉碎获得最适粉碎条件，考查蜡质玉米淀粉和高直链玉米淀粉在含水量近 6%，气体压力 0.8 MPa、持料量 1.0 kg，不同分级转速 2400 r/min、3000 r/min、3600 r/min 条件下淀粉颗粒粉碎效果，如表 2-8 所示。

表 2-8　不同分级转速作用下蜡质玉米淀粉和高直链玉米淀粉的粒度大小及分布

样品	分级转速/ $(r \cdot min^{-1})$	$D_{[4,3]}/$ μm	$D_{10}/$ μm	$D_{50}/$ μm	$D_{90}/$ μm	Span	$S_w/(m^2 \cdot g^{-1})$
蜡质玉米淀粉	0	16.95 ± 0.07^a	3.05 ± 0.08^a	16.57 ± 0.02^a	31.21 ± 0.05^a	1.70 ± 0.3^d	0.34 ± 0.02^d
	2400	11.44 ± 0.03^b	2.71 ± 0.03^b	10.56 ± 0.04^b	22.45 ± 0.05^b	1.76 ± 0.2^b	0.39 ± 0.05^c
	3000	8.42 ± 0.02^c	2.23 ± 0.06^c	8.13 ± 0.02^c	20.60 ± 0.03^c	1.86 ± 0.6^a	0.41 ± 0.08^b
	3600	6.56 ± 0.02^d	1.86 ± 0.01^c	6.05 ± 0.06^d	14.58 ± 0.03^d	1.72 ± 0.4^c	0.50 ± 0.04^a
高直链玉米淀粉	0	13.64 ± 0.07^a	4.54 ± 0.06^a	13.42 ± 0.05^a	23.56 ± 0.04^a	1.30 ± 0.3^c	0.33 ± 0.08^a
	2400	8.81 ± 0.04^b	2.13 ± 0.03^b	8.54 ± 0.04^b	14.02 ± 0.05^b	1.39 ± 0.2^b	0.43 ± 0.06^a
	3000	6.04 ± 0.04^c	1.62 ± 0.03^c	5.80 ± 0.04^c	11.41 ± 0.03^c	1.69 ± 0.1^a	0.68 ± 0.02^a
	3600	5.61 ± 0.05^d	1.58 ± 0.02^c	5.53 ± 0.01^c	10.99 ± 0.04^c	1.58 ± 0.1^a	0.70 ± 0.05^a

注：$D_{[4,3]}$ 为体积平均；$D_{[3,2]}$ 为面积平均径；D_{50} 为中位径；D_{90} 为粗端粒径；D_{10} 为细端粒径；S_w 为比表面积；Span 为跨度；同列中 a~e 肩字母不同表示差异显著（$P<0.05$）。

由表 2-8 可以看出，蜡质玉米原淀粉颗粒粒径相对较大，体积平均径 $D_{[4,3]}$ 为 16.95 μm，中位径 D_{50} 为 16.57 μm，随着粉碎分级转速增大，粒径逐渐减小。在 3600 r/min 时，颗粒体积平均径 $D_{[4,3]}$ 减小至 6.56 μm，中位径减小至 6.05 μm，且其 90%颗粒小于 14.58 μm，10%颗粒小于 1.86 μm；在低转速下，跨度值随着分级转速增加而增大，说明粉体粉碎导致其均匀性发生变化，当转速大于

3000 r/min 时,颗粒跨度值减小,粉体均匀性较好;随着分级转速增大和粒径进一步减小,颗粒比表面积呈上升趋势,在 3600 r/min 条件下,颗粒比表面积为原淀粉 1.47 倍,比表面积增大有利于增加淀粉颗粒表面活性。

高直链玉米原淀粉体积平均径 $D_{[4,3]}$ 为 13.64 μm,中位径为 13.42 μm,随着粉碎分级转速增大,粒径逐渐减小。在 3600 r/min 时,颗粒体积平均径 $D_{[4,3]}$ 为 5.61 μm,中位径为 5.53 μm,且 90% 颗粒小于 10.99 μm,10% 颗粒小于 1.58 μm;在低转速下,跨度值随着分级转速增加而增大,当转速大于 3000 r/min 时,颗粒跨度值减小,粉体均匀性较好;随着分级转速增大和粒径进一步减小,颗粒比表面积呈上升趋势,在 3600 r/min 条件下,比表面积为原料淀粉 2.12 倍。

可以看出,三种玉米淀粉原料粒径大小顺序为蜡质玉米淀粉>普通玉米淀粉>高直链玉米淀粉,说明玉米淀粉粒径大小随着直链淀粉含量增加而减小。经过气流粉碎处理后,蜡质玉米淀粉粒径由原淀粉 16.57 μm 减小到 6.05 μm,普通玉米淀粉粒径由原淀粉 14.01 μm 减小到 5.22 μm,高直链玉米淀粉粒径由原淀粉 13.42 μm 减小到 5.53 μm。由此可知,随着直链淀粉含量增加,气流粉碎对其粒径影响减弱。

(六)小结

利用流化床气流粉碎设备对不同链/支比玉米淀粉进行了气流超微粉碎实验。首先以普通玉米淀粉为原料,考察原料含水量、粉碎气体压力、分级轮转速及持料量等粉碎条件对淀粉颗粒大小及分布影响,优化最适条件;并在最优条件基础上,考察气流粉碎对蜡质玉米淀粉和高直链玉米淀粉颗粒粒度影响;进一步分析微细化淀粉的密度及流动性,得出以下结论:

(1)研究操作参数对普通玉米淀粉颗粒粒径大小影响。提高粉碎压力,可使玉米淀粉产品颗粒 $D_{[4,3]}$、$D_{[3,2]}$、D_{50}、D_{10}、D_{90} 值降低,压力越高,获得颗粒粒径越小,粉体越细;分级转速对粉碎粒径影响较大,转速越高,产品粒度越细,但分级转速过高,粉体粒径减小缓慢且制备粉体得率显著降低和能耗过大,转速 3600 r/min 时淀粉即达到理想粉碎效果;持料量过多或过少均影响粉碎效果,因此持料量存在最佳值;原料含水量也存在最佳值。因此,为获得产品粒径较小、生产过程能耗较少、生产效率较高微细化玉米淀粉,选择 6.18% 含水量原料,在气体压力 0.8 MPa、持料量 1.0 kg、分级转速 3600 r/min 条件下进行气流粉碎试验,获得微细化普通玉米淀粉粒径 $D_{[4,3]}$、$D_{[3,2]}$ 分别为 5.53 μm 和 3.68 μm,中位径 D_{50} 为 5.22 μm,其 10% 粒径小于 1.51 μm,90% 粒径小于 9.81 μm。

（2）研究操作参数对淀粉颗粒粒度分布影响。粉碎后各粒级颗粒破碎分布（如粉碎产生双峰或单峰分布）表明，淀粉气流粉碎过程中存在两种主要粉碎方式，即体积粉碎（冲击碰撞）和表面粉碎（摩擦剪切）。在高压、低分级转速粉碎条件下，颗粒粉碎趋向于体积粉碎，粒度分布较窄，而低压、高分级转速粉碎条件下，颗粒粉碎趋向于表面粉碎，粒度分布较宽。

（3）研究操作参数对淀粉颗粒比表面积影响。颗粒比表面积与颗粒粒径大小及完整度成正相关，粒径越小、粒形越完整，比表面积越大，因此增大压力和分级转速能够增大比表面积，同时最适原料含水量和持料量条件下颗粒比表面积较大。

（4）气流粉碎作用降低粉体松装密度和振实密度，使粉体流动性变差，低水分含量淀粉样品流动性优于高水分含量样品。

（5）在压力 0.8 MPa、持料量 1.0 kg、分级转速 3600 r/min 条件下，气流粉碎对蜡质玉米淀粉和高直链玉米淀粉粉碎效果：蜡质玉米淀粉粒径（D_{50}）由原淀粉 16.57 μm 减小到 6.05 μm，其 10%粒径小于 1.86 μm，90%粒径小于 14.58 μm，粒度分布较窄，比表面积增大；高直链玉米淀粉粒径（D_{50}）由原淀粉 13.42 μm 减小到 5.53 μm，其 10%粒径小于 1.58 μm，90%粒径小于 10.99 μm，粒度分布较窄，比表面积增大。

二、气流超微粉碎对玉米淀粉颗粒特性的影响

（一）气流超微粉碎对玉米淀粉颗粒形貌及表面结构的影响

1.对普通玉米淀粉颗粒形貌及表面结构的影响

淀粉气流粉碎作用前后颗粒形貌及表面结构变化可通过扫描电子显微镜进行观察，图 2-22 为普通玉米淀粉气流粉碎前后颗粒整体形貌。由图 2-22 可见，普通玉米原淀粉颗粒表面光滑，主要呈多边形，存在部分近似球形颗粒，颗粒尺寸分布较窄，粒径相对较大；而经气流粉碎处理（0.8 MPa，2400 r/min）后，颗粒整体形貌和粒径均发生明显变化，颗粒形状变得无规则，颗粒粒径明显减小，表明气流粉碎作用破坏了普通玉米淀粉整体颗粒结构。

将放大倍数提高以观察淀粉颗粒形态及表面结构，不同分级转速气流粉碎处理普通玉米淀粉 SEM 图如图 2-23（a）、图 2-23（b）所示。由图 2-23 可见，普通玉米原淀粉颗粒表面光滑且致密，颗粒表面随机嵌有小微孔，该微孔与玉米淀粉孔道结构有关；部分颗粒表面出现褶皱现象。而气流粉碎后淀粉颗粒表面粗

图 2-22　普通玉米原淀粉颗粒(左)和气流粉碎后
淀粉颗粒(0.8 MPa,2400 r/min)(右)的 SEM 图(500×)

糙且存在棱角和裂纹,随着粉碎分级转速增大,粒径减小且形状无规则,表面变得更加粗糙,部分颗粒被劈开而露出脐点。在低转速条件下,淀粉粉碎主要以体积破碎为主,在冲击碰撞作用下粉碎生成粒度相对较大中间颗粒,粉碎颗粒棱角较多,表面出现裂纹,但仍有部分颗粒保持完整粒形和部分细小颗粒;随着分级转速增加,颗粒粒形减小,表面棱角减少且小颗粒淀粉数量增多,当分级转速增大到 3600 r/min 时,颗粒粒形较小且相对规则,棱角减少,此时淀粉颗粒粉碎方式主要以表面粉碎为主,在摩擦剪切作用下粉碎生成相对规则较小粒形颗粒,同时产生部分微小颗粒;当分级转速增大到 4200 r/min 时,整体粒形与 3600 r/min条件相似,但颗粒更为规则完整,且微小颗粒数量增多,其原因是在高分级转速下,淀粉颗粒摩擦剪切概率增大,使颗粒表面更多尖角折断,颗粒变得相对规则,但此时颗粒粉碎作用减弱,颗粒粒度大小没有明显改善,同时在高转速下未能通过分级轮的小颗粒淀粉在高速离心力作用下继续在料仓内发生碰撞、摩擦粉碎,经过多次往复后,淀粉颗粒发生疲劳粉碎,使颗粒粒度减小且粒形相对完整。

普通玉米原淀粉(含水量 6.18%)
图 2-23

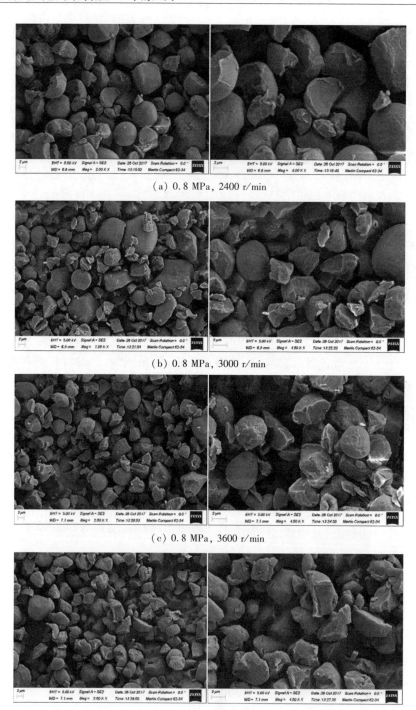

(a) 0.8 MPa, 2400 r/min

(b) 0.8 MPa, 3000 r/min

(c) 0.8 MPa, 3600 r/min

(d) 0.8 MPa, 4200 r/min

图 2-23 不同分级转速条件下普通玉米淀粉颗粒表面形貌的 SEM 图(左:2000×;右 4000×)

同时,不同压力和原料含水量条件下普通玉米淀粉颗粒形貌及表面结构如图 2-24 和图 2-25 所示。由图 2-24 可见,在低压条件下,淀粉颗粒大部分发生粉碎,但仍有部分颗粒粒形保持完整,随着粉碎压力增大,淀粉颗粒在高速冲击力作用下,粒形明显减小,颗粒变得无规则且表面粗糙,并含有棱角和裂纹。其原因是粉碎压力越大,颗粒冲击速度越大,使颗粒获得动能越大,易造成颗粒破坏。在高压下淀粉颗粒以体积粉碎方式为主,产品中多菱形颗粒;而在压力相对较低情况下,颗粒以表面粉碎方式为主,颗粒间主要产生摩擦粉碎,产品中颗粒粒形较为完整,且相对均匀。由图 2-25 可见不同含水量普通玉米淀粉粉碎前后颗粒形貌,原淀粉经过脱水干燥后,颗粒仍保持完整光滑形貌,部分颗粒表面出现干燥褶皱、凹陷和裂纹。经过粉碎处理后,淀粉颗粒发生破碎,颗粒无规则且表面粗糙,高含水量(11.24%)淀粉颗粒破碎后粒形相对较大且均匀度较好,而低含水量(6.18%、1.5%)淀粉颗粒破碎后粒形较小,颗粒多棱角且无规则,表面粗糙。其原因是高含水量淀粉具有较高韧性,在气流冲击外力作用下具有较好抵抗能力,颗粒发生塑性变形而未断裂;而低含水量淀粉具有较高脆性,在外力作用下易发生脆性变形,使淀粉颗粒发生破碎,从而使淀粉颗粒粒径减小。

上述研究表明气流粉碎作用使淀粉颗粒形貌和表面结构发生改变,变化现象与趋势与粒度测定变化一致,且不同条件对淀粉颗粒形貌和表面结构产生不同影响,并引起颗粒内部结构变化,从而影响了颗粒整体结构。

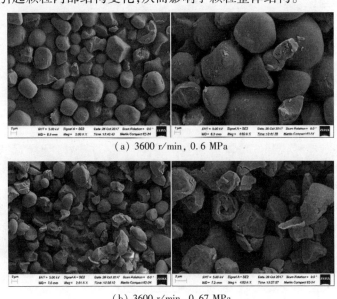

(a) 3600 r/min, 0.6 MPa

(b) 3600 r/min, 0.67 MPa

图 2-24

（c）3600 r/min，0.8 MPa

图 2-24　不同粉碎压力条件下普通玉米淀粉颗粒表面形貌的 SEM 图（左：2000×；右 4000×）

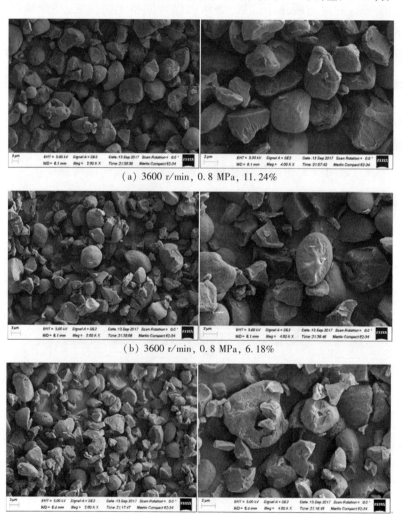

（a）3600 r/min，0.8 MPa，11.24%

（b）3600 r/min，0.8 MPa，6.18%

（c）3600 r/min，0.8 MPa，1.5%

图 2-25　不同含水量普通玉米淀粉气流粉碎前后颗粒表面形貌的 SEM 图（左：2000×；右 4000×）

2.对蜡质玉米淀粉颗粒形貌及表面结构的影响

蜡质玉米淀粉气流粉碎前后颗粒整体形貌变化如图2-26所示。由图2-26可见,蜡质玉米淀粉颗粒表面光滑,颗粒形状不规则,多呈椭圆形或球形,少部分颗粒呈三角球形,颗粒带有许多乳状突起,部分颗粒表面有凹陷孔洞。而经气流粉碎处理后(0.8 MPa,3600 r/min),颗粒整体形貌和粒径均发生明显变化,颗粒粒形明显减小,颗粒呈现不规则形状,乳状突起脱落,呈现小球形颗粒,表明气流粉碎作用破坏蜡质玉米淀粉整体颗粒结构。

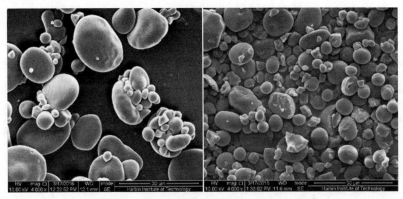

图2-26　蜡质玉米原淀粉颗粒(左)和气流粉碎后
淀粉颗粒(0.8 MPa,3600 r/min)(右)的SEM图(4000×)

将放大倍数提高以观察蜡质玉米淀粉颗粒形态及表面结构,如图2-27所示。由图2-27可见,蜡质玉米原淀粉颗粒表面光滑且致密,而经过气流粉碎处理后,淀粉颗粒呈现无规则形态,部分颗粒被劈裂而露出脐点,部分颗粒仍保持完整颗粒粒形,但表面粗糙且有裂纹。说明气流粉碎作用使蜡质淀粉颗粒形貌和表面结构发生改变,并引起颗粒内部结构变化,从而影响了颗粒整体结构。

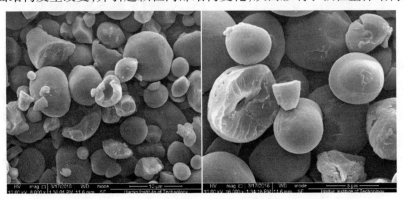

0.8 MPa, 3600 r/min
图2-27　气流粉碎后蜡质玉米淀粉颗粒表面形貌的SEM图(左:8000×;右16000×)

通过与普通玉米淀粉颗粒粉碎前后颗粒形貌及表面结构变化对比,可知蜡质玉米原淀粉颗粒形态大于普通玉米原淀粉,经过气流粉碎处理后,蜡质玉米淀粉颗粒整体形貌较普通玉米淀粉规则,颗粒表面粗糙程度低于普通玉米淀粉颗粒。说明淀粉组成中不同直链淀粉与支链淀粉比例对气流粉碎后颗粒形状具有一定影响。

3.对高直链玉米淀粉颗粒形貌及表面结构的影响

高直链玉米淀粉气流粉碎前后颗粒整体形貌变化如图2-28所示。由图2-28可见,高直链玉米淀粉颗粒形状主要呈多面体形,颗粒表面光滑,部分颗粒表面嵌有微孔。而经气流粉碎处理(0.8 MPa,3600 r/min)后,颗粒整体形貌和粒径均发生明显变化,颗粒明显减小,呈现不规则形状,表明气流粉碎作用破坏了高直链玉米淀粉整体颗粒结构。

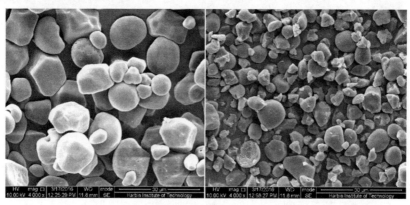

图2-28　高直链玉米原淀粉颗粒(左)和气流粉碎后淀粉颗粒
(0.8 MPa,3600 r/min)(右)的 SEM 图(4000×)

将放大倍数提高以观察高直链玉米淀粉颗粒形态及表面结构,如图2-29所示。由图2-29可见,高直链玉米淀粉颗粒表面光滑且致密,无裂纹,嵌有微孔;而经过气流粉碎处理后,颗粒粒径明显减小,颗粒呈无规则形态及粗糙表面结构,颗粒表面有棱角和裂纹,部分颗粒被劈裂露出轮纹结构。说明在高压和高分级转速条件下,高直链玉米淀粉颗粒在粉碎过程中伴有体积粉碎和表面粉碎两种方式,即存在冲击碰撞使淀粉颗粒发生整体破碎,同时存在摩擦剪切使淀粉颗粒产生微小颗粒。进一步说明气流粉碎作用使高直链淀粉颗粒形貌和表面结构发生改变,从而影响了颗粒整体结构,并引起颗粒内部结构变化。

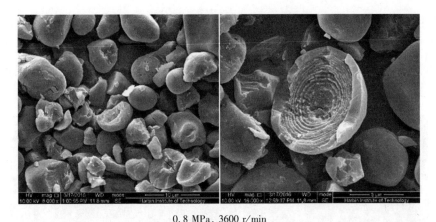

0.8 MPa, 3600 r/min

图 2-29　气流粉碎对高直链玉米淀粉颗粒表面形貌的 SEM 图(左:8000×;右 16000×)

(二)气流超微粉碎对玉米淀粉颗粒双折射现象(偏光十字)的影响

天然淀粉结构存在结晶区和无定形区,这两种区域在偏振光下产生异性双折射现象,形成"偏光十字",淀粉结晶区域受到破坏,偏光十字会消失或减弱。

1.对普通玉米淀粉偏光十字的影响

在不同分级转速及压力条件作用下,普通玉米淀粉颗粒气流粉碎前后偏光十字变化情况如图 2-30 和图 2-31 所示。由图 2-30 和图 2-31 可见,普通玉米原淀粉颗粒偏光十字明显,且偏光十字交叉点在脐点处,位于颗粒中间。气流粉碎作用后,淀粉颗粒偏关十字呈现 3 种现象:一是未被粉碎淀粉大颗粒仍呈现较明显偏光十字,但数量极少;二是被粉碎粒径减小淀粉颗粒和未被粉碎小粒径淀粉颗粒均呈现较好偏光十字现象;三是被粉碎小粒径淀粉颗粒偏光十字现象消失。同时,随着气流粉碎分级转速增加和压力增大,淀粉颗粒偏光十字消失现象严重。偏光十字的变化和消失,说明淀粉颗粒在气流粉碎作用下晶体结构发生破坏。

由前文研究结果可知,气流粉碎方式主要有碰撞、摩擦和剪切,在粉碎过程中 3 种方式同时发生作用,使颗粒大小和形貌产生较大变化,诸如颗粒被劈裂、产生裂纹、小颗粒碎片、表面粗糙等现象,从而破坏了颗粒结构,导致结晶区和无定形区受到不同程度破坏,进而使颗粒偏光十字现象发生变化。

2.对蜡质玉米淀粉偏光十字的影响

蜡质玉米淀粉颗粒气流粉碎前后偏光十字变化情况如图 2-32 所示。由图 2-32 可见,蜡质玉米原淀粉颗粒偏光十字明显,偏光十字成对称分布且交叉在颗粒中间脐点处。气流粉碎作用后，偏光十字现象随着分级转速增大而呈减弱趋势，其呈现方式与普通玉米淀粉一致，说明蜡质玉米淀粉颗粒内部分子链有序排列结晶结构受到不同程度破坏，部分淀粉颗粒结晶结构由结晶态向无定形态转变，进而使颗粒偏光十字现象发生变化。

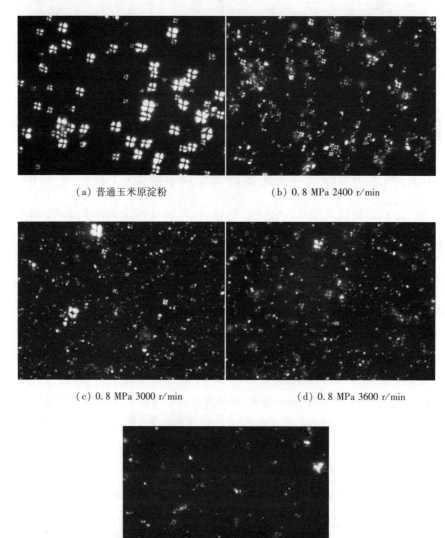

（a）普通玉米原淀粉　　　　　　　（b）0.8 MPa 2400 r/min

（c）0.8 MPa 3000 r/min　　　　　　（d）0.8 MPa 3600 r/min

（e）0.8 MPa 4200 r/min

图 2-30　不同分级转速条件下普通玉米淀粉颗粒的偏光十字

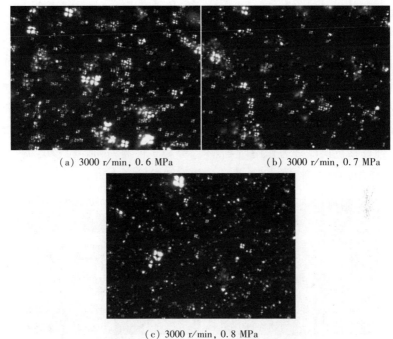

(a) 3000 r/min, 0.6 MPa   (b) 3000 r/min, 0.7 MPa

(c) 3000 r/min, 0.8 MPa

图 2-31 不同粉碎压力条件下普通玉米淀粉颗粒的偏光十字

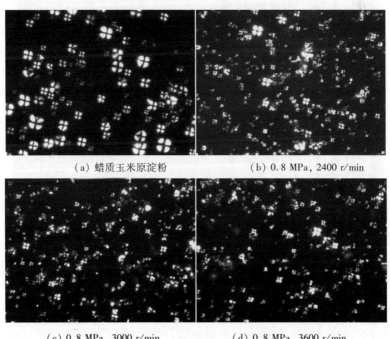

(a) 蜡质玉米原淀粉   (b) 0.8 MPa, 2400 r/min

(c) 0.8 MPa, 3000 r/min   (d) 0.8 MPa, 3600 r/min

图 2-32 不同分级转速条件下蜡质玉米淀粉颗粒的偏光十字

3.对高直链玉米淀粉偏光十字的影响

高直链玉米淀粉颗粒偏光十字的变化如图2-33所示。可以看出,高直链玉米原淀粉颗粒偏光十字明显,偏光十字成对称分布且交叉在颗粒中间脐点处。气流粉碎作用后,偏光十字现象随着分级转速增大而呈现减弱趋势,说明高直链玉米淀粉颗粒内部结晶结构受到破坏,进而使得颗粒偏光十字现象发生变化。但其减弱趋势明显低于普通玉米淀粉和蜡质玉米淀粉,其原因可能是淀粉高直链含量,使其抵抗机械外力作用增强,其趋势与3种淀粉粉碎粒径大小变化趋势一致。气流粉碎对3种淀粉颗粒晶体结构影响需进一步研究。

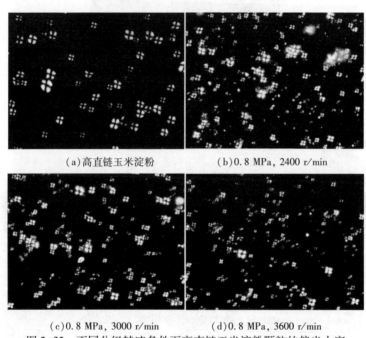

(a)高直链玉米淀粉　　　　　　(b)0.8 MPa, 2400 r/min

(c)0.8 MPa, 3000 r/min　　　　(d)0.8 MPa, 3600 r/min

图2-33　不同分级转速条件下高直链玉米淀粉颗粒的偏光十字

(三)气流超微粉碎对玉米淀粉颗粒结晶结构的影响

1.对普通玉米淀粉结晶结构的影响

X射线衍射技术主要用来分析淀粉的晶体结构特性,X射线衍射强度和衍射曲线半峰宽的变化能够反映淀粉颗粒无定形程度和晶格畸变等情况。不同含水量原料和不同分级转速气流粉碎条件下获得微细化淀粉结晶结构变化如图2-34所示。由图2-34中(a)、(b)、(c)衍射曲线可知,不同含水量原淀粉在衍射角2θ等于15°、17°、18°和23°附近出现较强特征衍射峰,呈现典型"A"型结晶结构,

3 种原淀粉具有较高相对结晶度,分别为 37.28%、37.56% 和 37.22%。经过气流粉碎处理后,随着分级转速增大,淀粉虽然没有新衍射峰产生,但衍射峰强度随着转速增加而减弱,这表明气流粉碎作用没有改变普通玉米淀粉结晶形态,仍呈现"A"型结晶结构,但粉碎作用降低了普通玉米淀粉结晶程度。

　　进一步分析不同条件下气流粉碎作用前后普通玉米淀粉相对结晶度的变化如表 2-9 所示。由表可知,不同含水量淀粉随着分级转速增大,其相对结晶度不断降低,表明经过气流粉碎作用,使淀粉结晶程度显著降低;而非晶区增加,说明随着粉体微细化程度提高,淀粉柔顺性增加。其主要原因是淀粉颗粒为层状多晶结构,在气流粉碎过程中受到强烈机械外力,使得淀粉颗粒层状结构层间质点结合力相对较弱且容易受破坏,粉碎首先沿层面平行劈裂开,产生晶格缺陷,结晶度降低,形成无定形层;随着粉碎继续进行,颗粒不断被劈开和减小,结晶结构不断失去,无定形层逐渐加厚,最后颗粒结晶结构被破坏,淀粉由多晶态向无定形态转变,最终发生结晶结构改变。

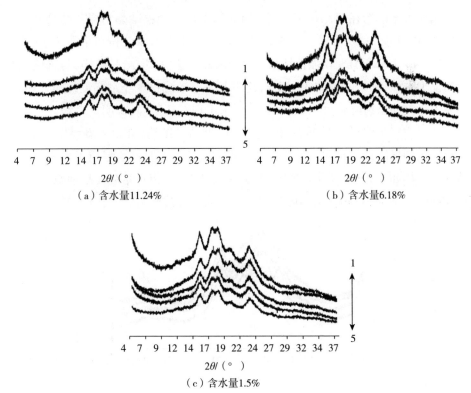

（a）含水量11.24%　　　　　　　　　　（b）含水量6.18%

（c）含水量1.5%

图 2-34　不同含水量普通玉米淀粉气流粉碎作用前后 XRD 谱图
注:1~5 分别为 0、2400 r/min、3000 r/min、3600 r/min 和 4200 r/min 分级转速气流粉碎条件。

表 2-9　不同含水量普通玉米淀粉气流粉碎作用前后相对结晶度/%

不同样品含水量/%	分级转速/(r·min⁻¹)				
	0	2400	3000	3600	4200
11.24	37.28±0.32ᵃ	32.68±0.25ᵇ	29.41±0.17ᶜ	27.07±0.23ᵈ	26.33±0.21ᵈ
6.18	37.56±0.28ᵃ	31.23±0.34ᵇ	28.56±0.18ᶜ	24.25±0.14ᵈ	23.14±0.09ᵈ
1.5	37.22±0.14ᵃ	32.06±0.29ᵇ	29.03±0.15ᶜ	25.67±0.25ᵈ	25.05±0.16ᵈ

注:同行中 a~d 肩字母不同表示差异显著($P<0.05$)。

同时,在相同分级转速条件下,水分含量为 6.18%淀粉结晶度下降程度高于含水量为 11.24%和 1.5%玉米淀粉,当转速达 3600 r/min 时,其结晶度分别降低至 27.07%、24.25%、25.67%,表明水分含量差异对微细化粉体结晶度产生一定影响。其原因是淀粉晶体结构中存在链链结晶和链水结晶,不同含水量使得链水结晶结构存在差别,因此其衍射效果及结晶度发生变化不同。XRD 结果与偏光显微镜观察结果基本一致,可知气流粉碎处理对降低淀粉结晶度作用显著。

2.对蜡质玉米淀粉结晶结构的影响

蜡质玉米淀粉在气流粉碎不同分级转速条件下颗粒结晶结构及结晶度变化如图 2-35 和表 2-10 所示。由图 2-35 可知,蜡质玉米原淀粉在衍射角 2θ 等于15°、17°、18°和 23°出现较强特征衍射峰,呈现典型"A"型结晶结构,与普通玉米淀粉晶型一致,其结晶度为 39.42%,高于普通玉米淀粉。经过气流粉碎处理后,蜡质玉米淀粉衍射峰强度明显减弱,但并未出现新衍射峰,表明气流粉碎作用没有改变蜡质玉米淀粉结晶形态,仍呈现"A"型结晶结构,即没有新结晶生成,但粉碎作用同样降低了蜡质玉米淀粉结晶程度或结晶完整性。蜡质玉米淀粉相对结晶度变化如表 2-10 所示,随着粉碎分级转速增大,相对结晶度呈递减趋势,当达 3600 r/min 时,其相对结晶度为 25.45%,表明经过气流粉碎作用,蜡质玉米淀

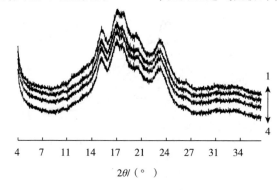

图 2-35　气流粉碎作用前后蜡质玉米淀粉的 XRD 谱图

注:1~4 分别为 0、2400 r/min、3000 r/min 和 3600 r/min 分级转速气流粉碎条件。

粉结晶程度显著降低,而非晶区增加。说明淀粉颗粒结晶结构被破坏,淀粉由多晶态转向无定形态,其结果与偏光显微镜观察结果一致。

表 2-10　气流粉碎作用前后蜡质玉米淀粉的相对结晶度/%

样品含水量/%	分级转速/(r·min⁻¹)			
	0	2400	3000	3600
6.56	39.42±0.18ᵃ	34.02.06±0.39ᵇ	31.23.03±0.25ᶜ	25.45±0.22ᵈ

注:同行中 a~d 肩字母不同表示差异显著(P<0.05)。

3.对高直链玉米淀粉结晶结构的影响

高直链玉米淀粉在气流粉碎不同分级转速条件下颗粒结晶结构及结晶度变化如图 2-36 和表 2-11 所示。由图 2-24 可知,高直链玉米原淀粉在衍射角 2θ 等于 15°、17°、22°和 23°出现较强特征衍射峰,呈现典型"B"型结晶形态。经过气流粉碎处理后,随着分级转速增加,衍射峰强度不断减小,在衍射角 2θ 为 15°处的衍射峰消失,但粉碎处理没有改变高直链玉米淀粉的晶型,仍呈现"B"型结晶形态,即没有新结晶生成。

气流粉碎作用前后高直链玉米淀粉相对结晶度如表 2-11 所示。由表 2-11 可见,随着分级转速增加,淀粉相对结晶度不断降低,其降低程度大于蜡质和普通玉米淀粉,表明气流粉碎对高直链玉米淀粉结晶结构影响更为显著。

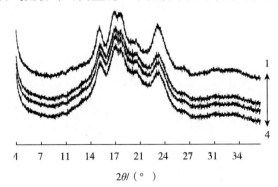

图 2-36　气流粉碎作用前后高直链玉米淀粉的 XRD 谱图
注:1~4 分别为 0、2400 r/min、3000 r/min 和 3600 r/min 分级转速气流粉碎条件。

表 2-11　气流粉碎作用前后高直链玉米淀粉的相对结晶度/%

样品含水量/%	分级转速/(r·min⁻¹)			
	0	2400	3000	3600
6.35	28.63±0.21ᵃ	23.15±0.36ᵇ	22.08±0.25ᶜ	19.19±0.18ᵈ

注:同行中 a~d 肩字母不同表示差异显著(P<0.05)。

通过分析3种不同直链与支链含量玉米淀粉 XRD 结果可知,普通玉米淀粉和蜡质玉米淀粉结晶度大于高直链玉米淀粉,说明支链淀粉含量越高,结晶度越大。其原因是淀粉结晶主要来自支链淀粉分子非还原性末端附近,聚合度小且适度,易形成结晶。同时,支链淀粉分子间具有多且稳定的氢键数量,易于形成晶格而产生结晶。

3种淀粉经过气流粉碎处理前后,仍保持其原有晶体类型,且无新特征峰出现,说明气流粉碎处理没有改变淀粉原有晶体类型;但粉碎后其结晶度均显著降低,说明气流粉碎破坏淀粉晶体结构,淀粉由多晶态向无定形态转变。

(四)气流超微粉碎对玉米淀粉在水介质中颗粒形貌的影响

淀粉气流粉碎属于干法粉碎,无水等溶剂参与,为气—固两相粉碎过程。然而,淀粉在使用时常需要在水溶液中进行,因此需研究分析淀粉颗粒在水溶液中的形貌、分散或聚集状态变化情况。图2-37~图2-39分别为气流粉碎前后普通玉米淀粉、蜡质玉米淀粉、高直链玉米淀粉在水中分散30 min后光学显微图片,如图所示,3种原料淀粉因不溶于水而在水中均匀分散,原淀粉颗粒形态清晰规则完整,近似椭圆和球形;经过粉碎后,3种淀粉颗粒大小和形状发生显著变化,随着分级转速升高,粒径逐渐减小,形状变得不规则,较小颗粒发生形态弱化,较大颗粒仍保持良好分散状态,其原因是粒径减小,颗粒表面及内部结构受到破坏,引起表面及内部刚性降低,导致对水分子抵抗作用减弱,颗粒产生溶解现象。

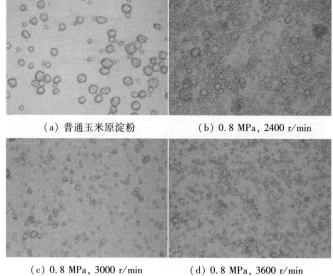

(a) 普通玉米原淀粉　　　　(b) 0.8 MPa, 2400 r/min

(c) 0.8 MPa, 3000 r/min　　　　(d) 0.8 MPa, 3600 r/min

图2-37　气流粉碎作用前后普通玉米淀粉颗粒在水中光学显微图

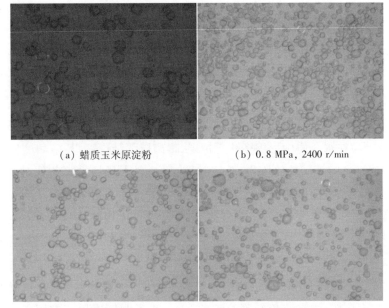

（a）蜡质玉米原淀粉　　　　　　（b）0.8 MPa，2400 r/min

（c）0.8 MPa，3000 r/min　　　　　（d）0.8 MPa，3600 r/min

图 2-38　气流粉碎作用前后蜡质玉米淀粉颗粒在水中光学显微图

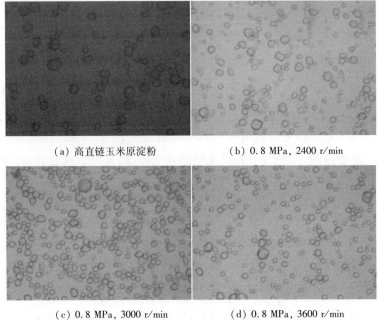

（a）高直链玉米原淀粉　　　　　　（b）0.8 MPa，2400 r/min

（c）0.8 MPa，3000 r/min　　　　　（d）0.8 MPa，3600 r/min

图 2-39　气流粉碎作用前后高直链玉米淀粉颗粒在水中光学显微图

（五）小结

气流粉碎后淀粉颗粒大小、分布、形态发生改变,进而影响其结构,并对淀粉理化特性和产品性状及用途产生影响。本研究以不同链/支含量玉米淀粉为原料,在不同条件下粉碎处理,利用扫描电镜、偏光显微镜、X射线衍射仪、光学显微镜等手段探究了气流粉碎前后3种淀粉颗粒形貌及表面结构、双折射现象、晶体结构及颗粒在水介质中形貌变化等情况,得出以下结论：

（1）通过考察不同粉碎压力、分级转速、原料含水量等粉碎条件对普通玉米淀粉颗粒形貌及表面结构影响,结果表明,粉碎处理使普通玉米淀粉颗粒整体形貌和粒径均发生明显变化,粒径明显减小,形状变得无规则,颗粒表面粗糙；淀粉颗粒在不同粉碎条件下呈现不同粉碎方式,粉碎压力、分级转速和原料含水量等粉碎条件对淀粉颗粒形貌和表面结构产生重要影响。气流粉碎使蜡质玉米淀粉和高直链淀粉颗粒形貌和表面结构发生改变,均呈现颗粒粒形减小、形态无规则、颗粒表面粗糙,并有棱角和裂纹现象,进一步说明气流粉碎作用影响了蜡质玉米淀粉和高直链淀粉颗粒整体结构,并引起颗粒内部结构变化。

（2）通过对3种淀粉双折射现象研究表明,3种原淀粉具有较好的偏光十字效果,粉碎处理后,3种淀粉偏光十字随着分级转速增大而呈现减弱现象,气流粉碎使淀粉颗粒结晶结构由结晶态向无定形态转变,进而使得颗粒偏光十字现象发生变化。

（3）通过对3种淀粉X衍射研究表明,3种淀粉气流粉碎前后仍保持其原有晶体类型,粉碎处理没有改变淀粉晶体类型；但粉碎后其结晶度均显著降低,淀粉晶体结构受到破坏,淀粉由结晶态向无定形态转变。

（4）通过对3种淀粉在水介质中颗粒形貌研究表明,3种原淀粉在水中均匀分散,颗粒形态清晰、规则、完整,经过粉碎处理后,随着分级转速升高,粒径逐渐减小,形状变得不规则,较小颗粒发生形态弱化溶解现象,较大颗粒仍保持良好分散状态。

三、气流超微粉碎对玉米淀粉分子特性的影响

淀粉为高分子多聚物,具有多羟基结构和高分子特有的分子量及其分布特性。淀粉颗粒多层级结构中,支链淀粉和直链淀粉分布不同,其中,支链淀粉侧链以有序的螺旋方式组成淀粉颗粒结晶区,直链淀粉形成淀粉颗粒的无定形区。淀粉颗粒的螺旋有序结构状态即为短程有序,是构成长程结晶结构的基础。因

此,淀粉分子的链结构和短程有序结构是构成淀粉结构的重要组成部分。

气流粉碎是固体在机械力作用下,固体物化状态由原来稳定状态转变为高能高活性状态。淀粉经过气流高速冲击作用后,其分子链将发生变化,从而影响和改变淀粉的性质。同时,淀粉分子链不同聚集状态对粉碎效果将产生不同影响,因此,开展气流粉碎作用对不同聚集体玉米淀粉分子结构研究具有重要意义。

(一)气流超微粉碎对玉米淀粉分子链上基团的影响

傅里叶变换红外光谱(FTIR)技术是获得淀粉分子基团信息,分析淀粉短程有序结构,用来表征物质分子结构的重要的手段。蜡质玉米淀粉、普通玉米淀粉和高直链玉米淀粉 FTIR 光谱图如图 2-40 所示,可以看出,三种原淀粉特征峰的出峰位置基本一致,说明不同直链与支链含量差异对红外光谱吸收影响较小。

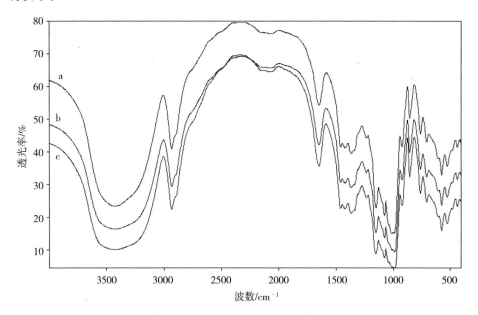

a—蜡质玉米淀粉　b—普通玉米淀粉　c—高直链玉米淀粉
图 2-40　不同玉米淀粉的 FTIR 光谱图

1. 对普通玉米淀粉分子链上基团的影响

气流粉碎作用前后普通玉米淀粉的 FTIR 光谱图如图 2-41 所示,玉米原淀粉结构在红外光谱图中对应的吸收峰分别是 3422 cm^{-1} 附近为氢键缔合的 O—H

伸缩振动,2930 cm^{-1} 附近为 C—CH$_2$—C 的不对称伸缩振动,1648 cm^{-1} 附近为 H$_2$O 的弯曲振动,1159 cm^{-1} 附近为 C—O—C 的伸缩振动,1082 cm^{-1} 附近的 C—O 的伸缩振动,992 cm^{-1} 附近 C—O 的伸缩振动,929 cm^{-1} 附近的葡萄糖环伸缩振动等。在 1018 cm^{-1} 和 1047 cm^{-1} 处吸收峰分别表示淀粉无定形区和结晶区结构特征,其比值表示淀粉分子结构中有序化结构和无序化结构的比例关系,比值越大,颗粒内结晶度越大。

当普通玉米淀粉经过气流粉碎微细化后,与原淀粉的红外光谱图相比,如图 2-41(a)所示,各主要峰的峰位基本没有发生变化,也没有新峰出现,说明没有产生新的基团,但一些特征峰的强度和峰宽发生变化。在 3422 cm^{-1} 处特征峰的强度增大,说明气流粉碎作用使淀粉分子的缔合氢键断裂,羟基数量增加;在 1423 cm^{-1} 和 1159 cm^{-1} 处特征峰的峰宽减小;在 1081～992 cm^{-1} 处出现特征峰强度的变化,进一步放大后观察如图 2-41(b)所示,在 1159 cm^{-1}、1081 cm^{-1} 和 929 cm^{-1} 处特征峰的强度减小,在 992 cm^{-1} 处的特征峰强度明显减弱,而在 1021 cm^{-1} 处出现一个特征峰变宽。特征峰变窄和强度减弱或消失,说明气流粉碎作用过程中强烈机械力破坏了淀粉颗粒的晶体结构,由有序结构向无定形结构转变。

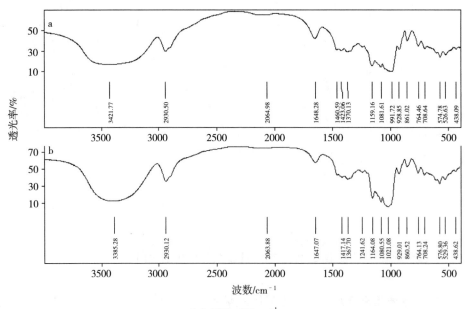

(a) 4000～400 cm^{-1}

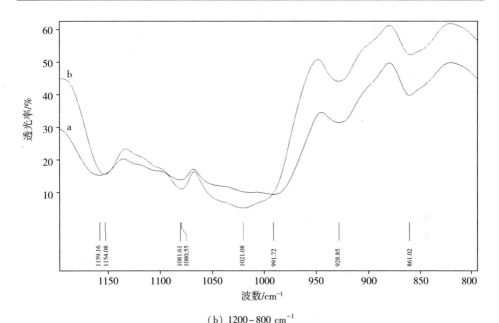

（b）1200~800 cm⁻¹
a—普通玉米淀粉　b—微细化淀粉
图 2-41　气流粉碎作用前后普通玉米淀粉的 FTIR 光谱图

2.对蜡质玉米淀粉分子链上基团的影响

气流粉碎作用对蜡质玉米淀粉分子链基团的影响如 FTIR 光谱图 2-42 所示。由 2-42(a)可以看出,蜡质玉米原淀粉在红外光谱区呈现的结构特征峰与普通玉米淀粉一致。气流粉碎后,与未粉碎淀粉的红外光谱相比,各主要峰的峰位基本没有发生变化,经过处理后的淀粉并无新的吸收峰产生,说明没有新的基团产生。但微细化淀粉的红外光谱中出现一些特征峰的强度和峰宽变化情况,在 1366 cm⁻¹ 处出现了特征峰峰宽变宽现象,进一步放大后观察如图 2-42(b)所示,可以看出在 1158 cm⁻¹、1081 cm⁻¹ 处出现特征峰强度减小,在 1018 cm⁻¹ 处出现特征峰峰宽显著变宽现象。特征峰在 1081~1018 cm⁻¹ 之间强度的减小和峰宽的变宽,进一步说明此时蜡质玉米淀粉颗粒的晶体结构由有序结构向无定形结构转变。

3.对高直链玉米淀粉分子链上基团的影响

气流粉碎作用对高直链玉米淀粉分子链基团的影响如 FTIR 光谱图 2-43 所示。由 2-43(a)可以看出,气流粉碎后,与高直链玉米原淀粉的红外光谱相比,经过处理后的淀粉并无新的吸收峰产生,说明没有新的基团产生。但在 1369 cm⁻¹ 处出现峰宽增大现象,在 1081 cm⁻¹ 处峰的强度和宽度无较大变化,区别为普通玉米淀粉和蜡质玉米淀粉,在 991 cm^{-1} 处的特征峰消失,而在 1020 cm^{-1} 处出现一个变宽的特征峰。

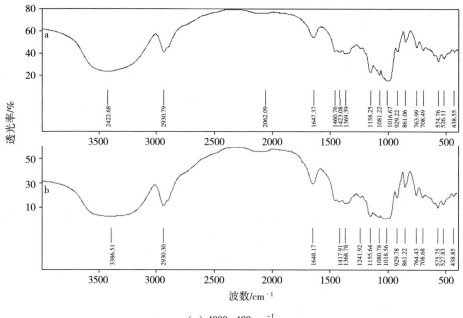

（a）4000~400 cm^{-1}

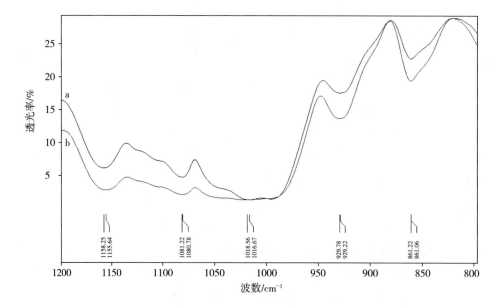

（b）1200~800 cm^{-1}

a—蜡质玉米淀粉　b—微细化淀粉

图 2-42　气流粉碎作用前后蜡质玉米淀粉的 FTIR 光谱图

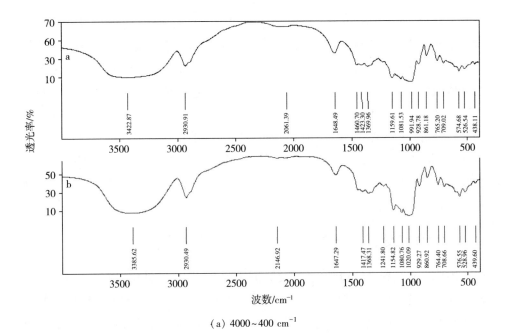

（a）4000~400 cm⁻¹

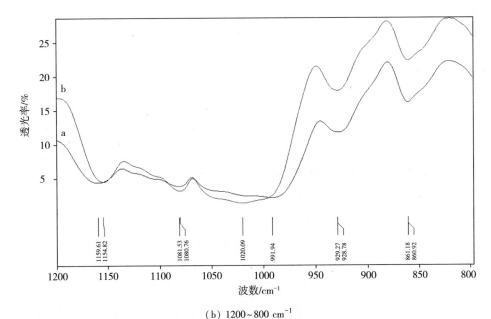

（b）1200~800 cm⁻¹

a—高直链玉米淀粉　b—微细化淀粉

图 2-43　气流粉碎作用前后高直链玉米淀粉的 FTIR 光谱图

　　通过对蜡质玉米淀粉、普通玉米淀粉和高直链玉米淀粉气流粉碎作用前后红外光谱分析可知,3 种原淀粉具有相似的光谱特征峰,特征峰峰位一致。经过气流粉碎处理后,淀粉颗粒主要在 1081~991 cm^{-1} 区间内发生显著峰强度和峰宽等变化。蜡质玉米淀粉在 1081 cm^{-1} 处出现特征峰强度减小,在 1018 cm^{-1} 处出现特征峰峰宽显著变宽现象;普通玉米淀粉在 1081 cm^{-1} 和 992 cm^{-1} 处特征峰的强度减小,在 1021 cm^{-1} 处出现峰宽变大;高直链玉米淀粉在 1081 cm^{-1} 处峰的强度和宽度无较大变化,在 991 cm^{-1} 处的特征峰消失,而在 1020 cm^{-1} 处出现一个变宽的特征峰,说明气流粉碎后不同直链与支链淀粉含量淀粉在红外光谱中存在差别。其原因可能是 3 种淀粉因其晶体结构及结晶度不同,机械力作用破坏淀粉颗粒晶体结构时存在差异,但气流粉碎机械作用过程中强烈的机械力破坏了淀粉颗粒的晶体结构,由有序结构向无定形结构转变。

(二)气流超微粉碎对玉米淀粉双螺旋结构影响

固体核磁共振结合魔角旋转/交叉极化技术(^{13}C CP/MAS NMR)是表征和分析淀粉双螺旋结构的有效手段。核磁共振技术是在外加直流磁场作用下,磁性原子核通过吸收能量并产生能级跃迁,原子核磁矩与外加磁场的夹角会发生变化,获取核磁共振信号,从而获得纵向弛豫、横向弛豫、自旋回波等参数。淀粉颗粒的有序结晶区域和无序区域呈现在核磁共振波谱上的弛豫时间长短与化学位移不同,因此可利用核磁共振技术分析淀粉颗粒的短程有序结构,并计算结晶区域无定形区的比例,获得淀粉双螺旋的相对含量。

淀粉双螺旋含量的测定分析依据 Bogracheva 等提出的 C4-PPA 法,以天然淀粉为参照,通过无定形区和结晶区相对于天然淀粉的面积比例来计算双螺旋结构的相对含量。

1.对普通玉米淀粉双螺旋结构的影响

气流粉碎作用前后普通玉米淀粉的 ^{13}C CP/MAS NMR 谱图如图 2-44 所示。如图 2-44 所示,淀粉分子链在核磁共振谱图中根据化学位移大小呈现出 4 个强度不同信号区域,分别为 C1 区域,特征峰位移为 94~105;C4 区域,特征峰位移为 80~84;C2、C3、C5 区域,特征峰位移为 68~76;C6 区域,特征峰位移为 60~64。普通玉米淀粉为 A 型结晶结构,在核磁共振谱图中表现为三重特征峰,分别代表淀粉分子链上对称排列的三个葡萄糖残基的螺旋结构。气流粉碎处理后,微细化淀粉核磁共振谱图与原淀粉相似,均在 C1 区域呈现特征三重峰,说明气流粉碎微细化后淀粉仍呈现 A 型结晶形态。

利用 C4-PPA 法计算普通玉米淀粉的双螺旋含量,气流粉碎作用前后普通玉米淀粉无定形区、双螺旋含量的变化如表 2-12 所示。由表 2-12 可见,气流粉

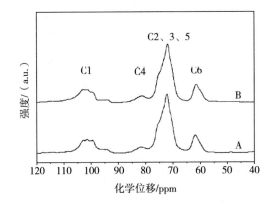

A—普通玉米淀粉　B—微细化普通玉米淀粉
图 2-44　气流粉碎作用前后普通玉米淀粉的 NMR 谱图

碎后,淀粉的直链淀粉含量升高,由原淀粉的 26.7% 升高至 29.4%;双螺旋含量降低,由原淀粉的 43.6% 降低至 40.1%,但降低程度不明显;而无定形区含量由57.4% 升高至 59.9%。说明气流粉碎处理对淀粉双螺旋结构破坏影响较小。

表 2-12　气流粉碎作用前后普通玉米淀粉双螺旋含量的变化/%

样品	直链淀粉含量	双螺旋含量	无定形区含量
原淀粉	26.7	43.6	57.4
微细化淀粉	29.4	40.1	59.9

通过对气流粉碎后普通玉米淀粉结晶结构的研究发现,气流粉碎作用不会改变普通玉米淀粉的结晶形态,但降低了淀粉相对结晶度。而对双螺旋含量变化的研究发现,气流粉碎作用虽然也使普通玉米淀粉双螺旋含量降低,但降低幅度较小,低于结晶度降低水平,说明气流粉碎处理对淀粉长程结晶结构和短程螺旋结构具有不同程度的影响。

2.对蜡质玉米淀粉双螺旋结构的影响

蜡质玉米淀粉的 ^{13}C CP/MAS NMR 谱图如图 2-45 所示。可以看出,谱图呈现与普通玉米淀粉一样的信号强度区域,且蜡质玉米淀粉气流粉碎前后核磁共振谱图相似,在 C1 区域仍呈 A 型结晶结构的特征三重峰。蜡质玉米淀粉的双螺旋含量变化如表 2-13 所示。可以看出,气流粉碎后,蜡质玉米淀粉的直链淀粉含量升高,由原淀粉的 0.5% 升高至 2.1%;双螺旋含量降低,由原淀粉的 52.4%降低至 48.2%,但降低程度不明显;而无定形区含量由 47.6% 升高至 51.8%。说明气流粉碎处理同样对蜡质玉米淀粉的双螺旋结构破坏影响较小。

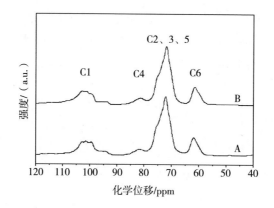

A—蜡质玉米淀粉　B—微细化蜡质玉米淀粉

图 2-45　气流粉碎作用前后蜡质玉米淀粉的 NMR 谱图

表 2-13　气流粉碎作用前后蜡质玉米淀粉双螺旋含量的变化/%

样品	直链淀粉含量	双螺旋含量	无定形区含量
原淀粉	0.5	52.4	47.6
微细化淀粉	2.1	48.2	51.8

3.对高直链玉米淀粉双螺旋结构的影响

图 2-46 为气流粉碎处理对高直链玉米淀粉的^{13}C CP/MAS NMR 谱图。可以看出,高直链玉米原淀粉的^{13}C CP/MAS NMR 谱图出现 4 个主要的信号强度区域,与普通玉米淀粉相似,但在 C1 区域,呈现有"B"型结晶结构特征的双重峰。气流粉碎处理后,微细化淀粉核磁共振谱图与原淀粉相似,均在 C1 区域呈现特征双重峰,表明气流粉碎微细化后高直链玉米淀粉仍呈现 B 型结晶形态,利用

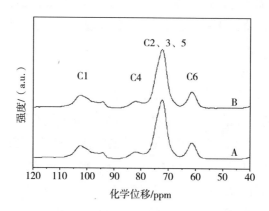

A—高直链玉米淀粉　B—微细化高直链玉米淀粉

图 2-46　气流粉碎作用前后高直链玉米淀粉的 NMR 谱图

C4-PPA 法计算普通玉米淀粉的双螺旋含量,气流粉碎作用前后高直链玉米淀粉无定形区、双螺旋含量的变化如表 2-14 所示。由表 2-14 可见,气流粉碎后,淀粉的直链淀粉含量升高,由原淀粉的 82.5% 升高至 84.8%;双螺旋含量降低,由原淀粉的 34.7% 降低至 31.6%,但降低程度不明显;而无定形区含量由 65.3% 升高至 68.4%。

表 2-14　气流粉碎作用前后高直链玉米淀粉双螺旋含量的变化/%

样品	直链淀粉含量	双螺旋含量	无定形区含量
原淀粉	82.5	34.7	65.3
微细化淀粉	84.8	31.6	68.4

(三)气流超微粉碎对玉米淀粉分子量大小及其分布的影响

凝胶渗透色谱结合多角度激光散射技术(GPC-MALS)是目前测定分析淀粉分子量大小及其分布的精确技术手段。淀粉是高分子化合物,其分子式为 $(C_6H_{10}O_5)_n$,分子大小因不同淀粉种类而存在差异。淀粉的分子大小和分布特点与淀粉的结构和性质密切相关。本研究采用 GPC-MALS 联用技术测定气流粉碎前后不同直链/支链比例的蜡质玉米淀粉(0.5:99.5)、普通玉米淀粉(26.7:73.3)和高直链玉米淀粉(82.51:17.49)的分子量大小及其分布,说明气流粉碎对玉米淀粉分子结构的影响。表 2-15 为气流粉碎作用前后蜡质玉米淀粉、普通玉米淀粉、高直链玉米淀粉分子量分布情况,表 2-16 为气流粉碎作用前后蜡质玉米淀粉、普通玉米淀粉、高直链玉米淀粉分子量大小的特征值。

表 2-15　气流粉碎作用前后玉米淀粉的分子量分布

样品	分级转数/ (r·min^{-1})	分子质量分布/%					
		$<10^5$	$10^5 \sim 10^6$	$10^6 \sim 10^7$	$10^7 \sim 10^8$	$10^8 \sim 10^9$	$>10^9$
蜡质玉米 淀粉	0	0	0	0	65.36	31.48	3.16
	3600	0	0	56.14	35.86	7.25	0.75
普通玉米 淀粉	0	0	0	60.14	35.82	4.04	0
	3600	0	55.47	32.69	11.26	0.58	0
高直链玉米 淀粉	0	1.02	23.66	71.76	3.56	0	0
	3600	20.32	67.8	10.86	1.02	0	0

表 2-16　气流粉碎作用前后不同链/支比玉米淀粉分子量大小

样品	分级转速/ ($r \cdot min^{-1}$)	$M_w/(\times 10^6)$	$M_n/(\times 10^6)$	M_w/M_n
蜡质玉米淀粉	0	152.20(5%)	74.16 (4%)	2.052(5%)
	3600	38.41(2%)	11.58(3%)	3.317(3%)
普通玉米淀粉	0	30.14 (5%)	11.82 (4%)	2.550(4%)
	3600	7.12(4%)	2.45(3%)	2.906(2%)
高直链玉米淀粉	0	4.11 (3%)	1.65 (4%)	2.429(3%)
	3600	0.69 (3%)	0.25 (3%)	2.783 (2%)

淀粉为多分子聚合物,存在分子量范围。由表 2-15 所示,显示了气流粉碎作用前后不同支链/直链含量玉米淀粉分子质量分布,可以看出,气流粉碎作用使 3 种淀粉分子质量分布变宽,表明气流粉碎处理使 3 种玉米淀粉分子链发生断裂。蜡质玉米原淀粉分子质量分布范围为 $10^7 \sim 10^9$ $g \cdot mol^{-1}$,其中 65% 分布在 $10^7 \sim 10^8$ $g \cdot mol^{-1}$ 范围内,气流粉碎处理后,分布范围变为 $10^6 \sim 10^9$ $g \cdot mol^{-1}$,其中 56% 分布在 $10^6 \sim 10^7$ $g \cdot mol^{-1}$ 范围内,大于 10^9 $g \cdot mol^{-1}$ 范围仍含有 0.75%;普通玉米淀粉分子质量分布范围为 $10^6 \sim 10^8$ $g \cdot mol^{-1}$,其中 60% 分布在 $10^6 \sim 10^7$ $g \cdot mol^{-1}$ 范围内,气流粉碎处理后,分布范围为 $10^5 \sim 10^8$ $g \cdot mol^{-1}$,其中 55% 分布在 $10^5 \sim 10^6$ $g \cdot mol^{-1}$ 范围内;高直链玉米淀粉分子质量分布范围为 $10^5 \sim 10^7$ $g \cdot mol^{-1}$,其中 72% 分布在 $10^6 \sim 10^7$ $g \cdot mol^{-1}$ 范围内,气流粉碎处理后,分布范围变为 $10^5 \sim 10^7$ $g \cdot mol^{-1}$,其中 68% 分布在 $10^5 \sim 10^6$ $g \cdot mol^{-1}$ 范围内,小于 10^5 $g \cdot mol^{-1}$ 范围内含量增加到 20%。

表 2-16 为气流粉碎作用前后蜡质玉米淀粉、普通玉米淀粉、高直链玉米淀粉三种淀粉分子量特征值,M_w 为重均分子量,M_n 为数均分子量,M_w/M_n 比值为粉体多分散性指数,其表征高聚物分子量分布宽度,该值越接近 1,说明样品组分越单一,其比值越大则分子量分布越宽。可以看出,经过气流粉碎处理,蜡质玉米淀粉 M_w 由 1.522×10^8 降低至 3.841×10^7;普通玉米淀粉 M_w 由 3.014×10^7 降低至 7.12×10^6;高直链玉米淀粉 M_w 由 4.11×10^6 降低至 6.9×10^5,3 种淀粉 M_w 分别降低,说明气流粉碎破坏了淀粉分子链结构。气流粉碎后 3 种淀粉分散性指数 M_w/M_n 较原淀粉增大,蜡质玉米淀粉由 2.052 增大至 3.317,普通玉米淀粉由 2.550 增大至 2.906,高直链玉米淀粉由 2.429 增大至 2.783,说明淀粉分子量分布变宽。

原淀粉中的 M_w 蜡质玉米淀粉大于普通玉米淀粉和高直链玉米淀粉,其原因是淀粉中支链淀粉含量依次下降,而支链淀粉比直链淀粉分子质量大得多。经过气流粉碎处理后,蜡质玉米淀粉重均分子量仍最大,之后依次为普通和高直链玉米淀粉。但原淀粉中普通玉米淀粉分散性指数最大,之后依次是高直链玉米淀粉和蜡质玉米淀粉,气流粉碎处理后,蜡质玉米淀粉分散性指数较大,此时淀粉分子量分布最宽。气流粉碎对玉米淀粉作用经过碰撞、摩擦、剪切等方式使淀粉颗粒粒径减小,破坏淀粉结构,使得淀粉分子量减小,气流粉碎使玉米淀粉分子量降解是一个复杂多因素影响过程,在各种作用力集中作用下,使淀粉分子链发生断裂,对淀粉直链淀粉和支链淀粉进行降解。气流粉碎后玉米淀粉分子量的减小和分布变宽,使粉体中低分子量淀粉增多,导致如溶解度、透明度等理化性质的改变。

(四)小结

通过采用 FTIR、^{13}C CP/MAS NMRH 和 GPC-RI-MALS 等分析技术并结合数据处理方法,探讨了气流粉碎对不同链/支含量玉米淀粉分子基团、分子链双螺旋结构、分子量大小及分布的影响,以及气流粉碎对 3 种淀粉结构影响的差异:

(1)FTIR 研究结果表明,蜡质玉米淀粉、普通玉米淀粉和高直链玉米淀粉 3 种原淀粉具有相似光谱特征峰,特征峰峰位一致。气流粉碎后 3 种淀粉各主要峰峰位基本没有发生变化,淀粉特征吸收峰没有新峰出现,但微细化淀粉红外光谱中出现一些特征峰强度和峰宽变化情况。如淀粉颗粒主要在 1081~991 cm^{-1} 区间内发生显著峰位、峰强度和峰宽等变化。蜡质玉米淀粉在 1081 cm^{-1} 处出现特征峰强度减小,在 1018 cm^{-1} 处出现特征峰峰宽显著变宽现象;普通玉米淀粉在 1081 cm^{-1} 和 992 cm^{-1} 处特征峰的强度减小,在 1021 cm^{-1} 处出现峰宽变大;高直链玉米淀粉在 1081 cm^{-1} 处峰的强度和宽度无较大变化,在 991 cm^{-1} 处的特征峰消失,而在 1020 cm^{-1} 处出现一个变宽的特征峰,气流粉碎后不同直链与支链淀粉含量淀粉在红外光谱中存在差别。

(2)NMR 研究结果表明,气流粉碎前后,蜡质玉米淀粉和普通玉米淀粉在 C1 区域仍呈现三重峰特征,未改变 A 型晶体结构特性;高直链玉米淀粉在 C1 区域仍呈现双重峰特征,未改变 B 型晶体结构特性;双螺旋含量变化进一步表明气流粉碎作用对淀粉颗粒内部螺旋结构影响并不明显,均表现为双螺旋含量下降,但下降幅度较小。

(3)GPC-RI-MALS 研究结果表明,气流粉碎作用导致不同链/支比玉米淀粉分子链发生断裂,分子发生降解,分子量变小及分布变宽。气流粉碎处理后,蜡质玉米淀粉分子量仍最大,其次为普通和高直链玉米淀粉;蜡质玉米淀粉分散性指数也最大,此时淀粉分子量分布最宽。

四、气流超微粉碎玉米淀粉糊化及老化特性分析

(一)气流超微粉碎玉米淀粉糊化特性分析

淀粉糊化过程经历可逆吸水膨胀阶段、不可逆吸水膨胀阶段、糊溶解 3 个阶段。淀粉颗粒吸水膨胀首先发生在无定形区域,结晶区的微晶束具有弹性而保持完整结构,温度升高破坏结晶结构,使淀粉发生不可逆的吸水膨胀,达到一定程度后,淀粉颗粒全部失去原有外貌,形成碎片,最终全部溶解,形成半透明的黏稠糊状。淀粉应用主要在水溶液中进行,因此糊化是淀粉加工过程中的重要物理特性,在食品和淀粉基产品加工中,糊化特性的研究具有重要意义。淀粉糊化与结晶结构、双螺旋结构等分子间有序排列密切相关,其本质是水分子的作用使得淀粉分子间氢键断裂,破坏分子间缔合状态,使之分散在水中并呈胶体溶液。

1.普通玉米淀粉糊化特性分析

淀粉的糊化特性可通过快速黏度分析曲线进行表征分析。曲线中包含淀粉在糊化过程发生的峰值黏度(PV)、谷值黏度(TV)、最终黏度(FV)等特征值黏度值的变化。其中 PV 表示淀粉溶液在加温过程中因微晶束熔融形成胶体网络时最高黏度值,TV 为保温过程中淀粉从凝胶态变为溶胶态时的最低黏度值;FV 为淀粉分子重新缔合黏度回升后的最终值;淀粉糊化过程中存在衰减黏度(BD)和回生黏度(SB),其中衰减黏度($BD=PV-TV$)代表热糊稳定性,反映的是淀粉抗热效应和抗剪切效应的性能;回生黏度($SB=FV-TV$)代表冷糊稳定性,在一定程度上反映淀粉糊的抗老化能力。图 2-36 为不同含水量普通玉米淀粉在不同分级转速条件下的 RVA 曲线。从图 2-47 中可以看出,经过气流粉碎处理后,3 种淀粉糊化曲线变化具有相似的趋势,其黏度特征值峰高分别低于原淀粉,且随着分级转速的增加呈现减弱趋势。

进一步分析粉碎前后各糊化黏度特征值及变化趋势如表 2-17 和图 2-36 所示。可以看出,不同微细化淀粉 PV、TV、FV、BD 和 SB 值随着分级转速的增加而明显下降。淀粉糊黏度下降,说明粉碎处理后淀粉糊为低黏度淀粉糊;衰减黏度(BD)随着转速的增加而逐渐降低,说明粉碎后淀粉糊热稳定性更好;回生黏度随着转速的增加而逐渐降低,说明淀粉糊凝沉性减弱,冷糊稳定性趋好。原料含

水量的不同使得淀粉的糊化特征值存在差异,1.5%含水量普通玉米原淀粉的 PV、TV、FV、BD 和 SB 值高于含水量 11.24% 和 6.18% 的淀粉原料,说明其糊化后黏度较大;经过粉碎处理后,当分级转速达 3600 r/min,此时 6.18% 含水量淀粉糊化后其 PV、TV、FV、BD 和 SB 值低于 11.24% 和 1.5% 淀粉,说明其粉碎前后淀粉糊化黏度变化较大。气流粉碎处理,完整的淀粉颗粒在机械力作用下粒径明显减小,颗粒破裂程度增大,晶体结构受到破坏,结晶度下降,形成淀粉糊流动阻力下降,因此微细化后淀粉的黏度值降低。分级转速越大,颗粒被粉碎的越细,晶体结构受到破坏越严重,导致黏度值越低。玉米淀粉的多晶体系是由链链结晶和链水结晶结构组成,原料含水量不同使其结晶结构存在差异,气流粉碎破坏淀粉颗粒中链—水结晶结构,从而影响其糊化性能。

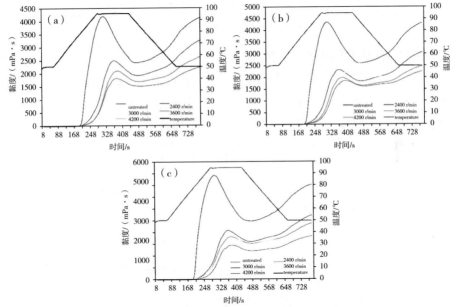

图 2-47　不同分级转速条件下普通玉米淀粉的 RVA 曲线

注:A、B、C 分别代表含水量为 11.24%、6.18% 和 1.5% 的普通玉米淀粉的 RVA 曲线。

表 2-17　不同分级转速条件下普通玉米淀粉的糊化特征参数

含水量/%	分级转速/ (r·min⁻¹)	PV/ (mPa·s)	TV/ (mPa·s)	FV/ (mPa·s)	BD/ (mPa·s)	SB/ (mPa·s)
	0	4159±18[a]	2403±18[a]	4106±25[a]	1756±13[a]	1703±17[a]
	2400	2480±12[b]	1916±9[b]	3243±18[b]	564±11[b]	1327±14[b]
11.24	3000	2067±6[c]	1666±11[c]	2687±13[c]	401±4[c]	1021±11[c]
	3600	2092±11[c]	1690±7[c]	2616±9[c]	402±3[c]	926±12[d]
	4200	1809±13[d]	1512±12[d]	2233±12[d]	297±5[d]	721±8[e]

续表

含水量/%	分级转速/ (r·min⁻¹)	PV/ (mPa·s)	TV/ (mPa·s)	FV/ (mPa·s)	BD/ (mPa·s)	SB/ (mPa·s)
	0	4352±26[a]	2606±23[a]	4316±28[a]	1746±13[a]	1710±9[a]
	2400	2330±14[b]	1841±11[c]	3061±12[b]	489±5[b]	1220±14[b]
6.18	3000	2227±17[c]	1905±12[b]	2744±15[c]	322±3[c]	839±6[c]
	3600	1992±8[d]	1658±15[d]	2480±6[d]	334±3[c]	822±7[c]
	4200	1860±12[e]	1613±9[d]	2249±11[e]	247±2[d]	636±9[d]
	0	5304±25[a]	2976±14[a]	4811±16[a]	2328±18[a]	1835±16[a]
	2400	2180±9[d]	1832±11[c]	2851±8[d]	348±5[c]	1019±11[d]
1.5	3000	2506±12[b]	1927±9[b]	3257±11[b]	579±7[b]	1330±15[c]
	3600	2308±15[c]	1790±11[c]	3020±13[c]	518±8[b]	1230±5[d]
	4200	1743±6[e]	1449±8[d]	2200±7[e]	294±5[d]	751±8[c]

注:同列中 a~e 肩字母不同表示差异显著($P<0.05$)。

2.蜡质玉米淀粉糊化特性分析

不同分级转速气流粉碎条件下蜡质玉米淀粉的 RVA 变化曲线、糊化黏度特征值和变化趋势如图 2-48 和表 2-18 所示。从糊化曲线图可以看出,粉碎后淀粉糊化黏度值低于原淀粉,且随着分级转速的增加其下降趋势明显。

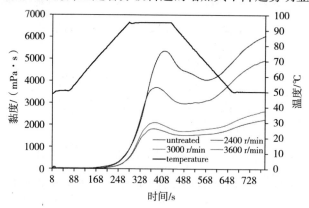

图 2-48 不同分级转速条件下蜡质玉米淀粉的 RVA 曲线

进一步分析各黏度特征值的变化可知,PV、TV、FV、BD 和 SB 各黏度特征值随着分级转速的增加逐渐减小,当分级转速为 3600 r/min 时,其 PV、TV、FV 值分别为 1876mPa·s、1408mPa·s 和 1987mPa·s,较原淀粉降低了 64.9%、65.2% 和 65.5%;BD 和 SB 值为 468mPa·s、679mPa·s,较原淀粉降低了 65.2% 和 66.1%。说明气流粉碎对蜡质玉米淀粉的糊化特性影响显著,使粉体的黏度明显下降,淀粉的热糊稳定性、冷糊稳定性及凝沉性优于原淀粉。蜡质玉米淀粉中因几乎全部为支链淀粉,结晶度较高,机械力作用使支链淀粉的分支受到严重破坏,结晶度降低,粉碎后淀粉的糊化黏度值下降显著。

表2-18　不同分级转速条件下蜡质玉米淀粉的糊化特征参数

分级转速/ (r·min⁻¹)	PV / (mPa·s)	TV/ (mPa·s)	FV / (mPa·s)	BD / (mPa·s)	SB / (mPa·s)
0	5350±24[a]	4041±11[a]	6044±18[a]	1309±14[a]	2003±11[a]
2400	3700±12[b]	2959±11[b]	4925±15[b]	741±13[b]	1966±12[b]
3000	2003±9[c]	1542±17[c]	2451±11[c]	461±6[c]	999±9[c]
3600	1876±14[c]	1408±8[c]	2087±8[c]	468±5[c]	679±11[d]

注:同列中 a~d 肩字母不同表示差异显著($P<0.05$)。

3.高直链玉米淀粉糊化特性分析

不同分级转速气流粉碎条件下高直链玉米淀粉的 RVA 变化曲线、糊化黏度特征值和变化趋势如图 2-49 和表 2-19 所示。可以看出,与原料淀粉相比,气流粉碎后高直链玉米淀粉 PV、FV、TV、BD、SB 等黏度值均显著下降。这主要是由于淀粉颗粒经气流粉碎后,颗粒粒度减小,颗粒破裂程度较大,结晶度降低,形成淀粉糊流动阻力下降所致。当分级频率达 3600 r/min 时,各黏度值达到最低,其 PV、TV、FV 值分别为 2046mPa·s、1636mPa·s 和 2505mPa·s,较原淀粉降低了 50.7%、31.9% 和 39.0%;BD 和 SB 值为 410mPa·s、869mPa·s,较原淀粉降低了 76.5% 和 41.2%。

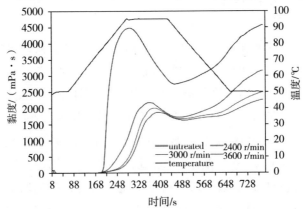

图 2-49　不同分级转速条件下高直链玉米淀粉的 RVA 曲线

表2-19　不同分级转速条件下高直链玉米淀粉的糊化特征参数

分级转速/ (r·min⁻¹)	PV/ (mPa·s)	TV/ (mPa·s)	FV/ (mPa·s)	BD/ (mPa·s)	SB/ (mPa·s)
0	4148±18[a]	2402±18[a]	4105±25[a]	1745±13[a]	1721±17[a]

续表

分级转速/ ($r \cdot min^{-1}$)	$PV/$ ($mPa \cdot s$)	$TV/$ ($mPa \cdot s$)	$FV/$ ($mPa \cdot s$)	$BD/$ ($mPa \cdot s$)	$SB/$ ($mPa \cdot s$)
2400	2479 ± 12^b	1905 ± 9^b	3232 ± 18^b	554 ± 11^b	1316 ± 14^b
3000	2081 ± 6^c	1680 ± 11^c	2676 ± 13^c	401 ± 4^c	996 ± 11^c
3600	2046 ± 11^c	1636 ± 7^c	2505 ± 9^c	410 ± 3^c	869 ± 12^d

注:同列中 a~d 肩字母不同表示差异显著($P<0.05$)。

比较原淀粉与微细化淀粉糊化参数可知,蜡质玉米原淀粉糊化特征黏度值(PV、TV、FV)最高,其次是普通玉米淀粉和高直链玉米淀粉;然而 3 种淀粉衰减黏度(BD)变化是高直链玉米淀粉和普通玉米淀粉相对较高;回生黏度是蜡质玉米淀粉最高。随着气流粉碎进行,3 种淀粉各特征黏度值随着分级转速增加而减小。3 种淀粉中蜡质玉米淀粉各参数值变化趋势较大,其原因是蜡质玉米淀粉中几乎全部为支链淀粉,结晶度较高,机械力作用使支链淀粉分支受到严重破坏,结晶度降低,因此粉碎后淀粉糊化黏度值下降程度高于普通玉米淀粉和高直链玉米淀粉。

(二)气流超微粉碎玉米淀粉老化特性分析

1.玉米淀粉热力学特性分析

(1)普通玉米淀粉热力学特性分析。

淀粉热力学特性的测定常采用差示扫描量热法(DSC),通过研究加热过程中淀粉颗粒热相变的变化获得淀粉的物理性质与温度的关系。气流粉碎不同条件作用前后普通玉米淀粉的热分析曲线及热力学特性参数的变化如表 2-20 所示。由表 2-20 可以看出,原料淀粉起始温度和糊化温度较高,具有较大热吸收熔值,经过气流粉碎处理后,淀粉起始糊化温度、糊化温度,以及热熔值均随着分级转速递增而逐渐下降,说明普通玉米淀粉部分晶体结构发生改变;当分级转速达到 3600 r/min 时继续增大转数,获得微细化淀粉的各糊化温度和热熔值下降缓慢。高水分含量淀粉具有较低糊化温度和热熔值,水分含量下降,淀粉糊化温度和热熔值逐渐升高,但 6.18% 和 1.5% 淀粉糊化温度和热熔值差别不显著,说明不同含水量原料存在热力学特性差异,但达到一定水分后差别不显著。

玉米淀粉结构中分子之间排列紧密,结晶度相对较高,淀粉颗粒熔融需要较高的温度,因此需要较高的温度才能使淀粉糊化。淀粉经过气流粉碎处理后,颗粒内部分子链发生断裂,双螺旋有序程度下降,在加热条件下更易于糊化,使淀粉的糊化温度下降。

淀粉的热熔值变化在一定程度上能够反映淀粉晶体结构的变化,即热熔值随着结晶度的减小而降低,同时热熔值代表淀粉分子链中双螺旋结构数量多少。气流粉碎后,淀粉热熔值降低,表明淀粉的结晶度降低,同时淀粉分子链上双螺旋结构数量减少,气流粉碎作用改变淀粉颗粒结构同时使其热力学性质发生改变。

表 2-20   不同分级转速条件下普通玉米淀粉的热力学特征参数

含水量/%	分级转速/(r·min⁻¹)	T_o/ ℃	T_p/ ℃	T_c/ ℃	ΔT/ ℃	ΔH/ (J·g⁻¹)
11.24	0	63.61±0.09[a]	68.37±0.18[a]	76.02±0.08[a]	12.41±0.21[a]	22.55±0.18[a]
	2400	61.75±0.05[a]	66.25±0.21[b]	73.88±0.12[b]	12.13±0.23[b]	18.56±0.25[b]
	3000	60.08±0.03[a]	64.03±0.08[c]	71.42±0.18[c]	11.34±0.23[c]	14.29±0.21[c]
	3600	58.68±0.08[d]	62.98±0.11[d]	69.01±0.07[d]	10.33±0.18[d]	12.18±0.23[d]
	4200	58.26±0.09[d]	61.36±0.13[d]	68.58±0.12[d]	10.32±0.09[d]	12.13±0.16[d]
6.18	0	64.72±0.09[a]	69.66±0.26[a]	78.12±0.23[a]	13.40±0.24[a]	23.65±0.13[a]
	2400	62.98±0.05[b]	67.03±0.14[b]	75.36±0.11[b]	12.38±0.17[b]	19.43±0.08[b]
	3000	61.02±0.08[c]	65.32±0.17[c]	72.23±0.14[c]	11.21±0.5[c]	15.66±0.09[c]
	3600	59.36±0.06[d]	63.25±0.08[d]	70.08±0.15[d]	10.72±0.09[d]	13.85±0.12[d]
	4200	58.98±0.11[d]	62.98±0.12[e]	69.58±0.09[d]	10.60±0.11[d]	13.28±0.22[d]
1.5	0	64.86±0.15[a]	70.08±0.25[a]	78.35±0.14[a]	13.49±0.16[a]	24.32±0.18[a]
	2400	63.01±0.21[b]	68.11±0.09[b]	75.47±0.11[b]	12.46±0.08[b]	20.88±0.15[b]
	3000	61.15±0.13[c]	65.78±0.12[c]	72.65±0.09[c]	11.50±0.11[c]	16.56±0.27[b]
	3600	59.87±0.13[d]	64.35±0.15[d]	71.16±0.11[d]	11.29±0.13[c]	14.03±0.18[d]
	4200	59.84±0.17[d]	63.14±0.06[e]	70.87±0.08[d]	11.03±0.07[d]	13.88±0.15[d]

注:T_o 为起始温度;T_p 为峰值温度;T_c 为终止温度;$\Delta T = T_c - T_o$,糊化温度范围;ΔH 为热熔值;同列中 a~e 肩字母不同表示差异显著($P<0.05$)。

(2)蜡质玉米淀粉热力学特性分析。

气流粉碎前后蜡质玉米淀粉热分析曲线及热力学特性参数变化如表 2-21 所示。可以看出,蜡质玉米原淀粉糊化温度和热熔值较大,分别为 59.71℃ 和 26.05 J·g⁻¹,经过气流粉碎处理后,淀粉糊化特征参数均随着分级转速增大而逐渐减小,在分级转速达 3600 r/min 时,其起始温度、糊化温度和热熔值分别降低至 53.46℃、58.02℃ 和 13.55 J·g⁻¹。气流粉碎后蜡质玉米淀粉糊化温度和热焓值降低,说明淀粉颗粒结晶度降低,淀粉双螺旋结构受到破坏。

表 2-21　不同分级转速气流粉碎作用下蜡质玉米淀粉的热力学特征参数

分级转速/ (r·min^{-1})	T_o/ ℃	T_p/ ℃	T_c/ ℃	ΔT/ ℃	ΔH/ (J·g^{-1})
0	54.74±0.21^a	59.71±0.25^a	65.59±0.17^a	13.49±0.12^a	26.05±0.15^a
2400	54.24±0.15^c	59.46±0.17^b	64.99±0.11^b	12.46±0.11^b	18.69±0.16^b
3000	54.01±0.12^c	59.22±0.15^b	64.67±0.19^b	11.50±0.13^c	15.87±0.17^c
3600	53.46±0.13^b	58.02±0.16^c	62.98±0.14^c	11.29±0.14^c	13.55±0.14^d

注:T_o 为起始温度;T_p 为峰值温度;T_c 为终止温度;$\Delta T = T_c - T_o$,糊化温度范围;ΔH 为热焓值;同列中 a~d 肩字母不同表示差异显著($P<0.05$)。

(3)高直链玉米淀粉热力学特性分析。

高直链玉米淀粉气流粉碎前后热分析曲线及热力学特性参数变化如表 2-22 所示。可以看出,高直链玉米原淀粉起始温度、糊化温度为 72.85℃ 和 80.85℃,高于普通玉米淀粉和蜡质玉米淀粉,而热焓值为 17.68 J·g^{-1},低于普通和蜡质玉米淀粉,说明不同直链与支链含量对淀粉热力学特性产生影响,热焓值随着直链淀粉含量升高而降低。经过气流粉碎后,淀粉糊化温度参数均随着分级转速增大而逐渐减小,在分级转速达 3600 r/min 时,其起始温度、糊化温度分别降低至 70.12℃、76.01℃。高直链玉米淀粉热焓值也呈现随着分级转速增加而减小趋势。当分级转速达 3600 r/min 时,其热焓值低至 8.57 J·g^{-1}。

表 2-22　不同分级转速条件下高直链玉米淀粉的热力学特征参数

分级转速/ (r·min^{-1})	T_o/ ℃	T_p/ ℃	T_c/ ℃	ΔT/ ℃	ΔH/ (J·g^{-1})
0	72.85±0.12^a	80.85±0.15^a	89.26±0.09^a	16.41±0.14^a	17.68±0.12^a
2400	71.56±0.11^b	79.32±0.19^b	87.65±0.11^b	16.04±0.11^a	15.48±0.16^b
3000	71.32±0.14^b	77.46±0.13^c	86.85±0.19^c	15.53±0.13^b	11.36±0.21^c
3600	70.12±0.21^c	76.01±0.17^c	85.13±0.13^d	15.01±0.12^c	8.57±0.17^d

注:T_o 为起始温度;T_p 为峰值温度;T_c 为终止温度;$\Delta T = T_c - T_o$,糊化温度范围;ΔH 为热焓值;同列中 a~d 肩字母不同表示差异显著($P<0.05$)。

2.玉米淀粉老化特性分析

淀粉稀溶液或淀粉糊在低温下静置一定时间,浑浊度增加,溶解度减小,伴有沉淀析出,淀粉发生回生,或称为老化。回生的本质是糊化淀粉分子在低温下分子运动减慢,直链淀粉分子与支链淀粉分子的分支趋于平行排列并靠拢,以氢键结合重新形成混合微晶束。淀粉老化后分子中氢键数量多,分子间缔合牢固,水溶性下降,易形成凝胶体。淀粉老化现象是影响淀粉类产品品质的重要因素,易使产品硬化、凝胶收缩或不易消化吸收。因此,探讨气流粉碎处理对淀粉糊老化特性影响的变化规律,为气流粉碎改性技术及微细化玉米淀粉应用提供理论依据。

如表2-23所示,为气流粉碎前后不同链/支含量玉米淀粉在4℃贮存条件下参数的变化。可以看出,气流粉碎处理后淀粉的老化焓值降低,说明粉碎处理能够延缓淀粉回生;同时随着贮存天数的增加,老化焓值逐渐增大,说明贮存时间越长老化越严重,但当贮存天数大于5 d后,老化焓值增加缓慢,说明淀粉老化主要发生在低温贮藏的前5 d内。气流粉碎处理前后蜡质玉米老化焓值变化小于普通玉米淀粉和高直链玉米淀粉。

表2-23　气流粉碎前后玉米淀粉的老化焓变化(4℃)

样品		焓变/($J \cdot g^{-1}$)				
		1 d	3 d	5 d	7 d	14 d
蜡质玉米淀粉	原淀粉	6.56±0.06[Aa]	8.23±0.02[Ba]	10.65±0.04[Ca]	10.88±0.08[Ca]	11.12±0.05[Ca]
	处理后	6.32±0.04[Ab]	8.11±0.06[Bb]	10.23±0.04[Cb]	10.43±0.07[Cb]	10.78±0.06[Cb]
普通玉米淀粉	原淀粉	6.12±0.07[Aa]	7.98±0.07[Ba]	9.86±0.06[Ca]	10.13±0.06[Ca]	10.68±0.03[Ca]
	处理后	5.68±0.06[Ab]	7.02±0.05[Bb]	8.21±0.03[Cb]	9.03±0.05[Cb]	9.15±0.05[Cb]
高直链玉米淀粉	原淀粉	5.89±0.05[Aa]	7.02±0.02[Ba]	9.63±0.05[Ca]	10.08±0.04[Ca]	10.56±0.07[Ca]
	处理后	3.87±0.08[Ab]	4.98±0.02[Bb]	6.56±0.06[Cb]	7.12±0.03[Cb]	7.65±0.04[Cb]

注:同行中A~C肩字母不同表示差异显著($P<0.05$);同列中a~b肩字母不同表示差异显著($P<0.05$)。

老化特性研究通过分析淀粉在低温贮存条件下老化焓变和重结晶动力学参数进行表征,其中老化动力学参数通过Avrami方程表征,其包含成核指数(n)、重结晶速率常数(k)和$r^2=0.984-0.999$。

表2-24为气流粉碎前后淀粉重结晶动力学参数变化。可以看出,气流粉碎处理后,淀粉Avrami成核指数增大,重结晶速率常数减小,说明粉碎处理改变淀粉重结晶成核方式。重结晶速率常数越低表明淀粉回生速率越慢,因此气流粉碎处理有利于延缓淀粉在低温贮藏环境下老化速率,利于淀粉质食品贮存和性质稳定。同时,蜡质玉米淀粉重结晶速率常数低于普通和高直链玉米淀粉,说明支链含量高蜡质玉米淀粉不易回生。

表 2-24　气流粉碎前后玉米淀粉的重结晶动力参数(4℃)

样品		Avrami 参数		
		n	k	r^2
蜡质玉米淀粉	原淀粉	0.821 ± 0.02^b	0.702 ± 0.01^a	0.996
	处理后	0.875 ± 0.02^a	0.687 ± 0.02^b	0.994
普通玉米淀粉	原淀粉	0.806 ± 0.01^a	0.736 ± 0.02^a	0.993
	处理后	0.845 ± 0.01^b	0.704 ± 0.01^b	0.995
高直链玉米淀粉	原淀粉	0.784 ± 0.03^b	0.833 ± 0.03^a	0.995
	处理后	0.808 ± 0.02^a	0.754 ± 0.02^b	0.997

注:同列中 a~b 肩字母不同表示差异显著($P<0.05$)。

(三) 小结

(1)通过对不同链/支比玉米淀粉气流粉碎前后的糊化特性进行分析,结果表明,蜡质玉米原淀粉糊化特征黏度值(PV、TV、FV)最高,其次是普通玉米淀粉和高直链玉米淀粉;然而 3 种淀粉衰减黏度(BD)变化是高直链玉米淀粉和普通玉米淀粉相对较高;回生黏度是蜡质玉米淀粉最高。随着气流粉碎进行,3 种淀粉特征黏度值随分级转速增加而减小。3 种淀粉中蜡质玉米淀粉各参数值变化趋势较大,其原因是蜡质玉米淀粉中几乎全部为支链淀粉,结晶度较高,机械力作用使支链淀粉分支受到严重破坏,结晶度降低,因此粉碎后淀粉糊化黏度值下降程度高于普通玉米淀粉和高直链玉米淀粉。

(2)通过对不同链/支比玉米淀粉气流粉碎前后其热力学特性进行分析,结果表明,气流粉碎使玉米淀粉的糊化温度和热熔值均随着分级转速递增而逐渐下降,气流粉碎作用使得玉米淀粉部分晶体结构发生改变。其中高直链玉米原淀粉起始温度、糊化温度为 72.85℃ 和 80.85℃,高于普通玉米淀粉和蜡质玉米淀粉,而热熔值为 17.68 J·g^{-1},低于普通和蜡质玉米淀粉,不同直链与支链含量对淀粉热力学特性产生影响,热熔值随着直链淀粉含量升高而降低。

(3)利用 Avrami 方程对气流粉碎前后淀粉在低温贮藏过程中的老化动力学进行研究,在4℃低温贮藏期间,淀粉老化熔值降低,粉碎处理延缓淀粉回生,淀粉老化主要发生在低温贮藏前 5 d 内,气流粉碎处理前后蜡质玉米老化熔值变化小于普通玉米淀粉和高直链玉米淀粉;气流粉碎后淀粉 Avrami 成核指数增大,重结晶速率常数减小,且蜡质玉米淀粉重结晶速率常数低于普通和高直链玉米淀粉,气流粉碎处理有利于延缓淀粉在低温贮藏环境下老化速率,利于淀粉质食品贮存和性质稳定。

五、气流超微粉碎玉米淀粉糊特性分析

玉米淀粉糊理化性质主要取决于淀粉颗粒特性和分子特性,如颗粒大小和分布、链/支比例、淀粉分子结构和分子量大小等。气流粉碎作用对淀粉颗粒大小和结构产生影响将导致其理化性质改变。因此,进一步考察分析气流粉碎作用对玉米淀粉溶解度、膨胀度、冻融稳定性、凝沉稳定性和透光性影响,以期为改善玉米淀粉加工性能提高理论依据和参考。

(一)气流超微粉碎玉米淀粉溶解度和膨胀度分析

淀粉的溶解度和膨胀度在一定程度上反映淀粉分子与水分子之间相互作用力。不同直链与支链比例玉米淀粉经不同气流粉碎条件处理后在不同温度下溶解度和膨胀度存在差异。气流粉碎作用不同条件对具有不同直链与支链比例蜡质玉米淀粉、普通玉米淀粉、高直链玉米淀粉糊溶解度和膨胀度影响如图2-50所示。

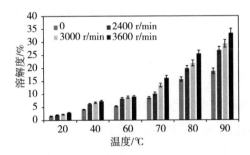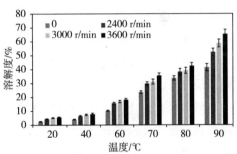

（a）蜡质玉米淀粉

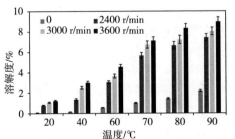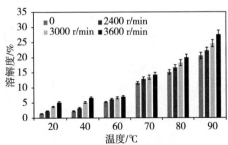

（b）普通玉米淀粉

图2-50

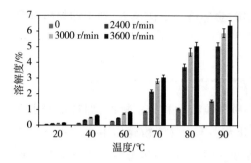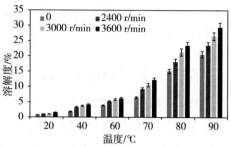

（c）高直链玉米淀粉

图 2-50　不同分级转速条件下玉米淀粉的溶解度和膨胀度

由图 2-50 可以看出,经过气流粉碎处理后,微细化的蜡质玉米淀粉、普通玉米淀粉、高直链玉米淀粉的溶解度和膨胀度均较原淀粉有所增加,且随着分级转速升高而逐渐增大,说明气流粉碎处理能够提高淀粉的溶解度和膨胀度,此结果与 Liu 等研究一致。其原因是天然淀粉分子间是由水分子进行氢键结合的,氢键数量多且结合牢固,同时淀粉颗粒晶体结构致密,具有一定结构强度,使水分子很难与淀粉分子结合而促进淀粉的溶解;当淀粉颗粒经过气流粉碎机械力作用后,粒度减小,比表面积增大,淀粉颗粒晶体结构受到破坏,分子链发生断裂,使淀粉分子链上羟基易于和水分子形成氢键,同时水分子更易于进入淀粉颗粒内部无定形区引起结构破坏,从而促进淀粉的溶解和润胀。

同时随着溶液温度的升高,3 种淀粉的膨胀度上升,溶解度逐渐增加,在较低温度 20℃条件下,3 种微细化玉米淀粉的溶解度和膨胀度明显大于其原淀粉,说明粉碎处理促进了淀粉的冷水溶解性,但普通玉米淀粉和蜡质玉米淀粉的冷水溶解性明显大于高直链玉米淀粉,说明淀粉颗粒结构的差异决定了不同淀粉随温度上升溶解度和膨胀度变化速率不同,支链淀粉含量多的玉米淀粉在机械作用下易于受到破坏,溶解度变化较大。

（二）气流超微粉碎玉米淀粉糊冻融稳定性分析

淀粉冻融通常是指低温下(如-18℃)对糊化或未糊化淀粉进行交替冷冻后再解冻融化过程,淀粉冻融过程中其理化性质和颗粒结构变化趋势和程度反映了淀粉糊的稳定性。冻融稳定性评判指标为析水率,析水率越小,说明淀粉糊冻融稳定性越好,反之越差。冻融稳定性好坏与淀粉中直链与支链淀粉比例、浓度及其他组分有关。

气流粉碎作用不同条件、不同冻融时间对蜡质玉米淀粉、普通玉米淀粉、高直链玉米淀粉糊冻融稳定性影响如图 2-51 所示。从图 2-51 中可以看出,随着气流粉碎分级转速增加,蜡质玉米淀粉、普通玉米淀粉、高直链玉米淀粉样品的析水率都随之增加,说明气流粉碎作用使淀粉冻融稳定性下降,其原因是气流粉碎作用破坏了淀粉晶体结构,分子链发生断裂,使淀粉分子间氢键作用减弱,随着分级转速的进一步增大,颗粒破坏程度加重,淀粉分子发生重排组成新的混合微晶束,使淀粉颗粒中水分较易析出,此结果与黄祖强等利用球磨机械活化玉米淀粉研究结果一致。3 种淀粉中蜡质玉米淀粉析水率增加幅度较小,其次是普通玉米淀粉和高直链玉米淀粉,主要原因是蜡质玉米淀粉直链淀粉含量低于普通玉米淀粉和高直链玉米淀粉。

同时,冷冻时间对淀粉糊析水率的影响与淀粉类型及粉碎分级转速有关。3种原淀粉及其不同条件下制备微细化淀粉析水率均随着冷冻时间增加而增大。但蜡质玉米原淀粉及粉碎分级转数在 2400 r/min 时获得微细化淀粉析水率增加趋势明显,在 3000 r/min 和 3600 r/min 条件下析水率变化幅度很小;而普通玉米淀粉和高直链玉米淀粉在最初的 24 h 内表现出较高的析水率,之后随着时间的延长析水率增幅逐渐减小并趋于平衡,说明直链淀粉含量高的淀粉具有较好的冻融稳定性。此实验结果与 Fredrisson 等提出淀粉重结晶理论相一致,即属于淀粉短期回生,其原因是普通玉米淀粉和高直链玉米淀粉含有较高直链淀粉含量,因此其结晶速率比蜡质玉米淀粉快。

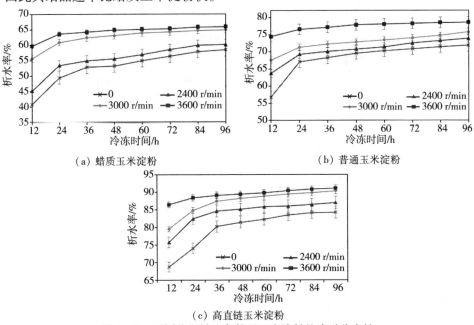

（a）蜡质玉米淀粉　　　　　　　　（b）普通玉米淀粉

（c）高直链玉米淀粉

图 2-51　不同分级转速条件下玉米淀粉的冻融稳定性

（三）气流超微粉碎玉米淀粉糊透明度分析

淀粉糊透明度大小在一定程度上能够反映淀粉与水结合能力强弱。常采用透光率来评价淀粉糊透明度,透光率越高,糊透明度越高。淀粉糊在冷藏过程中透明度变化在一定程度上能够表征淀粉老化特性。透光率越低,说明淀粉老化程度越高。

1.糊化温度对淀粉糊透明度的影响

糊化温度对不同分级转速气流粉碎制备的微细化玉米淀粉糊透明度的影响如图2-52所示。

从图2-52可以看出,3种淀粉经过气流粉碎处理后,其淀粉糊透明度较原淀粉提高,且随着分级转速升高,糊透明度增大。但在30℃低温条件下淀粉糊透明度均变化不明显,说明在低温条件下淀粉未糊化,只是形成淀粉颗粒浑浊液,因此不同分级转速条件下透明度变化不明显;随着糊化温度升高,3种淀粉糊的透明度均增大,其中蜡质玉米淀粉增大明显,而普通玉米淀粉和高直链玉米淀粉在70℃条件下糊透明度仍增幅较小;当糊化温度升高到100℃后3种淀粉糊透明度均显著提高,且随着分级转速的增高而增大。

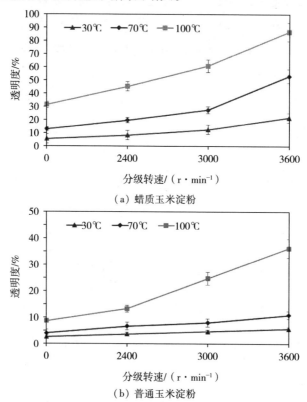

（a）蜡质玉米淀粉

（b）普通玉米淀粉

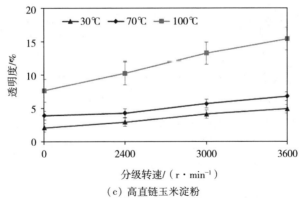

（c）高直链玉米淀粉

图 2-52　糊化温度对气流粉碎作用条件下玉米淀粉糊透明度的影响

气流粉碎机械作用破坏淀粉晶体结构,使淀粉分子量减小,小分子数量增多且易溶于水,不易发生分子重排和缔合,使光散射和折射降低,导致糊透明度增大。同时,随着糊化温度提高,淀粉颗粒膨胀溶解加强,淀粉糊透明度提高。此研究与黄祖强和张正茂等利用球磨研磨制备微细化玉米淀粉和大米淀粉糊透明度结果一致。

2.贮藏时间对淀粉糊透明度的影响

贮藏时间对不同分级转速气流粉碎制备微细化玉米淀粉糊透明度影响如图 2-53 所示。从图 2-53 中可以看出,随着贮藏时间的延长,蜡质玉米淀粉、普通玉米淀粉和高直链玉米淀粉气流粉碎处理前后糊的透明度均逐渐降低,其中气流粉碎后淀粉糊的透明度高于原淀粉,说明粉碎处理提高了淀粉糊的透明度。蜡质玉米淀粉糊透明度随时间延长下降趋势缓慢,而普通玉米淀粉和高直链玉米淀粉在最初贮藏的 24 h 内下降迅速,之后下降缓慢,说明直链与支链比例不同,导致淀粉在机械力作用下分子链发生断裂程度不同,从而引起透明度变化不同。

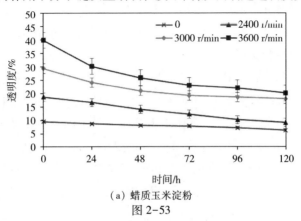

（a）蜡质玉米淀粉

图 2-53

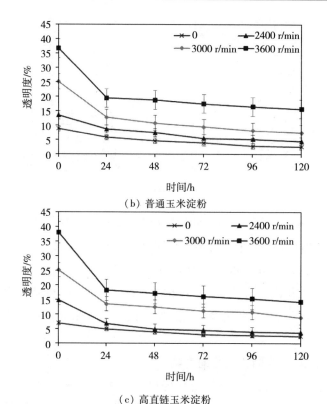

（b）普通玉米淀粉

（c）高直链玉米淀粉

图 2-53　贮藏时间对气流粉碎作用条件下玉米淀粉糊透明度的影响

（四）气流超微粉碎玉米淀粉糊凝沉性分析

淀粉凝沉是糊化后淀粉溶液在室温下产生一种自然沉降现象，其能够反映淀粉糊化后由无序状态到有序重新排列并凝结沉降的过程。淀粉糊中由直链淀粉分子在短时间内有序重排并重结晶过程称为短期凝沉，而由支链淀粉分子经过长时间重结晶的过程称为长期凝沉。图 2-54 为不同贮存时间条件下 3 种玉米淀粉凝沉稳定性变化情况。

由图 2-54 可以看出，蜡质玉米淀粉、普通玉米淀粉和高直链玉米淀粉及其微细化淀粉的凝沉性随着贮存时间延长逐渐增加，达到一定时间后凝沉性增加趋势变缓并趋于平衡。不同链/支比玉米淀粉经过不同分级转速处理后，在相同贮存时间下，微细化淀粉凝沉性速率低于原淀粉。其原因是粉碎处理破坏淀粉颗粒结构，使更多氢键暴露，有利于淀粉分子与水分结合，表现出较低的凝沉特性。此外，可以看出，蜡质玉米淀粉气流粉碎处理前后凝沉速率较低，其次是普通玉米淀粉，高直链玉米淀粉随着时间延长更易于凝沉。

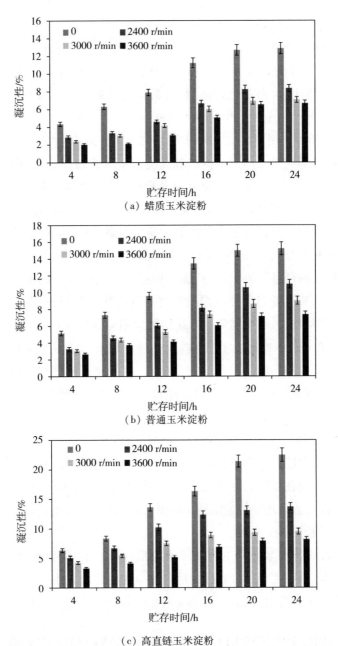

（a）蜡质玉米淀粉

（b）普通玉米淀粉

（c）高直链玉米淀粉

图2-54　贮存时间对不同粉碎条件下玉米淀粉糊凝沉性的影响

（五）小结

通过对不同气流粉碎条件下玉米淀粉溶解度、膨胀度、冻融稳定性、凝沉稳

定性和透光性研究,得到如下结论:

(1)气流粉碎处理后,蜡质玉米淀粉、普通玉米淀粉、高直链玉米淀粉的溶解度和膨胀度增加,且随着分级转速升高而逐渐增大;同时随着溶液温度的升高,3种淀粉的膨胀度上升,溶解度逐渐增加;粉碎处理促进了淀粉的冷水溶解性,但普通玉米淀粉和蜡质玉米淀粉的冷水溶解性明显大于高直链玉米淀粉。

(2)气流粉碎作用使淀粉冻融稳定性下降,3种淀粉中蜡质玉米淀粉析水率增加幅度较小,其次是普通玉米淀粉和高直链玉米淀粉;3种淀粉析水率随着冷冻时间增加而增大,但蜡质玉米原淀粉及粉碎分级转数在 2400 r/min 时获得微细化淀粉析水率增加趋势明显,在 3000 r/min 和 3600 r/min 条件下析水率变化幅度很小;而普通玉米淀粉和高直链玉米淀粉在最初的 24 h 内表现出较高的析水率,直链淀粉含量高的淀粉具有较好的冻融稳定性。

(3)3种淀粉经过气流粉碎后,淀粉糊透明度较原淀粉提高,且随着分级转速增加而增大;30℃低温条件下淀粉糊透明度变化不明显,随着糊化温度升高,淀粉糊透明度均增大,其中蜡质玉米淀粉增大明显,而普通玉米淀粉和高直链玉米淀粉在70℃条件下糊透明度仍增幅较小;当糊化温度升高到100℃后3种淀粉糊透明度均显著提高;随着贮藏时间的延长,淀粉糊透明度均逐渐降低,蜡质玉米淀粉糊透明度随时间延长下降趋势缓慢,而普通玉米淀粉和高直链玉米淀粉在最初贮藏的 24 h 内下降迅速,之后下降缓慢。

(4)不同分级转速气流粉碎处理后,蜡质玉米淀粉、普通玉米淀粉、高直链玉米淀粉糊的凝沉性随着贮存时间延长而增加,达到一定时间后趋于平衡。不同链/支比玉米淀粉在相同贮存时间下,微细化淀粉凝沉性速率低于原淀粉。蜡质玉米淀粉气流粉碎处理前后凝沉速率较低,其次是普通玉米淀粉,高直链玉米淀粉随着时间延长更易于凝沉。

(5)结果表明,气流粉碎处理使玉米淀粉颗粒大小、形貌、结构等发生改变,导致其溶解度、透明度、凝沉性、冻融稳定性等理化性质发生变化,说明气流粉碎处理能够改善玉米淀粉理化特性,为玉米淀粉品质特性优化提供理论依据。

六、流化床式气流作用对淀粉粉碎及其结构与性质影响机制

(一)流化床式气流作用对淀粉粉碎机制

气流粉碎过程为冲击碰撞粉碎,冲击力作用使物料产生强烈的碰撞、摩擦、剪切。冲击是物料颗粒破坏粉碎的直接因素,颗粒在冲击过程中获得动能,动能

转换为颗粒弹性储能,当颗粒弹性储能超过其本身破碎能,颗粒即产生破碎。因此颗粒受到冲击力越大,颗粒破坏越严重,从而导致其完整度降低,即使较小冲击力未造成颗粒破坏,同样会使颗粒内部损伤程度加大。

前述试验研究得到不同气流粉碎操作参数下玉米淀粉的粉碎行为和规律,粉碎气体压力和分级轮转速是影响淀粉粉碎效果的重要因素,通过改变进气压力能够改变淀粉颗粒运动速度,从而使淀粉颗粒获得不同动能,通过改变分级轮转速能够获得不同粒度大小淀粉颗粒。进一步依据气流粉碎对玉米淀粉粉碎后颗粒大小及分布,以及颗粒形貌变化可知:压力越高,获得颗粒粒径越小,粉体越细;转速越高,产品粒度越细,但分级转速过高粉体粒径减小缓慢且制备粉体得率显著降低和能耗过大,转速 3600 r/min 时淀粉粉体即能达到理想粉碎效果。随着分级转速增大,颗粒粒度减小且形状无规则,表面变得更加粗糙,部分颗粒被劈开而露出脐点。在低转速条件下,在冲击碰撞作用下粉碎生成粒度相对较大中间颗粒,粉碎颗粒棱角较多,表面出现裂纹,但仍有部分颗粒保持完整粒形和部分细小颗粒;随着分级转速增加,淀粉颗粒粒形减小,颗粒表面棱角减少且小颗粒淀粉数量增多,当分级转速增大到 3600 r/min 时,淀粉颗粒粒形较小且相对规则,颗粒棱角减少,当分级转速增大到 4200 r/min 时,颗粒整体粒形与 3600 r/min 条件时相似,但颗粒更为规则完整,且微小颗粒数量增多。在低压条件下,淀粉颗粒发生部分粉碎,颗粒破碎后表面变粗糙,随着粉碎压力增大,在高速冲击力作用下,颗粒粒形明显减小,颗粒变得无规则且表面粗糙并含有棱角和裂纹。

Griffith 强度理论提出固体材料内部质点呈非规律性排布,存在许多微裂纹,裂纹产生和扩散必须满足力和能量两个条件。粉碎极限分析理论和 Hutting 等的粉体破坏模型理论提出,物料粉碎方式分为脆性粉碎和疲劳粉碎,粉碎破坏模型主要有体积粉碎和表面粉碎。体积粉碎是使整个颗粒受到破坏,大多生成粒度相对较大中间颗粒,随着粉碎进行,中间颗粒继续被粉碎直至粉碎成微粉成分;表面粉碎是在颗粒表面产生破坏,从颗粒表面不断削下微粉成分,破坏不涉及颗粒内部。体积粉碎粒度较窄,均匀性较好;表面粉碎后细粉较多,粒度分布范围较宽,即粗颗粒也较多,均匀性较差。

根据粉体粉碎的模型和理论,以及玉米淀粉的粉碎行为和规律可知,玉米淀粉的气流粉碎是通过高速空气冲击力满足在淀粉裂纹尖端产生局部拉应力,并连续不断供给裂纹扩散所需能量,使淀粉颗粒破碎,不同的粉碎强度能够改变粉体粉碎形式。同时可知气流粉碎以脆性粉碎为主,辅之以疲劳粉碎。淀粉颗粒在高速气流作用下瞬间发生强烈冲击碰撞,所产生的应力值高于脆性粉碎极限,使颗粒发生脆性粉碎,速度越高,颗粒动能越大,脆性粉碎越明显。当物料粒度减小后,许多未能通过分级机小颗粒在离心力作用下返回粉碎腔,因其粒度小,所获得能量有限,且比表面积大,裂纹和缺陷减小,难以发生脆性粉碎,只能多次往复加速冲击、碰撞、摩擦,产生明显塑性变形,内应力达到或超过自身疲劳强度极限时,物料内部发生裂纹直至撕裂,导致疲劳粉碎。进一步得到玉米淀粉气流粉碎过程中是体积粉碎和表面粉碎模型相叠加过程,形成了二成分分布,在不同粉碎条件下使淀粉粉碎以某一模型为主导。

因此,获得了玉米淀粉气流粉碎机制如图2-55所示。已知天然玉米淀粉颗粒呈近似球形,表面光滑、形貌规则完整,如图2-55(a)所示;玉米淀粉颗粒气流粉碎以脆性粉碎为主,表现为体积粉碎,气流速度越高,颗粒动能就越大,脆性粉碎效果越显著,粉碎颗粒粒形较大,棱角较多,如图2-55(b)所示;随着粉碎进行,未被分级中间颗粒因其颗粒变小,获得能量减小,加之比表面积增大,不易发生脆性粉碎,在粉碎腔内通过多次往复加速冲击、碰撞、摩擦产生塑性变形,同时未被粉碎中间颗粒其表面和内部也存在若干裂纹,如图2-55(c)所示;随着粉碎继续进行,玉米淀粉颗粒获得内应力达到或超过淀粉自身疲劳强度极限时,淀粉内部发生裂纹直至撕裂,导致玉米淀粉疲劳粉碎,生成粒度较小颗粒及部分微粉颗粒,颗粒棱角减少且球形度较好,如图2-55(d)所示。由此可见,脆性粉碎较易,时间较短,疲劳粉碎较难,时间较长。因此,提高气流速度对提高物料粉碎效果、粉碎效率是有利的。

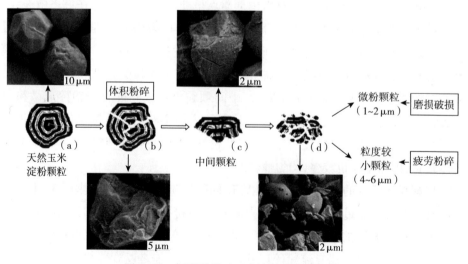

图2-55 气流粉碎对玉米淀粉的粉碎机制

因此,淀粉颗粒在流化床气流粉碎中以脆性粉碎为主,疲劳粉碎为辅,粉碎方式表现为体积粉碎和表面粉碎。在高压、低分级转速粉碎条件下颗粒粉碎趋向于体积粉碎,粒度分布较窄,而低压、高分级转速粉碎条件下颗粒粉碎趋向于表面粉碎,粒度分布较宽。因此,要获得球形度好的颗粒,通过选择合适气流粉碎条件,使颗粒在粉碎过程中粒度尽可能减小情况下,使颗粒球形因子变小。

(二)气流超微粉碎对淀粉结构与性质的影响机制

气流粉碎技术成功运用于淀粉性质改性的关键是揭示气流粉碎作用操作参数、淀粉多层级结构及其性质变化之间的关系,掌握气流粉碎作用对淀粉多层级结构及性能影响的作用机制。因此,阐明气流粉碎作用下淀粉多层级结构及性质变化机制具有重大意义,将促进气流粉碎技术在淀粉改性领域的应用。淀粉颗粒的多晶结构对气流粉碎后颗粒性状具有决定性影响,不同淀粉具有不同结构特点,颗粒破碎与其晶体结构特点密切相关,因此,气流粉碎对淀粉颗粒破碎将导致其结构和性质随之发生改变。前文中重点分析了气流粉碎操作参数对淀粉颗粒大小及分布、颗粒形貌和表面结构的影响,获得了气流粉碎对玉米淀粉的粉碎机制。本节将重点分析气流粉碎作用对不同链/支比玉米淀粉晶体结构、分子基团、短程有序结构、分子量大小及分布等多层级结构影响变化规律,以及结构变化引起糊化特性、热力学特性、老化特性及淀粉溶解性、膨胀性、凝沉性、透明性和冻融稳定性等理化性质变化,根据淀粉颗粒多层级结构理论,揭示气流粉碎作用对玉米淀粉颗粒作用途径及改性机制,为气流粉碎技术应用于淀粉结构与性能调控提供理论指导。

研究结果显示,3种原淀粉多层级结构呈现如下基本特性:①在颗粒形貌上,蜡质玉米淀粉呈椭圆形或球形,尺寸较大;普通玉米淀粉呈多边形或球形;高直链玉米淀粉呈多面体形或球形,尺寸相对较小;②3种淀粉颗粒表面光滑,呈致密半结晶层状结构,内部具有明显孔道结构;③在晶体结构上,蜡质玉米淀粉和普通玉米淀粉呈A型结晶形态,螺旋结构排列紧密,高直链玉米淀粉呈B型,螺旋结构内部具有空腔;④蜡质玉米淀粉分子量最大,之后依次是普通玉米淀粉和高直链玉米淀粉。

利用高速气流在流态下对淀粉进行粉碎处理,淀粉颗粒与颗粒之间、颗粒与室壁之间发生碰撞、摩擦、剪切等作用使颗粒发生脆性粉碎或疲劳粉碎,形成粒度较小、形态无规则、表面粗糙有裂纹细小微粒。气流粉碎不仅使颗粒表面结构产生破坏,而且使颗粒内部结构受到破坏。

在高速气流作用下,冲击碰撞使淀粉颗粒表面出现裂纹,随着裂纹扩散,所需力和能量满足,颗粒即发生破碎,淀粉颗粒表面首先受到破坏,逐渐向颗粒内部延伸。淀粉颗粒为层状多晶结构,在气流粉碎过程中受到强烈机械外力,使淀粉颗粒层状结构层间质点结合力相对较弱且容易受破坏,粉碎首先沿层面平行劈裂开,产生晶格缺陷,结晶度降低,形成无定形层;随着粉碎继续进行,颗粒不断被劈开和减小,结晶结构不断失去,无定形层逐渐加厚,最后颗粒结晶结构被破坏,淀粉由多晶态向非晶体转变,最终发生结晶结构改变。同时,淀粉颗粒在粉碎过程中,颗粒表面不断地受到高能气体连续撞击,将动能传递给颗粒表面及内部分子上,造成淀粉颗粒表面及内部半结晶层中结晶区螺旋分子链排列发生变化,进而导致颗粒致密有序化结构减少。持续不断冲击碰撞和能量不断转化为分子内能,颗粒无定形区中直链淀粉和支链淀粉支叉结构分子链发生断裂,分子量降低。

随着分级转速提高和作用时间延长,淀粉颗粒发生疲劳粉碎,淀粉颗粒之间主要发生摩擦、剪切等作用,使淀粉颗粒发生塑性变形同时进一步破坏了淀粉颗粒结构,淀粉颗粒直链淀粉和支链淀粉中支叉结构分子链不断降解,层状结构中螺旋状分子链排列有序化程度不断降低,但对螺旋结构影响不明显,仅导致晶格畸变,3 种淀粉仍保持原有结晶形态。虽然气流粉碎作用并未明显影响淀粉颗粒层状结构中结晶区双螺旋结构,但破坏了双螺旋结构排列一致性,使其相对结晶度不断降低。

随着粉碎持续进行,高速动能不断转化,颗粒内应力达到或超过淀粉颗粒自身疲劳强度极限时,淀粉颗粒内部发生裂纹直至撕裂,导致疲劳粉碎。说明淀粉颗粒高速动能不断转化为分子内能,由表面向内部渗透,致使颗粒不断获得能量而破坏,淀粉颗粒结构不断破坏,在一定程度上加剧了相对结晶度及重均分子量降低。淀粉颗粒中支链淀粉含量高的蜡质玉米淀粉和普通玉米淀粉结晶降低程度、分子链断裂程度以及分子量降低程度均高于高直链玉米淀粉,说明淀粉中支链淀粉在外部机械力作用下更易发生改变。

气流粉碎后,淀粉颗粒在机械力作用下粒度减小,颗粒破裂程度增大,晶体结构受到破坏而结晶度下降,即淀粉分子之间、淀粉与水分子之间通过氢键形成的链链结晶和链水结晶结构受到破坏,分子间作用力减弱,使淀粉糊流动阻力下降,从而导致淀粉黏度值降低,冷热糊稳定性较好。分级转速越大,颗粒被粉碎越细,晶体结构受到破坏越严重,导致黏度值越低;支链淀粉含量越高,机械力作用使分支晶体结构破坏越严重,淀粉糊黏度值下降程度越高。同时,淀粉糊化温度与淀粉颗粒内部分子链秩序成正相关,热熔值与淀粉颗粒中结晶结构成正相关,热熔值随着结晶度下降而降低,同时热熔值代表淀粉分子链中双螺旋结构数量多少。气流粉碎处理使淀粉颗粒结晶度降低,分子链降解,双螺旋有序化排列程度下降,导致粉碎后淀粉糊化温度下降和热熔值降低,同时延缓了淀粉的老化速率。

气流粉碎作用使淀粉颗粒比表面积增大,活性位点增多,水分子更容易浸润到淀粉颗粒内部无定形区中引起淀粉结晶结构破坏,同时机械作用破坏了晶格节点,解离了双螺旋结构,促进了水分子与淀粉分子链上羟基形成氢键,所以微细化淀粉溶解度和膨胀度均大于原玉米淀粉。气流粉碎作用使淀粉晶体结构受到破坏,分子链发生断裂,分子量变小,聚合度降低,并使直链淀粉含量增加,从而使淀粉冻融稳定性下降,使淀粉在水中能较好润胀、分散,增大淀粉糊透明度。

上述气流粉碎对3种不同链/支比例玉米淀粉多层级结构的影响,使淀粉颗粒粒形减小并变得无规则,比表面积增大,表面粗糙而有裂纹,基团结构无变化,直链淀粉和支链淀粉中支叉结构分子链降解,层状结构中螺旋分子链排列有序化程度降低,淀粉颗粒重均分子量和相对结晶度下降,淀粉颗粒整体刚性降低,进而使淀粉理化特性如糊化特性、热力学特性及淀粉老化发生改变,得到高浓低黏、冷热糊稳定性好、不易老化淀粉。同时,粉碎处理使颗粒表面产生更多活性位点,当气流粉碎改性淀粉与水接触后,淀粉颗粒更容易与水分子结合,水分子更易于渗透淀粉颗粒内部与淀粉分子发生作用,因此,粉碎处理后淀粉溶解度、膨胀度显著提高,冻融稳定性更好且不易凝沉,同样,不同直链与支链淀粉含量差异使改性淀粉理化性质存在不同。

(三) 小结

(1)获得了气流粉碎对玉米淀粉的粉碎机制。得到淀粉颗粒在流化床气流粉碎以脆性粉碎为主,疲劳粉碎为辅,粉碎方式表现为体积粉碎和表面粉碎。在高压、低分级转速粉碎条件下颗粒粉碎趋向于体积粉碎,粒度分布较窄,而低压、高分级转速粉碎条件下颗粒粉碎趋向于表面粉碎,粒度分布较宽。

(2)获得了气流粉碎作用对淀粉结构与性质的影响机制。气流粉碎作用后淀粉颗粒粒形减小且无规则,比表面积增大,表面粗糙而有裂纹,基团结构无变化,直链淀粉和支链淀粉中支叉结构分子链降解,层状结构中螺旋分子链排列有序化程度降低,淀粉颗粒重均分子量和相对结晶度下降,淀粉颗粒整体刚性降低,进而使淀粉理化特性如糊化特性、热力学特性及淀粉老化发生改变,得到高浓低黏、冷热糊稳定性好、不易老化淀粉。同时,粉碎处理使颗粒表面产生更多活性位点,当气流粉碎改性淀粉与水接触后,淀粉颗粒更容易与水分子结合,水分子更易渗透到淀粉颗粒内部与淀粉分子发生作用,因此粉碎处理后淀粉溶解度、膨胀度显著提高,冻融稳定性更好且不易凝沉,同样不同直链与支链淀粉含量差异使改性淀粉理化性质存在不同。

第四节　讨论

一、玉米淀粉的气流粉碎技术改性

(一)玉米淀粉的气流超微粉碎

天然淀粉因加工性能差、凝胶易凝沉、贮存性能差、成品质量差等原因,限制了其应用范围。通过物理、化学、生物等方法进行改性处理,可使淀粉结构、理化特性发生改变,使其具有新的功能和特性,拓宽应用领域。目前改性淀粉中以化学改性淀粉为主,虽然化学改性能够赋予淀粉优良性能,满足不同领域应用要求,但其仍存在一些不足之处,如制备过程中存在反应效率低、时间长、反应不均匀、后处理困难、化学残留等问题;同时以变性淀粉为原材料,在产品性能和指标方面存在稳定性差、耐热性差、易老化等问题。因此,近年来物理改性技术尤其是等离子体技术、超高压技术、超声技术、微波技术、超微粉碎技术等高新技术应用于改性淀粉引起了国内外广泛关注。其具有缩短工艺流程、加工环境友好、简化后处理工艺、提高产品安全性并赋予淀粉一些优良应用性质。

机械活化处理是制备超微粉体有效手段之一,常采用的机械方法有球磨研磨和气流粉碎。气流粉碎是在高速气流作用下,颗粒与颗粒间及颗粒与粉碎料仓之间产生碰撞、剪切、摩擦后达到微细化粉碎的目的。目前,机械活化淀粉研究多集中在球磨研磨处理,如球磨处理对玉米淀粉、马铃薯淀粉、大米淀粉、木薯淀粉、绿豆淀粉等结构及性质影响,淀粉经过球磨研磨处理后其结构和多孔性发生了变化,颗粒形貌、粒度和均匀度均发生改变,晶体结构和淀粉链长发生改变,导致诸如溶解度、膨胀度、分散性、热力学性质、糊化性质和黏度性质等发生改变。然而,利用气流粉碎技术对淀粉机械活化制备微细化粉体研究则相对较少。如吴俊等研究利用超音速冲击板式气流粉碎制备微细化玉米淀粉,分析了气流粉碎作用对玉米淀粉结构和性质影响,并进一步利用微细化淀粉制备降解材料;

Xia 等利用高速气流粉碎木薯淀粉制备纳米颗粒淀粉,并对纳米淀粉晶体结构、分子特性、糊化特性、流变特性进行分析;刘智勇等以玉米淀粉为原料,设计出了淀粉气流粉碎机组。

气流粉碎技术因其产品粒度细、粒度分布窄、颗粒活性大、纯度高、产品污染小等一系列优点,在材料、矿业、化工、医药、食品等领域中显示了巨大优势和应用前景。尽管在制备超微粉体方面气流粉碎技术具有众多优势,但将气流粉碎技术应用于淀粉超微粉碎并对其改性的报道较少,气流粉碎对淀粉多层级结构及性质影响研究处于初步探索阶段,未从基础理论层次考察分析气流粉碎技术对淀粉结构及性质影响,基于气流粉碎技术的研究与应用现状,可利用气流粉碎技术对淀粉进行改性处理。气流粉碎技术可直接对淀粉粉体进行处理,具有工艺简单、粉碎效率高、产品粒度细、产品纯度高、废弃物排放少等优点,特别是流化床式气流粉碎实现了粉碎颗粒在磨腔内的流态化,使粉碎更充分,粉碎效率更好,产品粒度更细,产量大,适于工业化生产,具有广阔应用前景。

(二)气流超微粉碎操作参数的选择

气流粉碎过程中需考虑粉碎参数和物料参数两个因素对产品粉碎效果的影响。粉碎参数主要包括粉碎压力、持料量、分级轮转数、喷嘴数量、喷嘴到粉碎中心距离、分级类型、喷嘴形式等;在实际应用过程中,当某一设备固定后,其喷嘴类型与数量、喷射距离、分级形式等参数即为固定因素,仅需考虑粉碎压力、持料量、分级轮转速等参数对粉碎效果的影响。物料参数主要有原料密度、硬度、粒度大小、含水量等,当一定颗粒大小的原料选定后,物料含水量会对粉碎效果产生重要影响。因此,为获得所需粒度和粒形的粉体产品,并提高粉碎效率和降低能耗,需要对粉碎参数进行选择优化。本研究利用中试型流化床气流粉碎设备,设有 3 个喷嘴,喷嘴间平面角度为 120°,粉碎气源为洁净空气,固定设备参数、粉碎区背压、分级形式等参数,重点考察分析空气压力、分级轮转速、持料量、粉碎物料湿度(含水量)等参数对玉米淀粉粉碎效果的影响。

气流粉碎空气压力是影响气流速度的重要因素,空气压力越大,喷射气流速度越高,物料颗粒碰撞速度越高,粉碎程度越大,产品粒度越小。根据卓震等研究发现,当空气压力大于 0.8 MPa 时,产品颗粒粒径下降不明显,而能耗急剧增大,说明气流粉碎过程不易采取过高压力,因此本研究选择空气压力在 0.6 MPa、0.7 MPa 和 0.8 MPa 条件下进行玉米淀粉粉碎处理。

持料量是影响粉碎效果重要参数之一,粉碎腔内气—固两相颗粒浓度高低影响颗粒之间碰撞概率及颗粒所携带平均动能。陈海焱等研究当气流粉碎腔内持料量过多或过少均影响颗粒粉碎效果,粉碎存在最适持料量。本研究根据设备构型及设计参数,选择持料量为 0.5 kg、1.0 kg、1.5 kg 条件下进行玉米淀粉粉碎处理。

气流粉碎通过分级轮分级成品粉。通过分级,可以使成品粉粒度更细,分布紧凑,减少颗粒过磨,能够提高粉碎效率。Benz 等发现流化床气流磨粉碎过程中分级转速对产品粒度影响较大。Godet-Morand 等发现气流粉碎过程中,为使产品粒度更细,优化得到分级轮转速存在最优值。本研究选择分级转速在 2400 r/min、3000 r/min、3600 r/min 和 4200 r/min 条件下进行玉米淀粉粉碎处理。

通常硬度较低物料,其粉碎更容易,能够获得更细产品。而淀粉含水量对淀粉颗粒质地产生影响,含水量较低时,淀粉硬度增大,含水量较高时,淀粉塑性增强,因此需进一步考察分析粉碎物料含水量差异对粉碎效果影响。本研究选择含水量分别为 11.24%、6.18% 和 1.5% 淀粉原料进行粉碎处理。

综合以上,本研究选择以普通玉米淀粉为原料,重点考察不同含水量(11.24%、6.18%、1.5%)淀粉原料在不同粉碎气体压力(0.6 MPa、0.7 MPa、0.8 MPa)、分级转速(2400 r/min、3000 r/min、3600 r/min、4200 r/min)及持料量(0.5 kg、1.0 kg、1.5 kg)等操作参数条件下粉碎效果,优化最佳粉碎条件。

二、气流超微粉碎对玉米淀粉颗粒特性影响

(一)对玉米淀粉颗粒粒度影响

物料粉碎效果常采用体积平均直径(D)、中位径 D_{50} 以及 D_{90} 和 D_{10} 表征粉碎颗粒粒度大小,粒度分布宽度表征粉碎颗粒分布均匀性,颗粒比表面积表征粉碎颗粒形态特征。为获得产品粒径小、粒度分布窄、粉碎颗粒形态均匀、生产过程能耗较少、生产效率较高微细化玉米淀粉,考察了不同气体压力、分级转速、持料量和原料含水量等不同参数对玉米淀粉颗粒在流化床气流磨中粉碎产品粒径大小、粒度分布、颗粒比表面积、粉体密度及流动性影响。研究发现,气流粉碎时,粉碎压力越高,获得颗粒粒径越小;分级转速越高产品粒度越细,当达到一定转数后颗粒粒度下降缓慢且粉碎产品得率显著降低;粉碎过程存在最适持料量,过多或过少均影响产品粉碎效果;原料含水量亦存在最佳值,影响粉体粉碎粒径大小。研究得到了最佳粉碎条件,且微细化玉米淀粉体积平均直径和中位径分

别为 5.53 μm 和 5.22 μm,明显小于原淀粉 13.48 μm 和 13.87 μm,且 10% 粒径小于 1.51 μm,90% 粒径小于 9.81 μm。本研究结果与吴等利用冲击板式气流粉碎机对玉米淀粉进行粉碎处理结果基本一致,其考察了气体压力(0.4~0.6 MPa)和分级转速(2000~2800 r/min)条件对淀粉颗粒粒度大小及分布影响,得到粒径(Dv,0.5)范围为 3.17 μm~7.12 μm 微细化淀粉,且淀粉粒度分布较为集中。刘等利用扁平式气流粉碎机对淀粉进行微细化处理,选择 200~400 目玉米淀粉原料,考察了加料量(112~200 kg/h)和空气压力(0.4~0.8 MPa)操作参数对粉碎效果影响,得到最佳加料量为 151 kg/h,空气压力 0.8 MPa 条件下产品粒径达到设计要求,其 D_{50} 为 7.7 μm,90% 粒径小于 12.4 μm,10% 粒径小于 4 μm,其获得玉米淀粉粒径大小及分布范围均大于本研究结果。刘等利用球磨研磨制备非晶化玉米淀粉,得到淀粉颗粒粒径在 5~80 μm 之间,颗粒中位径为 18.87 μm,淀粉颗粒比表面积和孔径增大。Huang 等利用球磨对玉米淀粉进行研磨处理,在机械活化 1 h 内,得到众多细小颗粒团聚而成聚集体,颗粒粒径先减小后增大,中位径达 24.67 μm,粒径变化与处理时间不成比例关系。可以看出,在制备淀粉超微粉体方面,流化床气流粉碎技术对淀粉进行处理能够获得粒度更小微细化粉体,优于冲击板式和扁平式气流粉碎机。粉体粒度明显小于球磨研磨处理产品,其原因是球磨研磨处理一定时间后,粉碎细小颗粒产生团聚,出现了颗粒粒径先减小后增大现象。而气流粉碎由于是在低温高速气流作用下粉碎,对粉体具有一定分散作用,且粉碎过程中达到粒度要求的颗粒通过分级机被分离,减小了颗粒在粉碎过程中出现过磨现象。

同时,在高速气流作用下淀粉颗粒粒形变的不规则,在颗粒粒径减小同时极大增加了颗粒比表面积,压力增大。

(二)对玉米淀粉颗粒形貌及表面结构影响

根据 Hinting 等人提出气流粉碎破坏模型机理,在气流粉碎过程中主要存在体积粉碎和表面粉碎两种模型,实际粉体粉碎包含上述两种方式。气流粉碎属于冲击碰撞粉碎,冲击力越大,造成颗粒破坏程度越大,既完整度降低,即使较小冲击力也能够对颗粒内部损伤程度增大。

在低转速条件下,淀粉颗粒粉碎方式大部分以体积破碎为主,在冲击碰撞作用下粉碎生成粒度相对较大中间颗粒,粉碎颗粒棱角较多,表面出现裂纹,存在部分完整粒形和细小颗粒;随着分级转速增加,淀粉颗粒粒形减小,颗粒表面棱角减少且小颗粒淀粉数量增多,当分级转速增大到 3600 r/min 时,淀粉颗粒粒形较小且相对规则,颗粒棱角减少,此时淀粉颗粒粉碎方式主要以表面粉碎为主,在摩擦剪切作用下粉碎生成相对规则较小粒形颗粒,同时产生部分微小颗粒;当分级转速增大到 4200 r/min 时,颗粒整体粒形与 3600 r/min 条件时相似,但颗粒更为规则完整,且微小颗粒数量增多。在低压条件下,淀粉颗粒发生部分粉碎,一部分颗粒仍保持光滑表面,一部分颗粒破碎后表面变粗糙,随着粉碎压力增大,淀粉颗粒在高速冲击力作用下,颗粒粒形明显减小,颗粒变无规则且表面粗糙并含有棱角和裂纹,其原因是粉碎压力越大,颗粒冲击速度越大,使得颗粒获得动能越大,越易造成颗粒破坏。在高压力下淀粉颗粒以体积粉碎方式为主,产品中带棱角颗粒较多;而在压力相对较低情况下,颗粒以表面粉碎方式为主,颗粒间主要产生摩擦粉碎作用,产品中淀粉颗粒粒形较为完整,且相对均匀。同时,高含水量淀粉材料具有较高韧性,在气流冲击外力作用下具有较好抵抗能力,颗粒发生塑性变形而未断裂;而低含水量淀粉具有较高脆性,在外力作用下易发生脆性变性,使淀粉颗粒发生破碎,从而使淀粉颗粒粒径减小。上述现象与王等研究结果一致,其研究结果表明气流粉碎过程存在体积粉碎和表面粉碎过程,随着粉碎次数增多,粉末粒度和组成发生改变,以表面粉碎为主,粉碎效率降低。沈等对多种物料进行气流粉碎,并利用 SEM 观察颗粒形貌,物流粉碎后仍保持原级颗粒形状。刘等研究认为不同矿物经过气流粉碎后其粒度和颗粒形貌发生改变,且颗粒形貌与物料性质相关。陈等发现晶体结构对粉碎后颗粒形貌具有重要影响。

(三)对玉米淀粉结晶结构的影响

天然淀粉结构存在结晶区和无定形区,这两种区域在偏振光下产生异性双折射现象,形成"偏光十字",淀粉结晶区域受到破坏,偏光十字会消失或减弱。刘等研究球磨研磨一定时间后玉米淀粉颗粒几乎看不到偏光十字现象,淀粉颗粒双折射现象完全消失;吴等利用冲击板式气流粉碎玉米淀粉,发现随着微细化程度增加,偏光十字减少,淀粉结晶结构降低,无序化程度提高。本研究发现普通玉米淀粉、蜡质玉米淀粉和高直链玉米淀粉随着粉碎分级频率增加,淀粉偏光十字也逐渐减少,结果与吴俊等研究结果一致,但高直链玉米淀粉偏光十字减弱趋势明显低于普通玉米淀粉和蜡质玉米淀粉,其原因可能是高直链淀粉含量使其抵抗机械外力作用增强,其趋势与 3 种淀粉粉碎粒径变化趋势一致。

普通玉米淀粉、蜡质玉米淀粉晶体类型为典型 A 型晶体结构,而高直链玉米淀粉呈现典型 B 型晶体结构。3 种不同淀粉经过气流粉碎处理前后,仍保持其原有晶体类型,且无新特征峰出现,说明气流粉碎处理没有改变淀粉原有晶体类型;但粉碎后其结晶度均显著降低,说明气流粉碎破坏淀粉晶体结构,淀粉由多晶态向无定形态转变。其主要原因是淀粉颗粒为层状多晶结构,在气流粉碎过程中受到强烈机械外力,使得淀粉颗粒层状结构层间质点结合力相对较弱且容易受破坏,粉碎首先沿层面平行劈裂开,产生晶格缺陷,结晶度降低,形成无定形层;随着粉碎继续进行,颗粒不断被劈开和减小,结晶结构不断失去,无定形层逐渐加厚,最后颗粒结晶结构被破坏,淀粉由多晶态转变为无定形态,最终发生结晶结构改变。原料水分含量差异对微细化粉体结晶度产生一定影响,其原因是淀粉晶体结构中存在链链结晶和链水结晶,不同含水量使得链水结晶结构存在差别,因此其衍射效果及结晶度发生变化不同。该结果与吴等利用冲击板式气流粉碎玉米淀粉对晶体影响效果一致,使得玉米淀粉结晶度由原淀粉 38.37% 降低至 25.33%。刘和 He 等利用球磨研磨处理玉米淀粉晶体结构受到破坏,淀粉颗粒从多晶态转变成无定形态,衍射峰由尖峰特征变成弥散峰特征,结晶度显著下降。Loubes 和 Zhang 等利用行星式球磨处理大米淀粉,没有改变大米淀粉 A型晶体结构,但结晶度降低。说明气流粉碎处理与球磨研磨处理一样对淀粉晶型结构没有产生改变。

三、气流超微粉碎对玉米淀粉分子特性影响

(一) 对玉米淀粉分子链上基团影响

FTIR 技术是获得淀粉分子基团信息,分析淀粉短程有序结构,被用来表征物质分子结构的重要手段。蜡质玉米淀粉、普通玉米淀粉和高直链玉米淀粉 3 种原淀粉具有相似光谱特征峰,特征峰峰位一致,本研究中气流粉碎处理后,3 种淀粉各主要峰峰位基本没有发生变化,淀粉特征吸收峰没有新峰出现,说明了气流粉碎作用没有使淀粉产生新基团,但微细化淀粉红外光谱中出现一些特征峰强度和峰宽变化情况。利用气流粉碎技术对玉米淀粉短程有序结构研究鲜见报道。Huang、Liu 和 He 等考察了球磨研磨技术对玉米淀粉分子基团影响,发现球磨处理后淀粉无新基团产生,但部分特征峰强度降低,说明机械处理(球磨研磨、气流粉碎)作为超微粉碎物理技术手段,其在作用过程中没有使物料产生新基团,其峰强度和峰宽变化是由淀粉颗粒由有序结构向无序化结构转变引起。Pu 等考察等离子技术对玉米淀粉在不同功率下分子基团变化,发现处理前后各主要峰峰位基本无变化,但在 1720 cm^{-1} 处出现羰基或羧基峰;Han 等利用不同电

场对玉米淀粉进行处理,发现处理后玉米淀粉峰型基本无变化。

(二)对玉米淀粉双螺旋结构影响

核磁共振技术可以分析淀粉颗粒短程有序结构,并计算结晶区域无定形区比例,获得淀粉双螺旋相对含量。蜡质玉米淀粉和普通玉米淀粉为典型 A 型结晶结构,这种特征结构在 NMR 谱图中表现为三重特征峰,而高直链玉米淀粉为典型 B 型结晶结构,在 C1 区域具有 B 型结晶结构特征双重峰。气流粉碎处理后,三种微细化淀粉 NMR 谱图与原淀粉相似,均在 C1 区域呈现各自特有晶型结构的谱峰,表明气流粉碎微细化后淀粉结晶形态没有改变。前述 XRD 研究发现,气流粉碎作用不会改变玉米淀粉结晶形态,但降低了淀粉相对结晶度。对双螺旋含量变化研究,气流粉碎作用虽然也使玉米淀粉双螺旋含量降低,但降低幅度较小,低于结晶度降低水平。基于 XRD 主要表征淀粉长程结构信息,而固体 NMR 主要表征淀粉短程有序结构信息,说明气流粉碎处理对淀粉长程结晶结构和短程螺旋结构具有不同程度影响。本研究结果与 Pu 等利用等离子作用于玉米淀粉并使其双螺旋结构发生变化的现象一致。刘天一等利用球磨研磨处理玉米淀粉,发现淀粉中有序的双螺旋结构已解旋为非晶化玉米淀粉中单螺旋结构。

(三)对玉米淀粉分子量大小及分布影响

凝胶渗透色谱结合多角度激光散射技术对气流粉碎前后玉米淀粉分子量大小和分布进行测定。气流粉碎作用导致不同链/支比玉米淀粉分子链发生断裂,分子发生降解,分子量变小及分布变宽。原淀粉中的重均分子量蜡质玉米淀粉大于普通玉米淀粉和高直链玉米淀粉,其原因是淀粉中支链淀粉含量依次下降,而支链淀粉比直链淀粉分子质量大得多。经过气流粉碎处理后,蜡质玉米淀粉重均分子量仍最大,依次为普通和高直链玉米淀粉。但原淀粉中普通玉米淀粉分散性指数最大,依次是高直链玉米淀粉和蜡质玉米淀粉,气流粉碎处理后,蜡质玉米淀粉分散性指数较大,此时淀粉分子量分布最宽。

气流粉碎对玉米淀粉作用经过碰撞、摩擦、剪切等方式使淀粉颗粒粒径减小,破坏淀粉结构,使得淀粉分子量减小,气流粉碎对玉米淀粉分子量降解是一个复杂多因素影响过程,在各种作用力集中作用下,使得淀粉分子链发生断裂,对直链淀粉和支链淀粉进行降解。气流粉碎后玉米淀粉分子量的减小和分布变宽,使得粉体中低分子量淀粉增多,导致如溶解度、透明度等理化性质的改变。本研究结果与吴等利用冲击板式气流粉碎玉米淀粉结果一致,粉碎处理后玉米淀粉分子量下降,微细化处理后淀粉分子链柔顺性增加。蒲等利用等离子体对玉米淀粉作用后其分子量变小及分布变宽,淀粉分子重均分子量分布在 $105\ g\cdot mol^{-1}$ 以下。

四、气流超微粉碎对玉米淀粉糊化和老化特性影响

(一) 对玉米淀粉糊化特性影响

淀粉应用主要在含有水溶液体系中进行,因此糊化是淀粉加工过程中重要物理特性,在食品和淀粉基产品加工中,糊化特性研究具有重要意义。淀粉糊化与结晶结构、双螺旋结构等分子间有序排列密切相关,其本质是水分子作用使得淀粉分子间氢键断裂,破坏分子间缔合状态,使之分散在水中并呈胶体溶液。淀粉来源、直链与支链含量差异、淀粉颗粒尺寸、加热温度等对淀粉糊化特性具有较大影响。快速黏度分析是指一定浓度淀粉溶液在糊化过程中其黏滞性发生变化的分析。通过研究比较原淀粉与微细化淀粉糊化参数可知,蜡质玉米原淀粉糊化特征黏度值和糊化温度最高,其次是普通玉米淀粉和高直链玉米淀粉。3 种淀粉衰减黏度变化中高直链玉米淀粉和普通玉米淀粉相对较高;回生黏度是蜡质玉米淀粉最高。随着气流粉碎进行,3 种淀粉各特征黏度值随着分级转速增加而减小。3 种淀粉中蜡质玉米淀粉各参数值变化趋势较大,其原因是蜡质玉米淀粉中因几乎全部为支链淀粉,结晶度较高,机械力作用使得支链淀粉分支受到严重破坏,结晶度降低,因此粉碎后淀粉糊化黏度值下降程度高于普通玉米淀粉和高直链玉米淀粉。

气流粉碎处理后,完整淀粉颗粒在机械力作用下粒度明显减小,颗粒破裂程度增大,晶体结构受到破坏,结晶度下降,形成淀粉糊流动阻力下降,因此微细化后淀粉黏度值降低,冷糊及热糊稳定性较好。分级转速越大,颗粒被粉碎越细,晶体结构受到破坏越严重,导致黏度值越低。玉米淀粉的多晶体系是由链链结晶和链水结晶结构组成,原料的含水量不同使其结晶结构存在差异,气流粉碎破坏淀粉颗粒中的链水结晶结构,从而影响其糊化性能。以上研究表明,气流粉碎能够改变玉米淀粉糊化性能,得到低黏度、冷热糊稳定性好的微细化玉米淀粉。

(二) 对玉米淀粉老化特性影响

淀粉热力学特性是指通过研究加热过程中淀粉颗粒热相变的变化获得淀粉的物理性质与温度的关系。热熔值变化反映淀粉糊化过程中双螺旋结构所需能

量大小。天然淀粉糊化温度较高，具有较大吸收熵，淀粉经过气流粉碎处理后，其糊化温度及热熵值均随着分级转速递增而逐渐下降，说明气流粉碎处理使淀粉部分晶体结构发生改变。同时，高水分含量淀粉具有较低糊化温度和热熵值，水分含量下降，淀粉糊化温度和热熵值逐渐升高。

玉米淀粉结构中分子之间排列紧密，结晶度相对较高，淀粉颗粒熔融需要较高的温度，因此需要较高的温度才能使淀粉糊化。淀粉经过气流粉碎处理后，颗粒内部分子链发生断裂，双螺旋有序程度下降，在加热条件下更易于糊化，使得淀粉的糊化温度下降。淀粉的热熵值变化在一定程度上能够反应淀粉晶体结构的变化，即热熵值随着结晶度的减小而降低，同时热熵值代表淀粉分子链中双螺旋结构数量多少。气流粉碎后淀粉热熵值降低，表明淀粉的结晶度降低，同时淀粉分子链上双螺旋结构数量减少，气流粉碎作用改变淀粉颗粒结构同时使得其热力学性质发生改变。

淀粉老化回生是指淀粉稀溶液或淀粉糊在低温下静置一定时间，浑浊度增加，溶解度减小，伴有沉淀析出，其本质是糊化淀粉分子在低温下分子运动减慢，直链淀粉分子与支链淀粉分子的分支趋于平行排列并靠拢，以氢键结合重新形成混合微晶束。淀粉老化后分子中氢键数量多，分子间缔合牢固，水溶性下降，易形成凝胶体。淀粉老化现象是影响淀粉类产品品质的重要因素，易使产品硬化、凝胶收缩或不易消化吸收。

气流粉碎处理后淀粉老化熵值降低，贮存时间越长老化越严重，同时 Avrami 成核指数增大，重结晶速率常数减小，说明粉碎处理改变淀粉重结晶成核方式，延缓淀粉在低温贮藏环境下老化速率，能够延缓淀粉回生。气流粉碎处理前后蜡质玉米老化熵值变化小于普通玉米淀粉和高直链玉米淀粉，蜡质玉米淀粉重结晶速率常数低于普通和高直链玉米淀粉，说明支链含量高的蜡质玉米淀粉不易回生，其原因是淀粉分子组成对淀粉的回生产生重要影响，直链淀粉的链结构在溶液中空间障碍小，易取向，容易回生，而支链淀粉呈分支结构，在溶液中空间阻碍大，不易于取向，难于回生。此结果与球磨研磨制备非晶化玉米淀粉和冲击板式气流粉碎制备微细化玉米淀粉 DSC 测定结果一致，处理后淀粉糊化温度下降，热熵值降低。

（三）气流超微粉碎对玉米淀粉糊特性影响

玉米淀粉糊理化性质主要取决于淀粉颗粒特性和分子特性，如颗粒大小和分布、链/支比例、淀粉分子结构和分子量大小等。气流粉碎作用对淀粉颗粒大小和结构产生影响将导致其理化性质改变。

淀粉的溶解度和膨胀度在一定程度上反映淀粉分子与水分子之间相互作用力。不同直链与支链比例玉米淀粉经不同气流粉碎条件处理后在不同温度下溶解度和膨胀度存在差异。经过气流粉碎处理后淀粉的溶解度和膨胀度均较原淀粉有所增加,此结果与 Liu 等研究一致。其原因是天然淀粉分子间是由水分子进行氢键结合的,氢键数量多且结合牢固,同时淀粉颗粒晶体结构致密,具有一定结构强度,使得水分子很难与淀粉分子结合而促进淀粉的溶解;当淀粉颗粒经过气流粉碎机械力作用后,粒度减小,比表面积增大,淀粉颗粒晶体结构受到破坏,分子链发生断裂,使淀粉分子链上羟基易于和水分子形成氢键,同时水分子更易于进入淀粉颗粒内部无定形区引起结构破坏,从而促进淀粉的溶解和润胀。同时随着溶液温度的升高,3 种淀粉的膨胀度上升,溶解度逐渐增加,在较低温度 20℃条件下,3 种微细化玉米淀粉的溶解度和膨胀度明显大于其原淀粉,说明粉碎处理促进了淀粉的冷水溶解性,但普通玉米淀粉和蜡质玉米淀粉的冷水溶解性明显大于高直链玉米淀粉,说明淀粉颗粒结构的差异决定了不同淀粉随温度上升溶解度和膨胀度变化速率不同,支链淀粉含量多的玉米淀粉在机械作用下易于受到破坏,溶解度变化较大。

气流粉碎作用使淀粉冻融稳定性下降,其原因是气流粉碎作用破坏了淀粉晶体结构,分子链发生断裂,使淀粉分子间氢键作用减弱,随着分级转速的进一步增大,颗粒破坏程度加重,淀粉分子发生重排组成新的混合微晶束,使淀粉颗粒中水分较易析出,此结果与黄祖强等利用球磨机械活化玉米淀粉研究结果一致。三种淀粉中蜡质玉米淀粉析水率增加幅度较小,其次是普通玉米淀粉和高直链玉米淀粉,主要原因是蜡质玉米淀粉直链淀粉含量低于普通玉米淀粉和高直链玉米淀粉。

糊化温度和贮存时间对淀粉糊透明度具有重要影响。气流粉碎处理后三种玉米淀粉糊的透明度随着温度的升高而增大,同时贮藏时间延长,淀粉糊透明度降低,但粉碎处理提高了淀粉糊的透明度。淀粉糊透明度的变化,说明气流粉碎机械作用破坏淀粉晶体结构,使淀粉分子量减小,小分子数量增多且易溶于水,不易发生分子重排和缔合,使光散射和折射降低,导致糊透明度增大。同时,随着糊化温度提高,淀粉颗粒膨胀溶解加强,淀粉糊透明度提高。此研究与黄祖强和张正茂等人利用球磨研磨制备微细化玉米淀粉和大米淀粉研究结果一致。

淀粉凝沉是糊化后淀粉溶液在室温下产生的一种自然沉降现象,其能够反映淀粉糊化后由无序状态到有序重新排列并凝结沉降的过程。气流粉碎前后,三种玉米淀粉凝沉性随贮存时间延长而增加,蜡质玉米淀粉气流粉碎处理前后凝沉速率较低,其次是普通玉米淀粉,高直链玉米淀粉随着时间延长更易于凝沉。其原因是粉碎处理破坏淀粉颗粒结构,使更多氢键暴露,有利于淀粉分子与水分结合,表现出较低的凝沉特性。

第五节　结论

本文在探讨了流化床气流粉碎技术对淀粉改性可行性基础上,对不同链/支比玉米淀粉进行粉碎改性制备玉米淀粉超微粉体,明晰了粉碎操作参数与淀粉改性之间的响应关系;综合多种现代分析手段,探明了气流粉碎对玉米淀粉多层级结构影响效果和作用规律,解析了气流粉碎对玉米淀粉结构及其理化性质之间构效关系,以及淀粉自身结构与粉碎作用效果的关联度,揭示了气流作用对淀粉粉碎及其结构与性质影响的作用机制,得出以下结论:

(1)首先以普通玉米淀粉为原料,考察原料含水量、粉碎压力、分级转速及持料量等粉碎条件对淀粉颗粒大小及分布影响,优化最适条件;并在最优条件基础上,考察气流粉碎对蜡质玉米淀粉和高直链玉米淀粉粉碎影响;并分析微细化淀粉密度及流动性,得出以下结论:

① 制备得到玉米淀粉微细化粉体:普通玉米淀粉中位径为 $5.22~\mu m$、蜡质玉米淀粉中位径为 $6.05~\mu m$、高直链玉米淀粉中位径为 $5.43~\mu m$。

② 微细化淀粉粒度分布较窄且均匀,增大了比表面积,颗粒球形度较好。

③ 降低了淀粉粉体松装密度和振实密度,使粉体流动性变差。

(2)利用扫描电镜、偏光显微镜、X 射线衍射仪、光学显微镜等手段探究了气流粉碎前后三种淀粉颗粒形貌及表面结构、双折射现象、晶体结构及颗粒在水介质中形貌变化等情况,得出以下结论:

① 气流粉碎改变了玉米淀粉颗粒原有致密完整外形,粒度明显减小,形态变的无规则,颗粒表面失去原有光滑外貌,表面粗糙,并有裂纹出现。

② 气流粉碎对淀粉颗粒长程结晶结构产生影响,没有改变淀粉原有晶型结构,但使淀粉相对结晶度下降,淀粉结构由多晶态向无定形态转变。

(3)通过采用 FTIR、13C CP/MAS NMRH 和 GPC-RI-MALS 等分析技术并结合数据处理方法,探讨了气流粉碎对不同链/支含量玉米淀粉分子基团、分子链双螺旋结构、分子量大小及分布影响,以及气流粉碎对三种淀粉结构影响的差异:

① 气流粉碎没有使淀粉产生新的基团,但使淀粉分子链螺旋聚集状态发生改变。

② 气流粉碎对淀粉短程双螺旋结构产生影响,虽然没有改变淀粉分子链在核磁共振谱图中的化学位移,但使淀粉双螺旋含量产生小幅降低。

③ 气流粉碎使玉米淀粉双螺旋含量降低的幅度低于其结晶度降低水平,说明粉碎处理对淀粉长程结晶结构和短程结晶结构具有不同程度影响。

④ 气流粉碎使淀粉分子链断裂,分子发生降解,分子量变小及分布变宽。

(4)利用 RVA 和 DSC 检测分析气流粉碎作用对不同链/支比玉米淀粉糊化特性、热力学特性和老化特性影响,得到如下结果:

① 气流粉碎使玉米淀粉糊化特性表现为黏度值显著降低,淀粉糊为低黏度淀粉糊,适用于高浓低黏体系中,具有较好热糊和冷糊稳定性;热力学特性表现为糊化温度和热熔值显著降低。

② 气流粉碎改变了淀粉重结晶成核方式,降低低温贮藏环境玉米淀粉老化速率,延缓淀粉回生。

(5)通过对不同气流粉碎条件下玉米淀粉溶解度、膨胀度、冻融稳定性、凝沉稳定性和透光性研究,得到如下结论:

① 气流粉碎提高了淀粉溶解度和膨胀度,尤其提高其冷水溶解性,使淀粉冻融稳定性下降,提高了淀粉糊透明度,降低了淀粉糊凝沉速率。

② 气流粉碎使玉米淀粉颗粒大小、形貌、结构等发生改变,导致其溶解度、透明度、凝沉性、冻融稳定性等理化性质发生变化,说明粉碎处理能够改善玉米淀粉理化特性,为玉米淀粉品质特性优化提供理论参考。

(6)通过对气流作用对玉米淀粉粉碎及其结构与性质影响机制研究,得到如下结论:

① 依据粉体粉碎模型及理论,掌握气流作用对玉米淀粉粉碎规律,构建了气流作用对玉米淀粉的粉碎机制。

② 依据淀粉颗粒多层级结构理论,以及气流粉碎对玉米淀粉颗粒结构、晶体结构、链结构影响规律和玉米淀粉理化性质的变化,揭示了气流作用对淀粉粉碎及其结构与性质影响机制。

③ 针对气流超微粉碎作用,系统研究了直链与支链比例差异化的玉米淀粉结构及其性质,明晰了淀粉自身结构与气流粉碎作用效果的关联度。

参考文献

[1] 张力田. 碳水化合物化学[M]. 北京:中国工业出版社,1988:346-352.

[2] 张力田. 改性淀粉[M]. 北京:中国轻工业出版社,1992:32-39.

[3] JUANSANG J, PUTTANLEK C, RUNGSARDTHONG V, et al. Effect of gelatinisation on slowly digestible starch and resistant starch of heat-moisture treated and chemically modified canna starches[J]. Food Chemistry,2012,131 (2):500-507.

[4] PU H Y, CHEN L, LI X X, et al. An oral colon-targeting controlled release system based on resistant starchacetate: synthetization, characterization, and preparation of film-coating pellets[J]. Journal of Agricultural and Food Chemistry,2011,59(10):5738-5745.

[5] CHEN L,PU H Y,LI X,et al. A novel oral colon-targeting drug delivery system based on resistant starch acetate[J]. Journal of Controlled Release,2011,152 (S1):51-52.

[6] BASTOS D C,SANTOS A E F,SILVA M L J,et al. Hydrophobic corn starch thermoplastic films produced by plasma treatment[J]. Ultramicroscopy,2009, 109(8):1089-1093.

[7] 蒲华寅. 等离子体作用对淀粉结构及性质影响的研究[D]. 广州:华南理工大学,2013.

[8] ZOBEL H F. Molecules to granules:a comprehensive starch review[J]. Starch-Stärke,1988,40(2):44-50.

[9] PEREZ S,BERTOFT E. The molecular structures of starch components and their contribution to the architecture of starch granules:A comprehensive review[J]. Starch-Stärke,2010,62(8):389-420.

[10] LE CORRE D B,BRAS J,DUFRESNE A. Starch Nanoparticles:A Review[J]. Biomacromolecules,2010,11(5):1139-1153.

[11] JANE J L. Current understanding on starch granule structures[J]. Journal of Applied Glycoscience,2006,53(3):205-213.

[12] GIDLEY M J,COOKE D,DARKE A H,et al. Molecular order and structure in enzyme-resistant retrograded starch[J]. Carbohydrate Polymers,1995,28(1):

23-31.

[13] ZHANG B, CHEN L, ZHAO Y, et al. Structure and enzymatic resistivity of debranched high temperature-pressure treated high-amylose corn starch[J]. Journal of Cereal Science, 2013, 57(3):348-355.

[14] LIU T Y, MA Y, YU, S F, et al. The effect of ball milling treatment on structure and porosity of maize starch granule[J]. Innovative Food Science and Emerging Technologies, 2011, 12:586-593.

[15] HUANG Z Q, LU J P, LI X H, et al. Effect of mechanical activation on physicochemical properties and structure of cassava starch[J]. Carbohydrate Polymers, 2007, 68:128-135.

[16] HE S H, QIN Y B, WALID E, et al. Effect of ball-milling on the physicochemical properties of maize starch[J]. Biotechnology Reports, 2014, 3: 54-59.

[17] LOUBES M A, TOLABA M P. Thermo-mechanical rice flour modification by planetary ball milling[J]. LWT- Food Science Technology, 2014, 57:320-328.

[18] YANG J N, XIE F J, WEN W Q, et al. Understanding the structural features of high-amylose maize starch through hydrothermal treatment[J]. International Journal of Biological Macromolecules, 2014, 68:268-274.

[19] AMBIGAIPALAN P, HOOVER R, DONNER E, et al. Starch chain interactions within the amorphous and crystalline domains of pulse starches during heat-moisture treatment at different temperatures and their impact on physicochemical properties[J]. Food Chemistry, 2014, 143:175-184.

[20] YANG Z, SWEDLUND P, HEMARA Y, et al. Effect of high hydrostatic pressure on the supramolecular structure of corn starch with different amylose contents [J]. International Journal of Biological Macromolecules, 2016, 85:604-614.

[21] REDDY C K, SURIYA M, VIDYA P V, et al. Effect of γ-irradiation on structure and physicochemical properties of amorphophallus paeoniifolius starch [J]. International Journal of Biological Macromolecules, 2015, 79:309-315.

[22] HAN Z, ZENG X A, ZHANG B S, et al. Effects of pulsed electric fields (PEF) treatment on the properties of corn starch[J]. Innovative Food Science & Emerging Technologies, 2009, 93(3):318-323.

[23] 殷鹏飞. 气流粉碎/静电分散复合制备超微粉体的研究[D]. 西安:西北工

业大学,2015.

[24] SEEKKUARACHCHI I N,TANAKA K,KUMAZAWA H. Dispersion mechanism of nano-particulate aggregates using a high pressure wet-type jet milling[J]. Chemical Engineering Science,2008,63:2341-2336.

[25] 马飞飞,王雅萍. 超细气流粉碎技术的研究新进展[J]. 湖南冶金,2006,34(10):42-46.

[26] 李珣,陈文梅,褚良银,等. 超细气流粉碎基础理论的研究现状及发展[J]. 化工机械,2004,31(6):378-383.

[27] HALL D M,SAYRE J G. A scanning electron-microscope study of starches. Part 1. Root and tuber starches[J]. Textile Research Journal,1969,39:1044-1052.

[28] HALL D M,SAYRE J G. A scanning electron-microscope study of starches. Part 2. Cereal starches [J]. Textile Research Journal,1970,40:256-266.

[29] BULEON A,COLONNA P,PLANCHOT V,et al. Starch granules:structure and biosynthesis[J]. International Journal of Biological Macromolecules,1998,23(2):85-112.

[30] BALDWIN P M, ADLER J, DAVIES M C, et al. Starch damage part 1: Characterisation of granule damage in ball-milled potato starch Study by SEM [J]. Starch-Stärke,1995,47(7):247-251.

[31] BALDWIN P M, DAVIES M C, MELIA C D. Starch granule surface imaging using low-voltage scanning electron microscopy and atomic force microscopy [J]. International Journal of Biological Macromolecules, 1997, 21 (1-2): 103-107.

[32] BALDWIN P M, ADLER J, DAVIES M C, et al. High resolution imaging of starch granule surfaces by atomic force microscopy [J]. Journal of Cereal Science,1998,27(3):255-265.

[33] JUSZCZAK L,FORTUNA T,KROK F. Non-contact atomic force microscopy of starch granules surface. part I. potato and tapioca starches[J]. Starch-stärke, 2003,55(1):1-7.

[34] SEVENOU O,HILL S E,FARHAT LA,et al. Organisation of the eternal region of the starch granule as determined by infrared spectroscopy[J]. International Journal of Biological Macromolecules,2002,31(1-3):79-85.

［35］CHEN P, YU L, SIMON G, et al. Morphologies and microstructures of corn starches with different amylose – amylopectin ratios studied by confocal laser scanning microscope［J］. Journal of Cereal Science,2009,50(2):241-247.

［36］IIUBER K C,BEMILLER J N. Channels of maize and sorghum starch granules ［J］. Carbohydrate Polymers,2000,41(3):269-276.

［37］FANNON J E,HUBER R J,BEMILLER J N. Surface pores of starch granules ［J］. Cereal Chemistry,1992,69:284-288.

［38］HUBER K C,BEMILLER J N. Visualization of channels and cavities of corn and sorghum starch granules［J］. Cereal Chemistry,1997,74(5):537-541.

［39］BULEON A,VERONESE G,PUTAUX J L. Self-association and crystallization of amylose［J］. Australian Journal of Chemistry,2007,60:706-718.

［40］陈佩. 不同链/支比玉米淀粉的形态及其在有/无剪切力下糊化的研究 ［D］. 广州:华南理工大学,2010.

［41］GALLANT D J,BOUCHET B,BALDWIN P M. Microscopy of starch:Evidence of a new level of granule organization［J］. Carbohydrate Polymers,1997,32(3-4):177-191.

［42］BADENHUIZEN N P. The structure of starch grains［J］. Protoplasma,1937,28:293-326.

［43］GALLANT D J, BOUCHET B, BULEON A, et al. Physical characteristics of starch granules and susceptibility to enzymatic degradation［J］. European Journal of Clinical Nutrition,1992,46(2):3-16.

［44］BAKER A A,MILES M J,HELBERT W. Internal structure of the starch granule revealed by AFM［J］. Carbohydrate Research,2001,330(2):249-256.

［45］李斌. 淀粉粒超微结构模型新发展-从簇结构到止水塞［J］. 现代化工,2006:64-66.

［46］JAMES M G, DENYER K, MYERS A M. Starch synthesis in the cereal endosperm［J］. Current Opinion in Plant Biology,2003,6(3):215-222.

［47］BULEON A,COLONNA P,PLANCHOT V,et al. Starch granules:structure and biosynthesis［J］. International Journal of Biological Macromolecules,1998,23(2):85-112.

［48］HUBER K C,BEMILLER J N. Channels of maize and sorghum starch granules ［J］. Carbohydrate Polymers,2000,41(3):269-276.

［49］ IMBERTY A,CHANZY H,PEREZ S. Recent advances in knowledge of starch structure［J］. Starch-Stäke,1991,43:375-384.

［50］ OATES C G. Towards an understanding of starch granule structure and hydrolysis［J］. Trends in Food Science & Technology,1997,8(11):375-382.

［51］ GIDLEY M J,BOCIEK S M. Molecular organization in starches:A ^{13}C CP/MAS NMR study［J］. Journal of American Chemistry Society, 1985, 107: 7040 -7044.

［52］ 刘延奇,于九皋. 微晶淀粉［J］. 高分子通报,2002,6:24-32.

［53］ IMBERTY A, BULEON A, TRAN V, et al. Recent advances in knowledge of starch structure［J］. Starch-Stärke,1991,43(10):375-384.

［54］ IMBERTY A, CHANZY H, PEREZ S. The double-helical nature of the crystalline part of A-starch［J］. Journal of Molecular Biology,1988,201(2): 365-378.

［55］ IMBERTY A,PEREZ S. A revisit to the three-dimensional structure of B-type starch［J］. Biopolymers,1988,27:1205-1221.

［56］ VALLONS K J R,ARENDT E K. Effects of high pressure and temperature on the structural and rheological properties of sorghum starch［J］. Innovative Food Science Emerging Technologies,2009,10(4):449-456.

［57］ KATOPO H,SONG Y,JANE J L. Effect and mechanism of ultrahigh hydrostatic pressure on the structure and properties of starches ［J］. Carbohydrate Polymers,2002,47(3):233-244.

［58］ OH H E,HEMAR Y,ANEMA S G,et al. Effect of high-pressure treatment on normal rice and waxy rice starch in water suspensions［J］. Carbohydrate Polymers,2008,73(2):332-343.

［59］ ISLEIB D. Density of potato starch ［J］. American Journal of Potato Research, 1958,35(3):428-429.

［60］ HIZUKURI S, TAKEDA Y, YASUDA M, et al. Multi-branched nature of amylose and the action of debranching enzymes［J］. Carbohydrate Polymers, 1981,94(2):205-213.

［61］ BALL S,GUAN H-P,JAMES M,et al. From glycogen to amylopectin:a model for the biogenesis of the plant starch granule［J］. Cell,1996,86(3):349-352.

［62］ HIZUKURI S,TAKAGI T. Estimation of the distribution of molecular weight for amylose by the low-angle laser-light-scattering technique combined with high-performance gel chromatography[J]. Carbohydrate Research,1984,134(1):1-10.

[63] BULEON A,COLONNA P,PLANCHOT M,et al. Starch granules:structure and biosynthesis[J]. International Journal of Biological Macromolecules,1998,23(2):85-112.

[64] PUTSEYS J, LAMBERTS L, DELCOUR J. Amylose - inclusion complexes: Formation,identity and physico - chemical properties[J]. Journal of Cereal Science,2010,51(3):238-247.

[65] WESSLEN K B,WESSLEN B. Synthesis of amphiphilic amylose and starch derivatives[J]. Carbohydr Polymers,2002,47(4):303-311.

[66] YOO S H,JANE J L. Molecular weights and gyration radii of amylopectins determined by high-performance size-exclusion chromatography equipped with multi-angle laser-light scattering and refractive index detectors[J]. Carbohydr Polymers,2002,49(3):307-314.

[67] FRENCH D. Fine structure of starch and its relationship to the organization of starch granules[J]. Starch Science,1972,19(1):8-25.

[68] ROBIN J,MERCIER C,CHARBONNIERE R,et al. Lint-nerized starches gel filtration and enzymatic studies of insoluble residues from prolonged acid treatment of potato starch [J]. Cereal Chemical,1974,51:389-406.

[69] ATWELL W A, HOOD L F, LINEBACK D R, et al. The terminology and methodology associated with basic starch phenomena[J]. Cereal Food World, 1988,33:306-311.

[70] BERNAZZANI P,PEYYAVULA V K,AGARWAL S,et al. Evaluation of the phase composition of amylose by FTIR and isothermal immersion heats[J]. Polymer,2008,49(19):4150-4158.

[71] KOHYAMA K,MATSUKI J,YASUI T,et al. A differential thermal analysis of the gelatinization and retrogradation of wheat starches with different amylopectin chain lengths[J]. Carbohydrate Polymers,2004,58(1):71-77.

[72] 张燕萍. 变性淀粉制造与应用[M]. 北京:北京化学工业出版社,2001.

[73] 黄祖强. 淀粉的机械活化及其性能研究[D]. 南宁:广西大学化学工艺学科博士学位论文,2006.

[74] 曹龙奎,李凤林. 淀粉制品生产工艺学[M]. 北京:中国轻工业出版社,2008.

[75] 赵凯. 淀粉非化学改性技术[M]. 北京:化学工业出版社,2009.

[76] SHAMAI K,SHIMONI E,BIANCO-PELED H. Small angle x-ray scattering of resistant starch type III [J]. Biomacromolecules,2003,5(1):219-223.

[77] AO Z H,SIMSEK S,ZHANG G Y,et al. Starch with a slow digestion property produced by altering its chain length,branch density,and crystalline structure [J]. Journal of Agricultural and Food Chemistry,2007,55(11):4540-4547.

[78] SHI Y C, CAI L M. Structure and digestibility of crystalline short-chain amylose from debranched waxy wheat, waxy maize, and waxy potato starches [J]. Carbohydrate Polymers,2010,79(4):1117-1123.

[79] KOKSEL H,OZTURK S,KAHRAMAN K,et al. Effect of debranching and heat treatments on formation and functional properties of resistant starch from high-amylose corn starches[J]. European Food Research and Technology,2009,229 (1):115-125.

[80] WITT T,GIDLEY M J,GILBERT R G. Starch digestion mechanistic information from the time evolution of molecular size distributions [J]. Journal of Agricultural and Food Chemistry,2010,58(14):8444-8452.

[81] 刘天一. 笼状玉米淀粉的制备及结构和性能研究[D]. 哈尔滨:哈尔滨工业大学,2014.

[82] 王零森,方寅初,尹邦跃. 碳化硼气流粉碎机理[J].中国有色金属学报,2003,13(3):574-578.

[83] RAJESWARIA M S R,AZIZLI K A M,HASHIM S F S,et al. CFD simulation and experimental analysis of flow dynamics and grinding performance of opposed fluidized bed air jet mill[J]. International journal of mineral processing,2011,98:94-105.

[84] BERTHIAUX H,DODDS J. Modelling fine grinding in a fluidized bed opposed jet mill Part I: Batch grinding kinetics [J]. Particle & Particle Systems Characterization,1999,106:78-87.

[85] 秦军伟,陈彬,陈岩,等. 气流粉碎技术在生物材料微细化处理中的应用研究[J]. 食品工业科技,2012,33(10):423-426.

[86] SOTOME S,BATZAKI C,YANNIOTIS S,et al. Effect of jet milled whole wheat

flour in biscuits properties[J]. LWT - Food Science Technology,2016,74：106-113.

[87] ANGELIDIS G,PROTONOTARIOU S,MANDALA I,et al. Jet milling effect on wheat flour characteristics and starch hydrolysis[J]. Journal of Food Science and Technology,2016,53：784-791.

[88] PROTONOTARIOU S,DRAKOS A,EVAGELIOU V,et al. Sieving fractionation and jet mill micronization affect the functional properties of wheat flour[J]. Journal of Food Engineering,2014,134：24-29.

[89] ARAKI E,IKEDA T M,ASHIDA K,et al. Effects of rice flour properties on specific loaf volume of one - loaf bread made from rice flour with wheat vital gluten[J]. Food Science and Technology Research,2009,15(4)：439-448.

[90] ASHIDA K,ARAKI E,IIDA S,et al. Flour properties of milky - white rice mutants in relation to specific loaf volume of rice bread[J]. Food Science and Technology Research,2010,16(4)：305-312.

[91] SOTOME I,MEI D,TSUDA M,et al. Decontamination effect of milling by a jet mill on bacteria in rice flour[J]. Biocontrol Science,2011,16(2)：79-83.

[92] DRAKOS A,KYRIAKAKIS G,EVAGELIOU V,et al. Influence of jet milling and particle size on the composition,physicochemical and mechanical properties of barley and rye flours[J]. Food Chemistry,2017,215：326-332.

[93] MUTTAKIN S,KIM M S,LEE D N. Tailoring physicochemical and sensorial properties of defatted soybean flour using jet - milling technology[J]. Food Chemistry,2015,187：106-111.

[94] PHAT C,LI H,LEE D U,et al. Characterization of *hericium erinaceum* powders prepared by conventional roll milling and jet milling[J]. Journal of Food Engineering,2015,145：19-24.

[95] XIA W,HE D N,FU Y F,et al. Advanced technology for nanostarches preparation by high speed jet and its mechanism analysis[J]. Carbohydr Polymers,2017,176：127-134.

[96] MARIJA D,JELENA D,LJILJANA S,et al. The influence of spiral jet-milling on the physicochemical properties of carbamazepine from III crystals：Quality by design approach[J]. Chemical Engineering research and design,2014,92：500-508.

［97］ ONOUE S,YAMAMOTO K,KAWABATA Y,et al. Novel dry powder inhaler formulation of glucagon with addition of citric acid for enhanced pulmonary delivery［J］. International Journal of Pharmaceutics,2009,382:144-150.

［98］ ONOUE S, KURIYAMA K, UCHIDA A, et al. Inhalable ustained-release formulation of glucagon:In vitro amyloidogenic and inhalation properties,and in vivo absorption and bioactivity［J］. Pharmaceutical Research, 2011, 28: 1157-1166.

［99］ SHARIARE M H, BLAGDEN N, DEMATAS M, et al. ［J］. Journal of Pharmaceutical Sciences,2012,101（3）:1108-1119.

［100］ SALEEM I Y,SMYTH H D C. Micronization of a soft material:Air-jet and micro-ball milling［J］. AAPS PharmSciTech,2010,11（4）:1642-1649.

［101］ 万军,肖圣红. 影响头孢克肟胶囊填充装量稳定性因素分析［J］. 天津药学,2011,23（4）:25-26.

［102］ LU X, LIU C C, ZHU L P, et al. Influence of process parameters on the characteristics of TiAl alloyed powders by fluidized bed jet milling［J］. Powder Technology,2014,254:235-240.

［103］ XU X, LI X, LIU F X, et al. Batch grinding kinetics of scrap tire rubber particles in a fluidized bed jet mill［J］. Powder Technology, 2017, 305: 389-395.

［104］ RAMA RAO N V, HADJIPANAYIS G C. Influence of jet milling process parameters on particle size,phase formation and magnetic properties of MnBi alloy［J］. Journal of Alloys and Compands,2015,629:80-83.

［105］ WANG Y M,PENG F. Parameter effects on dry fine pulverization of alumina particles in a fluidized bed opposed jet mill［J］. Powder Technology,2011, 214:269-277.

［106］ XU X F, LI X, LIU F X, et al. Batch grinding kinetics of scrap tire rubber particles in a fluidized-bed jet mill［J］. Powder Technology, 2017, 305: 389-395.

［107］ RODNIANSKI V, KRAKAUER N, DARWESH K, et al. Aerodynamic classification in a spiral jet mill［J］. Powder Technology, 2013, 243: 110-119.

［108］ ZAGHIB K,CHAREST P,DONTIGNY M,et al. LiFePO$_4$:From molten ingot to nanoparticles with high-rate performance in Li-ion batteries[J]. Journal of Power Sources,2010,195:8280-8288.

[109] RATNAYAKE W S,JACKSON D S. A new insight into the gelatinization process of native starches[J]. Carbohydrate Polymers,2007,67:511-529.

[110] LIU H,YU L,XIE F,et al. Gelatinization of corn starch with different amylose/amylopectin content[J]. Carbohydrate Polymers,2006,65:357-363.

[111] LIU P,XIE F,LI M,et al. Phase transitions of maize starches with different amylose contents in glycerol-water systems[J]. Carbohydrate Polymers,2011, 85:180-187.

[112] WANG J,YU L,XIE F,et al. Rheological properties and phase transition of corn starches with different amylose/amylopectin ratios under shear stress[J]. Starch-stärke,2010,62:667-675.

[113] SAJILATA M G,SINGHAL R S,KULKARNI P R. Resistant starch-a review [J]. Comprehensive Reviews in Food Science & Food Safety,2006,5:1-17.

[114] JIANG H,JANE J. Type 2 resistant starch in high-amylose maize starch and its development [M]. In resistant starch:Sources, applications and health benefits,2013:23-42.

[115] 黄晓杰. 高直链玉米淀粉性质及其应用的研究[D]. 沈阳:沈阳农业大学,2006.

[116] 谷宏. 高直链玉米淀粉的提取及其在全降解塑料中应用的研究[D]. 沈阳:沈阳农业大学,2007.

[117] KOROTEEVA D A,V I KISELEVA K. SNROTH K,et al. Structural and thermodynamic properties of rice starches with different genetic background Part 1. Differentiation of amylopectm and amylose defects[J]. International Journal of Biological Macromolecules,2007,41(4):391-403.

[118] 鲍坚东. 中国糯玉米起源与育种选择分子机制博士学位论文[D]. 杭州:浙江大学,2011.

[119] 吴俊,杨文学,李鹏,等. 微细化玉米淀粉的晶体结构及分子链行为研究[J]. 中国粮油学报,2008,23(2):62-66.

[120] Association of Official Analytical Chemists (AOAC International), Official methods of analysis,17th ed. AOAC International,Maryland,USA 2000.

[121] 王婵. 淀粉疏水改性基团分布及其构效关系[D]. 广州:华南理工大

学,2015.

[122] 郑水林,余绍火,吴宏富,等. 超细粉碎工程[M]. 北京:中国建材工业出版社,2006.

[123] 韩忠. 不同电场处理对玉米淀粉理化性质的影响[D]. 广州:华南理工大学,2011.

[124] 姜传海,杨传铮. 材料射线衍射和散射分析[M]. 北京:高等教育出版社,2010.

[125] NARA S,KOMIYA T. Studies on the relationship between water-satured state and crystallinity by the diffraction method for moistened potato starch[J]. Starch-Stäke,1983,35(12):407-410.

[126] 张俐娜,薛奇,莫志深,等. 高分子物理近代研究方法[M]. 2版. 武汉:武汉大学出版社,2006.

[127] 叶宪曾,张新祥. 仪器分析教程[M]. 2版. 北京:北京大学出版社,2007.

[128] FANG J M,FOWLER P A,TOMKINSON J,et al. The Preparation and characterisation of a series of chemically modified potato starches [J]. Carbohydrate Polymers,2002,47(3):245-252.

[129] 朱育平. 小角 X 射线散射:理论、测试、计算及应用[M]. 北京:化学工业出版社,2008.

[130] 徐忠,缪铭. 高分子物理近代分析方法在淀粉研究中的应用[J]. 食品工业科技,2006,27(4):97-200.

[131] CHEETHAM N W H,TAO L P. Solid state NMR studies on the structural and conformational properties of natural aize starches[J]. Carbohydrate Polymers,1998,36(4):285-292.

[132] ZAINON O,SAPHWAN A A,OSMAN H. Molecular characterisation of Sago starch using gel permeation chromatography multi-angle laser light scattering [J]. Sains Malaysiana,2010,39(6):969-973.

[133] ANTONIOS D,GEORGIOS K,VASILIKI E. Influence of jet milling and particle size on the composition,physicochemical and mechanical properties of barley and rye flours[J]. Food Chemistry,2017,215:326-332.

[134] SHAH R B,TAWAKKUL M A,KHAN M A. Comparative evaluation of flow for pharmaceutical powders and granules[J]. AAPS PharmSciTech,2008,9(1):250-258.

[135] 刘鹏. 淀粉/聚乳酸/壳聚糖共混抗菌材料制备中若干基础科学问题的研究[D]. 广州:华南理工大学,2010.

[136] YAO N,PAEZ A V,WHITE P J. Structure and function of starch and resistant starch corn with different doses of mutant amylase – extender and floury – 1 alleles[J]. Journal Agricultural Food Chemintry,2009,57(5):2040-2048.

[137] ZHANG Z,SONG H,PENG Z,et al. Characterization of stipe and cap powders of mushroom (*Lentinus edodes*) prepared by different grinding methods[J]. Journal of Food Engineering. 2012,109(3):406-413.

[138] KAUR M,SINGH N,SANDHU K S,et al. Physicochemical,morphological, thermal and rheological properties of starches separated from Kernels of some Indian Mango Cultivars (*Mangifera Indica L.*)[J]. Food Chemistry,2004, 85(1):131-140.

[139] LIN M J Y,HUMBERT E S,SOSULSKI F W. Certain functional properties of sun ower meal products[J]. Journal of Food Science,1974,39:368-370.

[140] BHOSALE R,SINGHAL R. Effect of octenylsuccinylation on physicochemical and functional properties of waxy maize and amaranth starches [J]. Carbohydrate Polymers,2007,68(3):447-456.

[141] ZHANG Z M,ZHAO S M,XIONG S B. Morphology and physicochemical properties of mechanically activated rice starch[J]. Carbohydrate Polymers, 2010,79:341-348.

[142] 黄强,王婵,罗发兴,等. 玉米淀粉的热力学性质与消化性[J]. 华南理工大学学报:自然科学版,2011,39(9):7-11.

[143] 柳志强,平立凤,高嘉安,等. 酶解辛烯基琥珀酸淀粉酯的性质及应用[J]. 食品科学,2007,28(2):125-130.

[144] ZHOU J,REN L,TONG J,et al. Effect of surface esterification with octenyl succmc anhydride on hydrophilicity of corn starch films [J]. Journal of Applied Polymer Science,2009,114(2):940-947.

[145] 陆厚根. 粉体技术导论[M]. 上海:同济大学出版社,1998.

[146] TASIRIN S M,GELDART D. Experimental investigation on fluidized bed jet grinding[J]. Powder Technology,1999,105:337-341.

[147] 陈海焱. 流化床气流粉碎分级技术的研究与应用[D]. 成都:四川大学,2007.

[148] PALANIANDY S,AZIZLI K A M,HUSSIN H. Effect of operational parameters on the breakage mechanism of silica in a jet mill[J]. Minerals Engineering, 2008,21:380-388.

[149] BEND M,HEROLD H,ULFLK B. Performance of a fluidized bed jet mill as a function of operating parameters [J]. International Journal of Mineral Processing,1996,44-45:507-519.

[150] 谢洪勇,高桂兰,宋正启,等. 颗粒 Wadell 球形度的测量方法标准的编制 [J]. 中国粉体技术,2016,22(1):74-77.

[151] 尚兴隆. 对喷式流化床气流粉碎与分级性能研究[D]. 大连:大连理工大学,2014.

[152] LOPEZ-RUBIO A,FLANAGAN B M,GILBERT E P,et al. A novel approach for calculating starch crystallinity and its correlation with double helix content: A combined XRD and NMR study[J]. Biopolymers,2008,89(9):761-768.

[153] 吴俊. 淀粉的粒度效应与微细化淀粉基降解材料的研究[D]. 武汉:华中农业大学,2003.

[154] BOGRACHEVA T Y, WANG Y L, WANG T L,et al. Structural studies of starches with different water contents[J]. Biopolymers,2002,64(5):268-281.

[155] 黎兹海. 机械活化强化含砷金精矿浸出的工艺及机理研究[D]. 长沙:中南大学,2002.

[156] 刘天一,马莺,陈历水,等. 非晶化玉米淀粉的制备及其结构表征[J]. 哈尔滨工业大学学报,2010,42(2):286-291.

[157] UAN SOEST J J G,TOURNOIS H,DE WIT D,et al. Short-range structure in (partially) crystalline potato starch determined with attenuated total reflectance fourier-transform IR spectroscopy[J]. Carbohydrate Research, 1995,279:201-214.

[158] Kirll L S. Determination of structural peculiarities of dexran,pulluan,and y-irradiated pullulan by fourier-transform IR spectroscopy[J]. Carbohydrate Research,2002,337:1445-1451.

[159] ZHAO X F,LI Z J,WANG L,et al. Synthesis,characterization,and adsorption capacity of crosslinked starch microspheres with N,N′-methylene bisacrylamide [J].Journal of Applied Polymer Science,2008,109(4):2571-2575.

[160] FLORES M A,JIMENEZ E M,MORA E R. Determination of the structural

changes by FT – IR, Raman, and CP/MAS ^{13}C NMR Spectroscopy on retrograded starch of maize tortillas[J]. Carbohydrate Polymers,2012,87(1): 61-68.

[161] YOO S, JANE J. Molecular weights and gyration radii of amylopectins determined by high-performance size-exclusion chromatography equipped with mufti – angle laser – light scattering and refractive index detectors [J]. Carbohydrate Polymers,2002,49(3):307-314.

[162] BOGRACHEVA T Y, WANG Y L, HEDLEY C L. The effect of water content on the ordered/disordered structures in starches[J]. Biopolymers, 2001, 58 (3):247-259.

[163] YONEYA T, ISHIBASHI K, HIRONAKA K, et al. Influence of cross-linked potato starch treated with $POCl_3$ on DSC, rheological properties and granule size[J]. Carbohydrate Polymers,2003,53(4):447-457.

[164] 郭泽镔. 超高压处理对莲子淀粉结构及理化特性影响的研究[D]. 福州: 福建农林大学,2014.

[165] 谭洪卓,谭斌,高虹,等. 甘薯淀粉热力学特性及其回生机理探讨闭. 食品 与生物技术学报,2008,(3):21-27.

[166] SINGH J, KAUR L, MCCARTHY O J. Factors influencing the physicochemical, morphological, thermal and rheological properties of some chemically modified for food applications-A review[J]. Food Hydrocolloids, 2007,21(1):1-22.

[167] CLEMENT A O, VASUDEVA S. Physico-chemical properties of the starches of two cowpea varieties(*Vigna Unguiculata* (*L.*) Flours and Walp)[J]. Innovative Food Science & Emerging Technologics,2008,9(1):92-100.

[168] 王梦嘉,叶晓汀,吴金鸿,等. 淀粉冻融稳定性的研究进展[J]. 粮油食品 科技,2016,26(5):19-23.

[169] FREDRISSON H, SLIVERIO J, ANDERSSON R, et al. The influence of amylose and amylopectin characteristics on gelatinization and retrogradation properties of different starches[J]. Carbohydrate Polymers,1998,35(3-4): 119-134.

[170] 张正茂. 大米淀粉机械活化及其辛烯基琥珀酸酐酯化改性研究[D]. 武 汉:华中农业大学,2010.

［171］杜先锋,许时婴,王璋. 淀粉糊的透明度及其影响因素的研究［J］. 农业工程学报,2002,18(1):129-132.

［172］吴俊,谢笔均. 微细化淀粉在塑性生物降解塑料中的应用研究［J］. 精细化工,2002,19(7):32-36.

［173］刘智勇. 淀粉超细粉碎机组的研究与设计［D］. 成都:四川大学,2007.

［174］卓震,刘雪东,黄宇新. 超细气流粉碎-分级系统压力参数的确定与分析［J］. 化工装备技术,1999,20(1):26-29.

［175］BEND M,HEROLD H,ULFLK B. Performance of a fluidized bed jet mill as a function of operating parameters［J］. International journal of mineral processing,1996,44-45:507-519.

［176］GODET-MORAND L,CHAMAYOU A,DODDS J. Talc grinding in an opposed air jet mill:start-up,product quality and production rate optimization［J］. Powder Technology,2002,128:306-313.

［177］杨云川,沈志刚. 射流粉碎动力学分析及对粉体颗粒形状的影响［J］. 沈阳工业学院学报,2001(2):62-65.

［178］沈志刚,麻树林,刑玉山,等. 气流粉碎对粉体颗粒形状的影响［J］. 中国粉体技术,2000,6(6):67-71.

［179］刘福生. 浅色矿物超细粉体的扫描电子显微镜研究［J］. 非金属矿,1999,22:32-34.

［180］杨宗志. 超微气流粉碎［M］. 北京:化学工业出版社,1988.

第三章 马铃薯淀粉气流超微粉碎层级结构及理化性质研究

第一节 引言

一、淀粉

淀粉是一种在食材中含量仅次于纤维素,在自然界中广泛存在的天然聚合物,作为一种自然资源,因其价格低廉,来源广泛等特点被应用于食品、医学、化工等多个领域。淀粉的结构和理化性质决定了淀粉作为原辅料在各领域中的应用,淀粉多尺度结构决定了其性质,掌握淀粉多尺度结构特点有助于更好的研究其理化特性。

淀粉是由直链淀粉和支链淀粉通过葡萄糖苷键连接组成的高分子多糖,按高分子物理及化学标准将淀粉结构分成:近程结构(一级结构)、远程结构(二级结构)和聚集态结构。近程结构又称一级结构,包含分子链构造,直链和支链结构或其他构型;远程结构,主要指的是淀粉分子量、分子链内旋结构;聚集态结构包括晶态、非晶态和取向结构等,主要指淀粉分子间的几何排列。

结构与性质、加工之间的关系是淀粉应用的基础,在这三者之间,结构是内因,决定淀粉的性能与加工方法,因而是要首先要考虑的。淀粉结构复杂多样,不同种类之间差异较大,由于研究技术手段的制约,目前仍有一些问题尚未明晰。

(一)淀粉的颗粒结构

根据来源不同将淀粉分为 4 类:禾谷类淀粉(小麦、玉米)、薯类淀粉(马铃薯、木薯)、豆类淀粉(红豆、绿豆)和其他类淀粉(香蕉)。不同种类淀粉颗粒形貌和大小各有不同,主要呈多边形、卵形、圆盘形等不同形态,可通过现代光学或电子显微镜进行观察,淀粉颗粒直径从 0.1~200 μm 不等,如马铃薯淀粉颗粒相对较大,直径范围为 20~100 μm,主要呈球形或卵形形状;普通玉米淀粉颗粒形状为圆形,而蜡质玉米淀粉颗粒形状则为多角形,直径范围为 2~30 μm;大米淀粉颗粒较小为 3~8 μm,呈多面体和不规则形状。

(二)淀粉的晶体结构

直链淀粉和支链淀粉形成淀粉的半结晶结构,淀粉在 X 射线衍射图谱不同衍射角 2θ 处呈不同的衍射峰,根据图谱的不同将淀粉分为 A 型、B 型、C 型和 V 型 4 种不同结晶类型。

A 型淀粉在衍射角 2θ 为 15°、17°、18°和 23°处有较强的衍射峰,A 型淀粉内部结构排列较为紧密,具有较高的稳定性,分子链是单斜晶格结构,多出现在玉米淀粉等谷物类淀粉中;B 型淀粉在衍射角 2θ 为 5.6°、17°、22°和 24°附近有明显的特征衍射峰,B 型晶体属于六方晶系结构,多出现在块茎类淀粉中,结晶分子链以平行密集双螺旋结构存在,排列较为松散,能结合更多的水分子,稳定性相对较低;C 型淀粉晶体是由 A 型和 B 型淀粉结构混合而成,C 型淀粉衍射峰是 A 型和 B 型的结合,甘薯淀粉是 C 型淀粉的典型代表;V 型结晶结构在天然淀粉中很少发现,是由直链淀粉与二甲基亚砜、乙醇和脂肪酸等物质复合结晶而成,目前研究发现 V 型结晶形态与抗消化淀粉含量有很大的相关度。

(三)淀粉的分子结构

淀粉根据葡聚糖的连接方式分为直链淀粉和支链淀粉两种形式,直链淀粉由 D-葡萄糖以 α-(1,4)糖苷键连接的多糖链,支链淀粉则是通过 a-(1,6)糖苷键将 D-葡萄糖连接在一起,直链淀粉和支链淀粉分子构成了淀粉内部的无定形区和结晶区,二者规则或不规则的排列构成了淀粉颗粒多尺度结构特性。

不同淀粉中直链淀粉与支链淀粉含量的比例不同,通常淀粉中含有 20%的直链淀粉和 80%的支链淀粉。

(四)淀粉的理化特性

天然淀粉颗粒不溶于冷水,所以在各种应用中主要是使用淀粉在热水中膨胀所形成的凝胶物质,因淀粉颗粒自身结构和颗粒大小的差异,导致不同淀粉形成凝胶物质的速率和性质不同,因此对淀粉溶解度、膨胀度等性质的研究尤为必要。

随着水温的升高,水中的淀粉颗粒开始出现不规则变化,体积不断增大,形成黏弹性糊状溶液,这个过程称为糊化。糊化是各种淀粉共有的特性,淀粉的糊化性质包括黏度、溶解度、膨胀度、透明度、热稳定性等多种理化性质,对淀粉糊化特性的研究在食品和淀粉产品加工中具有重要意义。

二、淀粉的改性

由于天然淀粉存在热稳定性差、回生程度高、抗剪切差等缺点,限制了其在现代工业中的应用,人们通过对淀粉结构和理化性质进行研究,利用化学、物理或生物等方法增强或改变其性能,赋予淀粉新的特殊功能特性,使其在多个领域内符合生产、应用需要,这一过程称为淀粉的变性,其产品称为变性淀粉。变性淀粉的历史最要起源于 19 世纪西欧合成出英国胶,目前变性淀粉及其衍生产品已有 2000 多种。

(一)淀粉的化学改性

化学改性主要利用淀粉分子中具有数目较多的醇羟基与化学试剂反应,在分子链中引入化学基团,使淀粉链结构发生改变,是目前生产改性淀粉应用最广的方法,常采用氧化、醚化、酯化和交联等方法。梁逸超等以玉米羧甲基淀粉(CMS)为原料,通过接枝共聚反应制备具有高取代度和高黏度的复合改性羧甲基淀粉;沙丽萍以醋酸酐作为酯化剂、三偏磷酸钠作为交联剂,对木薯淀粉进行化学改性处理,成功制备木薯乙酰化二淀粉磷酸酯。

化学改性法虽能赋予淀粉优良性能,满足不同领域应用需求,但其改性成本高,产品安全性差,产生的废物对环境存在污染,使其应用尤其是在食品工业中的应用受到限制。

(二)淀粉的生物改性

生物改性也称酶改性,主要利用酶改性技术控制淀粉改性条件和途径,常用酶有 α-淀粉酶、普鲁兰酶、糖化酶等。叶蓉等通过普鲁兰酶对小麦淀粉进行改性,发现改性小麦淀粉的吸水性、溶解性、膨胀度都有所提高;宋家钰以苦荞、黑豆为原料,选择普鲁兰酶,采用压热—酶解法制备了抗性淀粉。

以生物法改性制备的淀粉安全性较高,是一种相对环保的方式,但成本较高。

(三)淀粉的物理改性

物理改性是通过热、机械力、辐射等技术手段使淀粉颗粒结构遭到破坏,从而引起淀粉理化性质发生变化的改性方式,主要有高压处理、微波处理、微细化处理、超声波处理、挤压处理等方法。蒲华寅发现等离子体作用能有效提高马铃薯和玉米淀粉冻融稳定性;夏天雨发现辐照/微波韧化处理对淀粉结构造成了一定程度破坏,并且辐照处理对淀粉结构与理化性质的影响比微波处理更显著。

相比于化学改性技术存在安全性差、污染残留等问题,生物改性虽安全性较高,但存在成本高的弊端,而物理改性因是纯粹的物理加工过程,在优化淀粉性能的同时还具有操作简单、生产安全、无污染的特点,符合建设环保型社会发展要求,因而成为近年来各领域尤其是食品领域研究的重点方向。

三、淀粉机械力化学效应研究概况

(一)机械力化学原理

通过对物质施加机械力,在机械力作用及诱发下,导致物质结构和理化性质等发生改变,这一变化过程被称为机械力化学效应。

1919 年德国科学家 Ostwald 根据能量观点首次提出了这一概念,20 世纪中期,奥地利科学家 Peters 等通过机械力对化学反应的诱发进行了较多的科研探索,真正给予机械力化学明确定义,并促进了机械力化学发展。

(二)机械力化学的应用

传统化学反应是通过热能来提供反应进行所需能量,而机械力化学反应所需能量很大部分是由机械能所提供,通过机械力作用,使物质结构受到破坏,化学键发生断裂,产生热化学难以或无法进行的化学反应,进而改变材料在力学、电学、热学等方面性能,由此来制备新材料或对材料进行改性处理。

机械力化学技术因方法简单、可行度高而被广泛应用到实际生产中。邓超华通过机械力化学法制备了 ZnO/Ag_2O 纳米复合材料,并对其性能进行了研究;王欣研究了机械力化学法对石墨衍生物的绿色制备技术;孔瑞平通过机械球磨技术,制备了微细化辛伐他汀与阿托伐他汀钙粉,从而改善他汀药物的溶解性和口服生物利用度。

(三)机械力化学在食品中的应用

近年来,随着机械力化学学科的发展,机械力化学法因其独特性能逐步应用到食品行业中。胡伟使用挤压改性技术制备改性青稞粉,创制出弹性、回复性及口感都更好的馒头产品；Vouris 等分析了气流粉碎技术处理后的面粉组分对小麦面包品质的影响；Lazaridou A 等通过研磨小麦粉，改变了小麦胚乳中可溶性阿拉伯木聚糖的分子结构和尺寸同时导致面粉具有多种功能特性，使其能更好地用来制备各种不同的烘焙食品。黄祖强等在变性淀粉的研究当中引入机械力化学法，发现经过球磨处理后，淀粉结晶结构遭到破坏，淀粉化学反应活性增强；关情情研究发现通过机械研磨后，山药淀粉颗粒变小，比表面积变大，进入人体后更容易被体内淀粉酶酶解；黎冬明通过超微粉碎技术，制备了不同分级的超微百合全粉。

四、气流超微粉碎技术研究与应用概况

（一）气流粉碎技术

物质颗粒在机械力作用下发生粉碎，整体颗粒变小，物料结构和理化性质发生变化的过程称为粉碎，传统的粉碎设备是通过机械力作用方式达到颗粒粉碎的目的，粉碎效率低且能耗大。

作为一种新型粉碎工程技术，气流粉碎是现代超微粉碎技术的重要组成部分。其粉碎原理是将净化后的干燥空气，通过喷嘴压力生成高速气流，将物料带入粉碎区，造成物料间或物料与粉碎区腔壁之间受到强烈冲击作用，通过摩擦、碰撞、剪切等方式达到粉碎效果，并通过分级机筛选出符合要求产品，达到颗粒微细化目的。

与其他粉碎方式相比，气流粉碎技术可以改变产品性能并具有以下优点：

（1）气流粉碎机粉碎获得的产品粒径较小，其粒度范围一般为 $5\sim15~\mu m$。

（2）许多粉体产品，如药物、染料、食品等都要求具有极高纯度，气流粉碎以净化后空气为粉碎动力，粉碎过程不会对产品造成污染，更不会出现局部过热现象，不仅能保持物料原有天然活性，还能满足药品、食品等行业加工高纯度要求。

（3）气流粉碎适用范围广，生产时间短，可连续生产，自控程度高，能耗低。

（二）气流粉碎技术应用现状

气流粉碎技术目前已被广泛应用于冶金、化工、医药、食品等多领域。Afshari 等通过调控粉碎工艺参数，生产出符合尺寸的低氧化 $CuSn_{10}$ 青铜粉；Sun 等通过气流粉碎处理得到的 WC 粉体晶格应变减小，粒度分布变得紧密，微观应变显著降低，由此材料所制备合金材料抗弯强度达到 4260 Mpa；李睿等通过气流粉碎制

备出分散性好、粒径分布窄的近球形钨粉,解决了致密化钨制品难以注射成形的难题。

在农业领域里,石超群通过超微粉碎技术,制备苦地胆超微粉,确定最适添加剂量为0.8%的苦地胆超微粉能够显著提高肉鸡的抗病力;冯超等采用超微粉碎技术对浙贝母原药材进行粉碎加工制备浙贝母超微粉饮片,通过后续研究发现浙贝母超微粉饮片其有效成分的溶出情况优于浙贝母传统饮片,并且在较高水温下更利于其有效成分的快速溶出。

在食品领域里,张艳荣等采用微粉碎技术对食用菌五谷混合粉进行处理,以蒸煮特性、质构特性、表面微观结构等指标对食用菌五谷面条进行检测,结果表明微细化处理改善其质构特性,提高了面条蒸煮耐性;Drakos等研究发现气流粉碎导致大麦粉、黑麦粉粉体粒度变小,粉体堆积密度发生增大;陈江枫等人通过气流粉碎制备了具有较好的分散性与溶解性的木薯淀粉;Wang等人通过气流粉碎处理玉米淀粉,破坏了玉米淀粉的结晶结构,导致微细化玉米淀粉堆积密度和振实密度显著降低,溶解度得到了提升。

五、马铃薯淀粉应用与研究进展

马铃薯是一种主要生长在北纬65°至南纬50°之间的茄科茄属块茎类植物,为世界上四大主要作物之一。鲜马铃薯中淀粉含量在9%~25%之间,马铃薯淀粉的生产量仅次于玉米和小麦淀粉。

马铃薯淀粉价格低廉、来源广泛、质量容易控制,同时具有颗粒大、透明度高、黏度大、膨胀效果好、易糊化、不易老化等独特性能,在发达国家常被应用于医药、造纸与石油工业等非食品工业中,如纺织业中将马铃薯淀粉作为上浆剂可以提高棉纱耐磨性和润滑性,经其精梳过的纱布具有良好手感;添加马铃薯淀粉可以提高纸张弹性并改善其物理特性。与发达国家不同的是目前我国大部分的马铃薯淀粉通常作为增稠剂、填充剂、胶凝剂等应用于食品加工当中。

随着国内外对马铃薯变性淀粉的研究,马铃薯变性淀粉的使用率变得越来越高,在我国东南沿海各省市每年都会使用大量马铃薯预糊化淀粉作为鳗鱼饲料黏结剂;张旭东等通过在洗衣液中加入羧甲基改性马铃薯淀粉,发现洗涤剂对蛋白污布的去污力明显提高。

目前国外开发的马铃薯淀粉及其衍生物产品多达2000种,而我国马铃薯变性淀粉产品种类则较少,难以满足除食品工业以外的其他行业对马铃薯淀粉的需求,导致我国每年仍需从国外大量进口马铃薯淀粉及其衍生物产品。因此,加大对马铃薯淀粉及其变性淀粉的研究力度,丰富马铃薯淀粉相关产品,使马铃薯淀粉能更好应用于多领域变得尤为重要。

第二节 材料与方法

一、材料与设备

(一)试验材料

食用马铃薯淀粉,一级品,购于黑龙江裕雪淀粉有限公司。

(二)试验试剂

表 3-1 列出了本次试验中使用的主要试剂和材料,其他试剂均为分析纯。

表 3-1 主要试剂和材料

名称	规格	生产厂家
直链淀粉标准品	分析纯	Sigma-aldrich
无水乙醇	分析纯	辽宁泉瑞试剂有限公司
KBr 碎晶	分析纯	天津市恒创立达科技发展有限公司
DMSO	色谱纯	美国 Phytotech

(三)试验仪器

表 3-2 列出了本次试验中使用的主要仪器和设备。

表 3-2 主要仪器与设备

名称	型号	生产厂家
气流粉碎机组	LHL 中试型流化床式	山东潍坊正远粉体工程设备有限公司
激光粒度分布仪	Bettersize2000	丹东市百特仪器有限公司
扫描电子显微镜	S-3400N	日本 HITACHI 公司
X 射线衍射仪	BrukerD8	德国 ADVANCE 公司
傅里叶红外光谱仪	Nicolet6700	美国 ThermoFisherScientific 公司
X 射线光电子能谱	ESCALAB250Xi	美国 ThermoFisherScientific 公司
高效液相色谱泵	1525	美国 Waters 公司

名称	型号	生产厂家
自动进样器	717plus	美国 Waters 公司
示差检测仪	2414	美国 Waters 公司
快速黏度分析仪	RVA-Super4	澳大利亚新港科器公司
旋转流变仪	RS6000	德国 HAAKE 公司
差示量热扫描仪	DSC800	美国 PerkinElmer
同步热分析仪	SDT-Q600	美国 TA 仪器公司
恒温水浴锅	HH-4	江苏省金坛市宏华仪器厂
离心机	TG16-WS	长沙湘仪离心机仪器有限公司.
分析天平	AR2140	梅特勒-托利多国际有限公司
紫外可见分光光度计	TU-1800	北京普析仪器公司
电热恒温鼓风干燥箱	DHG-101-0A	上海尚仪生物技术有限公司

二、试验方法

(一)马铃薯淀粉化学成分测定

(1)水分的测定参照 GB/T 5009.3—2016。

(2)灰分的测定参照 GB/T 5009.4—2016。

(3)蛋白质的测定参照 GB/T 5009.5—2016。

(4)脂肪的测定参照 GB/T 5009.6—2016。

(5)直链淀粉含量的测定参考张文杰试验方法,采用双波长法测定马铃薯淀粉中直链淀粉含量。

(二)微细化马铃薯淀粉的制备

采用 LHL 型流化床气流粉碎设备,喷嘴:3 个;喷嘴角度:120°;粉碎气体:洁净压缩空气;温度:低于 45℃,进料粒度:小于 20 目;产品粒度:3~80 μm;引风机流速:-15m^3/min;粉碎时间:2h;通过喷嘴释放多股高速气流,形成气固流,将物料带到粉碎区进行粉碎。

选择原料进料量、气体粉碎压力、分级频率为单因素试验考查因素,利用激光粒度仪对粉体粒度进行测定。以中位径 D_{50} 为判定指标,通过单因素试验确定对各考察因素对马铃薯淀粉粉碎效果影响,优化粉碎操作参数,并在最优条件下制备微细化淀粉,将制备的微细化淀粉密封保存,留待后续分析测试。

三、测定方法

(一)淀粉粒度的测定

利用激光粒度仪对样品粒度进行测定,测定方法参照王立东的方法:将样品分别置于蒸馏水中,搅拌均匀,再置于超声仪中超声 5 min,由计算机完成测定并得到准确结果。

(二)淀粉颗粒的扫描电子显微镜观察

测定方法参照 Liu 的方法:分别取适量淀粉样品,均匀撒在粘有导电胶样品台上,随后进行喷金处理,置于扫描电子显微镜(SEM)下观察。

(三)淀粉密度测定

淀粉粉体的堆积密度包括松装密度和振实密度,测定方法参照 Syahriza 的方法,将量筒中填满淀粉样品,进行称重,松装密度计算公式如式(3-1)所示;将量筒中填满淀粉样品,通过不断振实并补充淀粉,直至总重达到稳定,振实密度计算公式如式(3-2)所示。

$$\rho_1 \, (g/cm^3) = \frac{M_2 - M_1}{V_1} \tag{3-1}$$

$$\rho_2 \, (g/cm^3) = \frac{M_3 - M_1}{V_1} \tag{3-2}$$

式中:ρ_1 为松装密度(g/cm^3);M_1 为量筒重量(g);M_2 为淀粉及量筒合重(g);ρ_2 为振实密度(g/cm^3);M_3 为淀粉及量筒合重(g)。

压缩度测定参照 Shah 等方法进行计算,计算公式如式(3-3)所示。

$$Carr \; Index \; (\%) = \frac{\rho_2 - \rho_1}{\rho_1} \times 100\% \tag{3-3}$$

式中:Carr Inder 为压缩度(%);ρ_1 为松装密度,(%);ρ_2 为振实密度(%)。

(四)淀粉颗粒的 X 射线衍射分析

通过 X 射线衍射(XRD),采用步进扫描法,检测条件为:特征射线为 CuKα,管压 40 kV,电流 100 mA,测量角度 2θ 在 4°~60°,步长 0.02°,扫描速度 4°/min,

根据衍射峰的强度计算结晶度。

（五）淀粉颗粒的傅里叶红外光谱分析

称取被测淀粉样品 3.0 mg，加入 300 mg 溴化钾粉末干燥至恒重，混合均匀后研磨，经压片处理后通过红外光谱分析仪（FTIR）进行全波段的扫描测试，扫描范围为 400~4000 cm^{-1}，分辨频率为 4 cm^{-1}。

（六）淀粉颗粒的 X 射线光电子能谱分析

测试条件为：采用 Al-Kα 线：1486.6 ev，线宽 0.8 ev，真空度 $5×10^{-9}$ Pa，发射电压 15 KV，功率 150 W，以 C1s 峰（结合能为 284.6eV）为标准进行能量校正，测试前将样品烘干至恒重，使用惰气进行密封保护。

（七）淀粉分子量测定

使用凝胶渗透色谱（GPC）结合十八角度激光散射仪（MALS）对高分子化合物分子量进行测定，测试方法为：称取一定量淀粉样品溶于流动相 DMSO 中，通过用 5 μm 的 PTEE 过滤器过滤，色谱柱为 Styragel HMW 7 DMF（7.8×300 mm），柱温 60℃，检测波长 658nm，流速为 1.0 mL/min，waters2414 示差检测器，进样量 100μL。

（八）淀粉的糊化特性

测定方法依据 González 的方法，分别将 3.5 g 待测淀粉样品分散在装有 30mL 蒸馏水铝锅中，使用均质器混匀待测样品，通过快速黏度分析仪（RVA）检测分析，获得马铃薯淀粉糊化特征值。

（九）淀粉的流变性

测试方法参考夏天雨的方法并做适当调整，分别准确称取马铃薯淀粉样品，按 10%（m/v）的比例加入蒸馏水配置淀粉乳，充分搅拌后置于沸水浴中糊化，拿出冷却至室温，使用流变仪测定各样品流变特性，剪切速率在 60 s 内从 0 升至 600 s^{-1}。

（十）淀粉的热力学特性

依据 González 的方法，通过差示扫描量热仪（DSC）进行测定：分别精确称量

6.0 mg(干基)淀粉样品置于铝盘中,并以 1 : 3(m/v)添加去离子水,密封并在室温下平衡 24 h,温度范围在 20~100℃,恒定加热速率为 10℃/min。

(十一)淀粉的热稳定性

参考 DochiaM 的方法,使用同步热分析仪进行测定,测试条件:分别称取 10.0 mg(干基)淀粉样品于坩埚中,气体气氛为空气,气体流量为 100 mL/min,试验温度范围为 30~800℃,氮气为保护气体,输出热重曲线(TG)。

(十二)淀粉的溶解度和膨胀度

测试方法参考杨益的方法并做适当调整。分别称取 1.0 g 样品,与 50 mL 蒸馏水混匀,按照不同温度进行糊化处理,冷却至室温,在 4000 r·min^{-1} 下离心 10 min,将上清液吸到铝箔中,置于烘箱中烘干至恒重后称重,上清液干燥后重与淀粉干重之比即为溶解度。膨胀度即为沉淀物(干基)与淀粉干重之比。溶解度和膨胀度计算公式如下:

$$S(\%) = \frac{M_3 - M_2}{M_1} \times 100\% \qquad (3-4)$$

$$B(\%) = \frac{M_4}{M_1 \times (1 - S)} \times 100\% \qquad (3-5)$$

式中:S 为溶解度(%);M_1 为样品重量(g);M_2 为铝箔重量(g);M_3 为上清液干基重量(g);B 为膨胀度(%);M_4 为沉淀物干基重量(g)。

(十三)淀粉的凝沉性

测定参照刘天一的方法并做适当调整,取 0.30 g 马铃薯淀粉样品于带有刻度的 50 mL 试管中,加入蒸馏水配制成 1%(m/v)淀粉乳液,置于沸水浴中搅拌至充分糊化,冷却至室温后,观察 24 h 内淀粉糊上清液体积变化,每 4 h 记录一次。

(十四)淀粉的冻融稳定性

测试方法参考蒲华寅的方法,分别称取淀粉 5.0 g,按 1 : 100(m/v)加蒸馏水配制成淀粉水悬液,置于沸水浴中搅拌至充分糊化后拿出,冷却至室温,置于 -20℃冰箱中储藏 24 h,取出在常温下解冻,在 4000 r·min^{-1} 下离心 10 min,取出沉淀物称重,每 12 h 冻融一次,计算析水率,按如下公式(3-6)进行计算。

$$B(\%) = \frac{M_1 - M_2}{M_1} \times 100\% \tag{3-6}$$

式中:B 为析水率(%);M_1 为淀粉糊重量(g);M_2 为沉淀物重量(g)。

(十五)淀粉的透明度

测试参考张杰的方法并稍加改动,配制浓度为 1%(w/v)不同粒度梯度的微细化马铃薯淀粉乳液,置于沸水浴中充分糊化后冷却至室温,使用可见分光光度计进行测定淀粉乳液透光率,测定波长为 640 nm,蒸馏水为参比,记录透光率。

(十六)数据分析

试验结果为 3 次测量平均值,结果以平均数±标准差表示。采用 Originlab8. 5 和 Design-Expert 软件对试验结果进行绘图,采用 SPSS、Minitab 软件进行数据处理(Duncan 多重比较分析)和 Pearson 相关分析。

第三节　结果与分析

一、马铃薯淀粉化学成分分析

由表 3-3 可知,马铃薯淀粉的水分、脂肪、粗蛋白和灰分的含量分别为 14. 86%、0. 11%、0. 12% 和 0. 14%,直链淀粉含量为 21. 23%,产品符合国家标准(GB/T 8885—2017)的规定。

表 3-3　马铃薯淀粉的基本组成

原料	水分/%	脂肪/%	粗蛋白/%	灰分/%	直链/%
马铃薯淀粉	14. 86±0. 03	0. 11±0. 04	0. 12±0. 02	0. 14±0. 03	21. 23±0. 11

二、微细化马铃薯淀粉的制备

气流粉碎过程较为复杂,涉及空气动力学,固体力学、粉碎理论等多方面知识理论。因此影响粉碎过程及产品质量的因素较多,如物料性质、粉碎设备参数、粉碎操作参数等,通过控制影响因素和工艺参数,能够提高粉碎效率,减少损耗,最终生产出合格产品。

（一）马铃薯淀粉超微粉碎单因素试验

本研究所用流化床气流粉碎机设备参数固定,考察不同粉碎操作参数对淀粉颗粒粉碎效果影响。因此,选择粉碎气体压力、分级轮转速以及进料量3个操作参数作为考察因素,以粉碎粒径大小（D_{50}）为考察指标,进行单因素试验,并结合单因素试验结果,优化最适粉碎条件,进一步考察最优条件下气流粉碎对淀粉粉体密度及流动性影响。

（1）粉碎压力对马铃薯淀粉微细化效果的影响。

常见的气流粉碎机入口压力都在0.60~1.0 MPa之间,若超出此压力范围会加剧机器能耗碎压力作为考察因素。固定气流粉碎机分级转速为3000 r/min,进料量为2.0 kg,在不同粉碎压力条件下对马铃薯淀粉进行微细化处理,粉碎时间为2 h。粉碎结束后,收集成品,研究粉碎压力对马铃薯淀粉微细化效果的影响。

（2）分级转速对马铃薯淀粉微细化效果的影响。

根据气流粉碎机及分级器的参数和规格,本试验选择1800 r/min、2400 r/min、3000 r/min、3600 r/min和3900 r/min 5个不同分级转速作为考察因素。固定气流粉碎机粉碎压力为0.70 MPa,进料量为2.0 kg,在不同分级转速条件下对马铃薯淀粉进行微细化处理,粉碎时间为2 h。粉碎结束后,收集成品,研究分级转速对马铃薯淀粉微细化效果的影响

（3）进料量对马铃薯淀粉微细化效果的影响。

根据气流粉碎机粉碎腔和成品收集器的容积,本试验选择1.0 kg、1.5 kg、2.0 kg、2.5 kg、3.0 kg 5个进料量作为考察因素。固定气流粉碎机粉碎压力为0.70 MPa,分级转速为3000 r/min,在不同进料量条件下对马铃薯淀粉进行微细化处理,粉碎时间为2 h。粉碎结束后,收集成品,研究进料量对马铃薯淀粉微细化效果的影响

（二）单因素试验结果分析

（1）粉碎压力对马铃薯淀粉微细化效果的影响。

从图3-1中可以看出,马铃薯原淀粉颗粒粒径相对较大,D_{50}值为39.75 μm。经气流粉碎不同压力处理,淀粉粒径大小较原淀粉减小且呈先下降后升高趋势。在粉碎压力0.60 MPa时,D_{50}值为21.72 μm,0.70 MPa时D_{50}值下降为14.21 μm。但随着粉碎压力的持续增加,在0.80 MPa时,D_{50}值为19.13 μm,粒径出现增大趋势,此时微细化淀粉得率降低。

根据气流粉碎原理,物料被高速气流带到气流交汇处发生冲击碰撞而发生粉碎,由气体动力学可知,需在气体进入喷嘴之前赋予其高初始压强,通过增加粉碎压力可提高气流的速度,使颗粒获得更高动能,增加颗粒碰撞概率,使粉碎产品粒度变细。因此,粉碎工质压力越大,产品粒度越细。Wang 等使用气流粉碎机进行粉碎发现时,在高压低进料量条件下得到的氧化铝颗粒粒径较小。

但本试验结果与王立东等粉碎玉米淀粉颗粒粒径变化结果相反,与王永强气流粉碎二氧化硅产品得到研究结果一致。陈海焱研究发现,粉碎压力存在一定值,高于或低于此值都会导致气流动能下降,从而影响粉碎效果,说明粉碎压力并不是越大越好,而是存在最佳粉碎压力,所以在实际生产过程中要根据粉碎材料物性和生产设备构造来合理选择粉碎工质压力大小。

因此,为获得马铃薯淀粉的微细化颗粒,确定最适粉碎压力为 0.70 MPa。

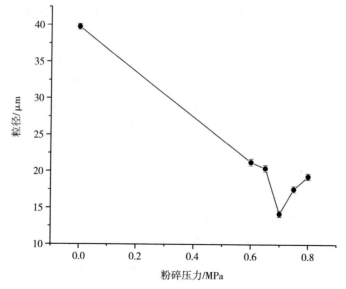

图 3-1　不同粉碎压力对马铃薯淀粉粒径大小的影响

（2）分级转速对马铃薯淀粉微细化效果的影响。

从图 3-2 中可以看出,随着分级转速增大,马铃薯淀粉颗粒粒径逐渐减小,当分级转速达到 3000 r/min 时,淀粉粒径 D_{50} 值达到 13.65 μm。随着分级转速的继续增大,淀粉粒径出现增大现象,其中在分级转速为 3900 r/min 时,获得的粉体粒径大于 3000 r/min 时的粉体粒径。

根据气流粉碎原理,粉碎后物料颗粒通过分级轮所形成的离心力大小进行分级。在低转速下,由于离心力低,对淀粉粉碎性较差,颗粒发生有效碰撞概率较小,粉碎效果较弱;随着分级轮转速增加,淀粉颗粒在粉碎腔的动能增大,碰撞、摩擦和剪切概率增加,导致颗粒尺寸减小;Lu通过对TiAL合金颗粒进行气流粉碎时发现,在高分级转速和低压力粉碎条件下,颗粒粉碎效果更好。

分级精度存在最佳值,当分级转速超过最佳值,会导致大颗粒在分级区滞留时间变长,气固比变大,细小颗粒容易吸附在较大颗粒表面,出现粒径增大现象。陈海焱利用流化床气流粉碎石英砂的研究结果与本研究结果一致。

因此,为获得马铃薯淀粉的微细化颗粒,确定最适分级转速为3000 r/min。

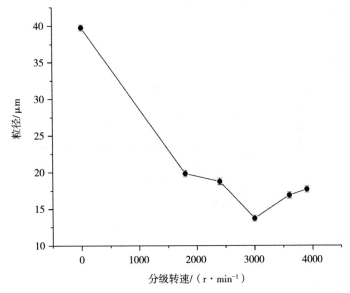

图3-2　不同分级转速对马铃薯淀粉粒径大小的影响

(3)进料量对马铃薯淀粉微细化效果的影响。

从图3-3中可以看出,随着进料量的增加,淀粉颗粒粒径大小呈先减小后增加的趋势。当进料量为2.0 kg时,D_{50}值为13.47 μm,随着进料量进一步加大,颗粒粒径出现增大趋势,当进料量达3.0 kg时,D_{50}值达到20.11 μm。

在气流粉碎分级中,粉碎区气体流量与固体质量的比值(也称气—固浓度)是一个非常重要的工艺参数。气流粉碎主要是将物料带到气流交汇处发生冲击碰撞而发生粉碎,碰撞概率与粉碎区物料体积浓度有关,进料量的大小是影响气固比的重要因素。Ramanujam M等认为进料量是颗粒粉碎过程中重要影响因素之一;由于在低进料量条件下,粉碎腔内粉体颗粒数目少,粉碎区气固浓度低,颗粒之间无法产生充分碰撞,导致粉碎效率低;当进料量增加后,粉碎区气固浓度增大,颗粒间发生有效碰撞概率增加,粒径逐步减小,产率提高;当进料量过大时,粉碎区粉体浓度过大,颗粒无法充分碰撞,粉碎效果变差,得粉率降低,说明粉碎过程存在最适进料量。

因此,为获得马铃薯淀粉的微细化颗粒,确定最适进料量为 2.0 kg。

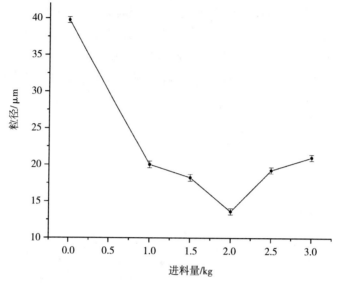

图 3-3　不同进料量对马铃薯淀粉粒径大小影响

(三)优化试验

(1)中心复合试验设计。

根据中心复合试验设计原理,以粉碎压力(X_1)、分级转速(X_2)、进料量(X_3)3 个考察因素作为自变量,采用三因素五水平的二次回归正交旋转组合试验设计,试验因素及水平设计见表 3-4。

表 3-4　因素水平设计表

水平	因素		
	X_1/MPa	X_2/(r · min^{-1})	X_3/kg
-1.682	0.60	1800	1.0
-1	0.65	2400	1.5
0	0.70	3000	2.0
1	0.75	3600	2.5
1.682	0.80	3900	3.0

在上述试验基础上,进行中心复合试验设计,进一步考察粉碎压力(X_1)、分级转速(X_2)、进料量(X_3)3个因素对马铃薯淀粉微细化效果的影响,结果见表3-5。

表3-5　设计方案与实验结果($n=3$)

实验	编码值			真实值			粒径 $D_{50}/\mu m$
	X_1	X_2	X_3	A 气体压力/MPa	B 分级轮转速/(r·min^{-1})	C 进料量/kg	
1	1	−1	−1	0.75	2400	1.5	19.27
2	0	0	−1.682	0.70	3000	1.0	20.03
3	0	0	0	0.70	3000	2.0	14.21
4	−1	1	1	0.65	3600	2.5	20.42
5	−1	1	−1	0.65	3600	1.5	19.57
6	−1	−1	−1	0.65	2400	1.5	19.78
7	−1	−1	1	0.65	2400	2.5	20.62
8	0	−1.682	0	0.70	1800	2.0	19.83
9	1.682	0	0	0.80	3000	2.0	19.13
10	1	−1	1	0.75	2400	2.5	20.92
11	0	0	0	0.70	3000	2.0	13.47
12	0	0	0	0.70	3000	2.0	13.65
13	1	1	1	0.75	3600	2.5	19.27
14	0	1.682	0	0.70	3900	2.0	17.66
15	−1.682	0	0	0.60	3000	2.0	21.72
16	0	0	0	0.70	3000	2.0	13.21
17	1	1	−1	0.75	3600	1.5	19.52
18	0	0	0	0.70	3000	2.0	13.44
19	0	0	1.682	0.70	3000	3.0	21.01
20	0	0	0	0.70	3000	2.0	13.71

使用Minitab软件对实验数据进行分析,得到二项式拟合方程:

$Y=13.627-0.422X_1-0.400X_2+0.347X_3+2.332X_1^2+1.739X_2^2+2.366X_3^2-0.124X_1X_2-0.036X_1X_3-0.236X_2X_3$

回归方程系数 R^2 为0.9821,说明方程可靠性较高。预测 R^2 为0.8801, R^2_{Adj} 为0.9660,其标准偏差为0.5675,二次多项式回归模型表现出高度的显著性,试验数据与回归数学模型拟合性良好。

从表3-6可知,粉碎压力(X_1)、分级转速(X_2)、进料量(X_3)的 P 值<0.05,表明粉碎参数对马铃薯淀粉粒径影响显著。同时,$X_1{}^2$、$X_2{}^2$、$X_3{}^2$ 的 P 值也极小,说明交互作用影响显著,失拟项 $P=0.061$,高于 0.05,说明该回归方程对实验拟合情况较好。

表3-6 二次回归方程方差分析

来源	自由度	顺序平方和	调整平方和	F 值	t 检验	P 值
模型	9	176.896	19.6551	61.02	58.87	0.000
X_1	1	2.434	2.4343	7.56	-2.75	0.021
X_2	1	2.182	2.1825	6.78	-2.60	0.026
X_3	1	1.644	1.6439	5.10	2.26	0.047
X_1^2	1	78.404	78.4038	243.39	15.60	0.000
X_2^2	1	43.557	43.5568	135.21	11.63	0.000
X_3^2	1	80.678	80.6781	250.45	15.83	0.000
X_1X_2	1	0.123	0.1225	0.38	-0.62	0.551
X_1X_3	1	0.011	0.0105	0.03	-0.18	0.860
X_2X_3	1	0.447	0.4465	1.39	-1.18	0.266
线性	3	6.261	2.0869	6.48		0.010
平方	3	170.056	56.6852	175.97		0.000
交互作用	3	0.580	0.1932	0.60		0.630
误差	10	3.221	0.3221			
失拟	5	2.641	0.5283	4.55		0.061
纯误差	5	0.580	0.1160			
合计	19	180.117				

采用 Design-Expert 软件,绘制出二次回归方程响应曲面图,如图3-4~图3-6所示。根据模型数学分析结果,确定气流粉碎制备马铃薯超微粉的最佳工艺参数相应的实验条件为气体压力 0.70 MPa,分级轮转速 3068.25 r/min,进料量 1.97 kg,考虑到实际操作需求,修正为气体压力 0.70 MPa,分级轮转速 3000 r/min,进料量 2.0 kg。对最佳粉碎条件进行 3 次重复验证实验,结果见表3-7,3 次实验值分别为 13.55 μm、13.62 μm、13.60 μm,平均值为 13.59 μm,且重复实验相对偏差不超过 2%,说明选择的工艺条件重现性良好。

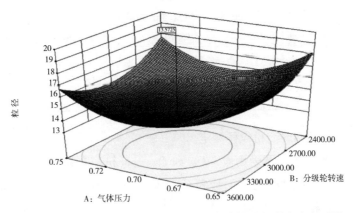

图 3-4　气体压力和分级轮转速对马铃薯淀粉粒径影响响应面图

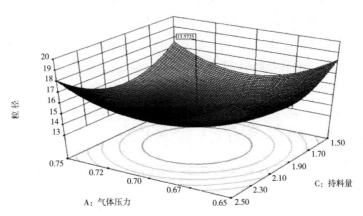

图 3-5　气体压力和进料量对马铃薯淀粉粒径影响响应面图

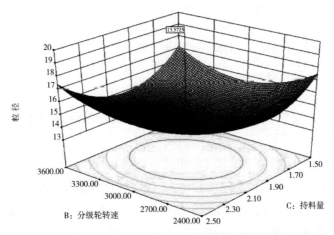

图 3-6　分机轮转速和进料量对马铃薯淀粉粒径影响响应面图

表 3-7　重复性试验结果

实验值/μm	平均值/μm	RSD/%	预测值/μm	偏差率/%
13.55				
13.62	13.59	0.27	13.57	0.15
13.60				

（2）微细化马铃薯淀粉粒径测定。

粉体物料粉碎效果常采用 D_{10}、D_{50} 和 D_{90} 表征粉碎颗粒粒度大小，分别表示累积量为 10%、50%、90% 时所对应粒径大小，比表面积（S_w）表示粉末样品单位重量表面积，用来表征颗粒形态特征。

马铃薯淀粉气流粉碎前后粒径大小、颗粒比表面积变化如表 3-8 所示。从表中可以看出，马铃薯原淀粉颗粒粒径相对较大，中位径 D_{50} 值为 39.75 μm，粉碎后粒径减小至 13.59 μm，粗端粒径 D_{90} 值和细端粒径 D_{10} 值分别为 66.76 μm 和 18.65 μm，经粉碎后分别为 22.90 μm 和 5.47 μm，说明粉碎处理能显著降低粉体整体颗粒粒径大小。气流粉碎后马铃薯淀粉颗粒的比表面积（S_w）由 0.118 m^2/g 增大至 0.256 m^2/g，淀粉粒径的减小导致比表面积的增大，同样，比表面积增大能够说明粉体粉碎效果较好。

表 3-8　马铃薯淀粉微细化处理前后粒径大小和比表面积

样品	$D_{10}/μm$	$D_{50}/μm$	$D_{90}/μm$	$S_w/(m^2 \cdot g^{-1})$
马铃薯原淀粉	18.65±0.04[a]	39.75±0.03[a]	66.76±0.04[a]	0.118±0.07[b]
微细化马铃薯淀粉	5.47±0.01[b]	13.59±0.02[b]	22.90±0.02[b]	0.256±0.04[a]

注：同列中 a~b 肩字母不同表示差异显著（$P<0.05$）。

（3）微细化马铃薯淀粉粉体密度及流动性测定。

通常采用堆积密度来表征粉末的容积性能，包括松装密度和振实密度。粉体在自由堆积状态下单位体积内含有的质量称为松装密度，振实密度反映粉体在排除空气后特定体积容器的堆积密度。粉体流动性，通常用卡尔系数表示（Carr Index，%）。

从表 3-9 中可以看出，与原淀粉相比，气流粉碎作用后马铃薯淀粉松装密度和振实密度降低，卡尔系数较原淀粉增大，说明粉体流动性下降。气流粉碎使淀粉颗粒大小分布不均，易导致微细化马铃薯淀粉堆积密度降低，粉体流动性变差。Syahriza 等发现气流粉碎处理能有效降低了脱脂大豆粉颗粒粒径，导致豆粉流动性变差。

表 3-9　马铃薯淀粉微细化处理前后粉体密度及粉体流动性

样品	松装密度/ （g/cm³）	振实密度/ （g/cm³）	Carr Index/ %
马铃薯原淀粉	0.68±0.031[a]	0.94±0.023[b]	27.98±0.821[a]
微细化马铃薯淀粉	0.61±0.017[a]	0.86±0.041[a]	29.10±0.946[b]

注：同列中 a、b 肩字母表示差异显著（$P<0.05$）。

三、微细化马铃薯淀粉结构性质的研究

淀粉结构和理化性质决定了淀粉作为原辅料在各领域中的应用和效果，不同种类淀粉结构存在差异。淀粉结构决定其性质，通过表征淀粉结构有利于研究其理化特性。

（一）颗粒形貌表征

不同来源淀粉颗粒大小、形貌各有不同，淀粉颗粒形态是表征淀粉结构与性能的基础。物料受机械力作用诱发物理效应时，其直观变化是颗粒细化，即颗粒粒径变小，比表面积增大。

图 3-7 为马铃薯淀粉气流粉碎前后颗粒扫描电镜图，表 3-10 为马铃薯淀粉气流粉碎前后颗粒粒径分析，从图 3-7（a）和表中可知，天然马铃薯淀粉颗粒多为卵形或球形，表面光滑，颗粒完整，淀粉粒径较大，D_{50} 值为 39.75 μm，比表面积值（S_w）较小，为 0.118 m²/g，与张攀峰等人观察结果一致。

从图 3-7（b~c）可以看出，在低分级转速条件下，马铃薯淀粉颗粒发生破碎，颗粒形貌表面变得粗糙，出现棱角和裂纹，但仍有部分淀粉颗粒保持卵形形态，颗粒尺寸减小。其原因是马铃薯淀粉颗粒较大，主要以冲击破碎为主，导致表面撞出裂纹发生破碎，进而导致粒径减小和比表面积增加；从图 3-7（c~f）中可以看出，随着分级转速的增大，淀粉破损程度加剧，颗粒完整度降低，绝大部分颗粒发生破碎，颗粒变的无规则且表面粗糙，部分细小颗粒从大颗粒表面剥落，这是颗粒之间或颗粒与粉碎腔壁之间通过摩擦剪切作用方式所造成的；在分级转速处于 3600 r/min 和 3900 r/min 时，从图 3-7（e~f）中可以看出，淀粉颗粒破碎程度较大且呈现不规则海绵状，不规则微小颗粒数量增多，部分细微颗粒黏附在小颗粒表面，此时颗粒冲击粉碎作用持续减弱，通过摩擦粉碎作用达到颗粒细化的目的，从表中可以看到，颗粒粒度大小没有继续下降，反而出现了一定程度的上升，这是由于淀粉颗粒受到机械力作用，表面自由能增加，范德华力和

静电力增大,产生凝聚现象,导致颗粒粒径增大,颗粒形貌变化与粒径大小变化结果一致。

研究结果表明,气流粉碎机械力作用所诱发的物理效应破坏马铃薯淀粉整体颗粒结构,改变淀粉颗粒大小,增大颗粒比表面积,提高了淀粉活性。

注:图 a~f 分别为分级转速为 0、1800 r/min、2400 r/min、3000 r/min、3600 r/min 和 3900 r/min
超微粉碎处理得到淀粉,0 和 1 表示不同放大倍数下超微粉碎处理得到淀粉。

图 3-7 气流超微粉碎处理前后马铃薯淀粉的扫描电镜图

表 3-10 马铃薯淀粉微细化处理前后粒径大小和比表面积

分级转速/$(r \cdot min^{-1})$	$D_{50}/\mu m$	$S_w/(m^2/g)$
0	39.75±0.07[a]	0.118±0.003[b]
1800	19.60±0.03[a]	0.177±0.004[a]
2400	18.85±0.05[a]	0.207±0.005[a]
3000	13.59±0.04[b]	0.256±0.005[a]
3600	14.64±0.06[a]	0.273±0.007[a]
3900	15.43±0.05[a]	0.298±0.005[a]

(二)XRD 分析

淀粉是由支链和直链淀粉分子构成的半结晶型颗粒,拥有不同晶型和结晶度,图 3-8 为气流粉碎前后马铃薯淀粉颗粒的 XRD 图,表 3-11 为气流粉碎前后不同马铃薯淀粉样品的相对结晶度。天然马铃薯淀粉属于典型 B 型淀粉,从 X

衍射图谱中的 5.5°、14.8°、17°、19.3°、22°和 24°位置可观察到明显的特征衍射峰,具有较高相对结晶度为 54.79%。从图 3-8 中可以看出,气流粉碎处理后马铃薯淀粉各个衍射峰随着分级转速的增加而减小,当分级转速为 3900 r/min 时,马铃薯淀粉在衍射角 2θ 为 5.5°、22°和 24°的衍射峰消失,且衍射强度发生降低,衍射曲线变得光滑平缓,相对结晶度从 54.78%下降到 4.94%,但没有出现新的衍射峰,衍射图谱始终呈"A"字形,仍然保持 B 型晶体结构不变。

从衍射图谱和结晶度的变化上可知,马铃薯淀粉在气流粉碎过程中遭受强烈机械力作用,引起分子内部局部晶格畸变错位和晶面扭转滑移,淀粉内部结晶结构由多晶态向无定形态发生转变,非晶区增加,从而导致衍射图谱和相对结晶度上的变化,其结果与扫描电子显微镜观察结果一致。

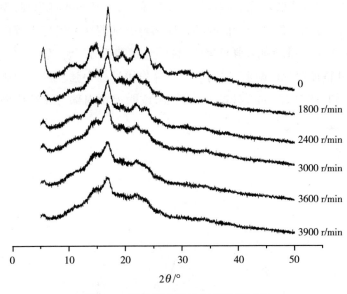

图 3-8　马铃薯淀粉 X 射线衍射图谱

表 3-11　马铃薯淀粉的相对结晶度/%

分级转速/ (r·min⁻¹)	0	1800	2400	3000	3600	3900
结晶度(%)	54.78±0.39[a]	30.49±0.62[b]	28.53±0.47[b]	7.36±0.83[c]	5.57±0.41[d]	4.93±0.75[d]

(三)傅里叶红外光谱分析

傅里叶红外光谱(FTIR)对于淀粉结晶、分子链构象和螺旋结构的有序非常敏感,化学基团对于吸收谱带的强度有极大影响,因此可以用来定量研究淀粉中有序部分与无定形部分比例。

图 3-9 为气流粉碎前后马铃薯淀粉红外吸收光谱图,从图中可以看出,马铃薯原淀粉结构在红外光谱图中对应的吸收峰分别是:858 cm^{-1} 附近谱带反映了 α-(1、4)糖苷键的含量,929 cm^{-1} 附近的谱带归因于 C—OH 的拉伸振动,在 1156 cm^{-1} 处的谱带归因于 C—O—C 的拉伸振动以及 C—C 和 C—H 的骨架结构,在 1653 cm^{-1} 处的谱带归因于淀粉无定形区中 C—O—O 的拉伸振动。此外,在 1370 cm^{-1} 处的吸收带与 C—H 的振动有关,而在 2926 cm^{-1} 处的吸收带属于 CH$_2$ 反对称拉伸振,O—H 拉伸振动带出现在 3422 cm^{-1} 附近。

相比于天然马铃薯淀粉红外吸收光谱图,气流粉碎处理后,各微细化淀粉在红外光谱图中主要吸收峰峰位基本没有发生变化,无新吸收峰出现,说明气流粉碎是物理改性过程。但部分特征峰的强度和峰宽随着气流粉碎进程的继续发生变化,在 3422 cm^{-1} 处特征峰强度增大,说明连接淀粉分子链氢键发生了断裂,在 1047 cm^{-1} 处特征峰强度减弱,说明气流粉碎作用过程中强烈机械力破坏了淀粉颗粒晶体结构,在 1022 cm^{-1} 处特征峰增强,说明淀粉内部有序结构向无定形结构转变。

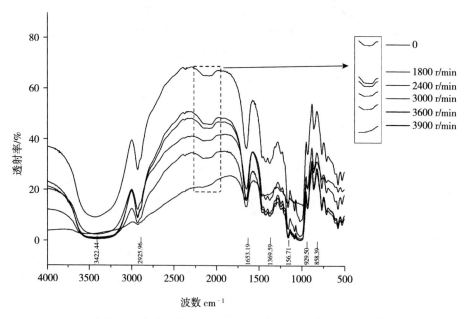

图 3-9　气流超微粉碎处理马铃薯淀粉的 FTIR 光谱图

（四）X光电子能谱分析

X射线光电子能谱（XPS）是对样品产生光子能量的测定，可获得样品中元素组成的一种微区和表面分析技术，被广泛应用于变性淀粉结构及表面基团变化研究中。

图3-10为气流粉碎前后马铃薯淀粉颗粒XPS谱图。马铃薯淀粉是由大量葡萄糖单元通过糖苷键连接组成的高分子多糖，主要含有C、O、H 3种元素，因而在谱图3-5（a）上出现明显的O1s和C1s峰，同时马铃薯淀粉中含有少量矿物质，具有如Si2$_p$等小杂峰。气流粉碎作用后，淀粉谱图上未出现新峰，表明气流粉碎作用没有在马铃薯淀粉颗粒表面引入新元素。

对C1s图谱进行分峰处理，可获得不同价态含C基团含量，由于构成淀粉的葡萄糖单元主要含有化学键为C—C（C—H）、C—O、O—C—O（C =O）及O =C—OH，因此C1s可以分成4个表示不同价态的峰。由表3-12可见，经不同气流粉碎条件作用后，C—C（C—H）和O =C—OH两个峰面积百分比均不断下降，表明马铃薯淀粉分子中部分C—H和O =C—OH键发生断裂，进一步验证傅里叶红外光谱中3422 cm^{-1}和2930 cm^{-1}处吸收峰强度增大的原因，说明气流粉碎作用使淀粉分子氢键断裂，导致羟基数量增加。

气流粉碎处理后马铃薯淀粉分子内碳、氧元素的相对含量未发生变化，也没有出现新的元素峰位，进一步证实傅里叶红外光谱分析中的推断。表明气流粉碎强烈的机械力作用破坏了马铃薯淀粉表面形貌、晶体结构，使由有序结构向无定形结构转变，但并没有改变马铃薯淀粉其本身基本化学组成。

表3-12　气流粉碎前后马铃薯淀粉O/C元素比和C1s峰面积百分比

分级转速/（r·min^{-1}）	O/C	C—C,C—H/%	C—O/%	C =O/%	O =C—OH/%
0	0.46	44.22	33.80	12.48	9.51
1800	0.48	41.77	34.06	15.39	8.78
2400	0.51	38.17	37.25	16.81	7.78
3000	0.52	35.19	39.80	18.52	6.49
3600	0.55	31.97	42.26	19.82	5.96
3900	0.57	31.48	44.69	19.07	4.75

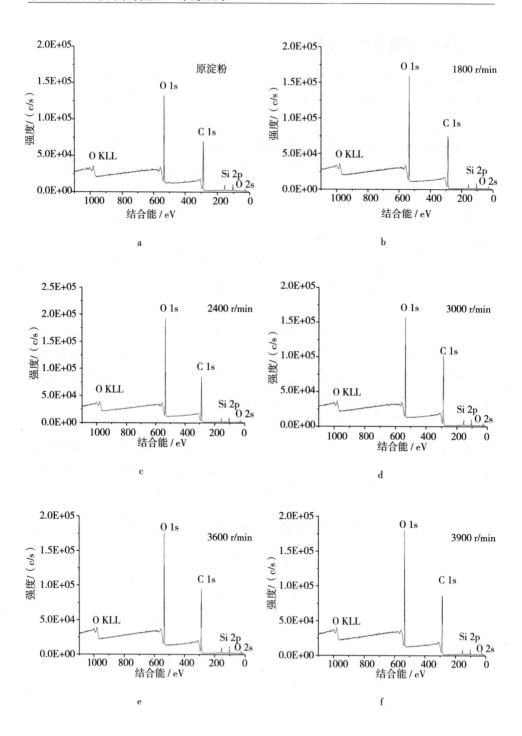

图 3-10　气流超微粉碎处理马铃薯淀粉的 XPS 光谱图

(五)分子量分析

不同来源淀粉结构不同,其分子量大小及分布存在差异,淀粉分子量与其功能特性如凝胶、老化和糊化特性相关。

气流粉碎前后马铃薯淀粉分子量大小及分布如表 3-13 所示。可以看出,天然马铃薯淀粉的 M_w 为 $3.843×10^7$ g/mol,且多集中分布在 $10^7 \sim 10^8$ g/mol 范围内,少部分大于 10^8 g/mol。气流粉碎处理后,随着气流粉碎程度的加剧,马铃薯淀粉的 M_w 值逐步下降,但淀粉的分散指数(M_w / M_n)增加,说明淀粉分子量分布越来越宽,同时微细化淀粉样品分子量分布扩大到 $10^5 \sim 10^8$ g/mol。在 3000 r/min 下,马铃薯淀粉的分子量主要分布在 $10^5 \sim 10^7$ g/mol,占比达 83.22%,其原因是气流粉碎过程中强烈机械力破坏了分子链上的氢键,使分子链发生断裂,由此引发分子量降低,分子量分布变宽。郭培培通过气流粉碎处理得到的微细化甘薯淀粉分子量发生了下降。

表 3-13 马铃薯淀粉的分子量及分布

分级转速/ (r·min⁻¹)	M_w/ (×10⁶ g/mol)	M_w/M_n	分子量分布/%				
			<10⁵	10⁵~10⁶	10⁶~10⁷	10⁷~10⁸	>10⁸
0	38.43(2%)	1.854(2%)	0	0	0	90.36	9.64
1800	30.99(2%)	2.617(3%)	0	0	26.57	68.18	5.25
2400	24.07(3%)	3.438(5%)	0	3.23	51.87	42.49	2.41
3000	19.58(2%)	3.475(4%)	0	14.56	68.66	15.82	0.96
3600	18.02(2%)	3.564(3%)	0	16.82	75.32	7.12	0.74
3900	17.18(1%)	3.561(3%)	0	17.76	79.16	2.59	0.49

四、微细化马铃薯淀粉理化性质的研究

不同来源淀粉具有不同性质,而不同应用领域对淀粉理化性质要求不同。淀粉颗粒的糊化特性、流变特性、热力学特性、冻融稳定性、溶解性和凝沉性等影响淀粉应用。

(一)糊化特性测定

天然淀粉颗粒不溶于冷水,但随着温度的提升,颗粒吸水膨胀,成为具有黏性凝胶物质,此过程称为糊化,糊化是各种淀粉共有特性。淀粉糊的黏度随温度

规律变化的过程,可使用快速黏度分析仪(rapidviscoanalyser,RVA)进行连续监测,从而获取不同阶段糊化特征参数,淀粉糊的黏度与淀粉种类、淀粉颗粒的大小、晶体结构等因素有关。

表3-14为气流粉碎前后马铃薯淀粉糊化特征值,从表中看出,天然马铃薯淀粉具有较高的糊化特征值,随着气流粉碎进程的继续,当分级转速达到3900 r/min 时,马铃薯淀粉的峰值黏度从10545 mPa·s 下降至3942 mPa·s,谷值黏度从3940 mPa·s 下降至2140 mPa·s,峰值黏度为淀粉糊化过程的最高黏度值,峰值黏度的下降说明气流粉碎作用导致淀粉颗粒结构破坏,无定形区稳定性下降,分子间结合变得疏松导致马铃薯淀粉的黏度明显下降,谷值黏度的下降则说明微细化马铃薯在高温糊化条件下耐剪切能力的衰退;衰减黏度为峰值黏度与谷值黏度的差值,被视为淀粉糊抗热效应与耐受剪切能力的大小,同样发生了下降的趋势。

最终黏度表示热糊稳定性,回生值为最终黏度与谷值黏度的差值,代表冷糊稳定性,在分级转速频率达到3900 r/min 时,马铃薯淀粉的最终黏度从5070 mPa·s 下降至2387 mPa·s,回生值从1130 mPa·s 降至247 mPa·s,这两组数值的变化说明微细化淀粉的热糊稳定性、冷糊稳定性优于原淀粉。Bustos 通过对木薯淀粉机械球磨后的发现相似趋势结果。

在气流粉碎强力的机械力作用下,马铃薯淀粉颗粒发生破裂,颗粒中链—水晶体结构遭到破坏,水分子更易于渗入淀粉分子内部和结合,引起糊化特性发生变化,导致糊化特征值的降低,并随着粉碎进程的继续持续下降。

表3-14 马铃薯淀粉的糊化特征参数

分级转速/ (r·min^{-1})	峰值黏度/ (mPa·s)	谷值黏度/ (mPa·s)	最终黏度/ (mPa·s)	衰减度/ (mPa·s)	回生值/ (mPa·s)	起糊温度/ ℃
0	10545±12[a]	3940±11[a]	5070±9[a]	6605±18[a]	1130±15[a]	71.90±0.5[a]
1800	10157±8[a]	3813±14[a]	4654±11[b]	6344±12[a]	841±12[b]	70.95±0.7[b]
2400	9384±14[b]	3469±8[b]	4195±6[c]	5915±11[b]	726±14[c]	70.20±0.3[b]
3000	6979±18[c]	2847±7[c]	3499±12[d]	4132±14[c]	652±11[d]	69.35±0.2[c]
3600	5189±10[d]	2207±13[d]	2660±16[e]	2982±13[d]	453±9[e]	68.55±0.8[c]
3900	3942±9[e]	2140±16[d]	2387±11[e]	1802±8[e]	247±13[f]	65.15±0.8[d]

注:同列中 a~e 肩字母不同表示差异显著(P<0.05)。

(二)淀粉的流变特性

淀粉经过糊化吸水膨胀形成具有黏弹性的淀粉糊,研究淀粉糊流变学特性对淀粉加工中的应用特性具有重要影响。

图3-11为气流粉碎前后马铃薯淀粉流变模型图,可以看出,天然马铃薯淀粉糊流变曲线随着剪切速率的增大逐渐向剪切应力轴弯曲,气流粉碎处理后,不同粒度的微细化淀粉保持与天然淀粉相同的屈向性,流体类型未发生变化,符合淀粉在流变学性质中的特征,说明马铃薯淀粉糊属于假塑性流体。张攀峰在对不同品种马铃薯淀粉流变实验中得到相同实验结果。

使用幂律方程 $\tau = K \hat{\gamma}^m$ 对不同马铃薯淀粉糊流变曲线进行拟合,式中 K 为稠度系数,m 为流动系数,结果如表3-15所示。可以看出,相关系数 R^2 介于0.9894~0.9971之间,表明幂律方程对马铃薯淀粉糊流变特性曲线拟合良好,随着分级转速增加,稠度系数 K 发生急剧下降,流动系数虽上升但小于1,进一步确定了马铃薯淀粉糊属于假塑性流体,同时说明了淀粉糊逐步向牛顿流体转变。

流体的表观黏度在剪切应力作用下,随剪切速率增加而降低的现象称为剪切稀化,是假塑性流体所特有现象。由于淀粉吸水膨胀,分子相互交连和缠绕形成凝胶状态,淀粉凝胶在受到逐渐增大的剪切应力作用时,淀粉分子链无规则构象发生变化,相互交连缠绕的结构被拉直,物理交联点被破坏速度大于重建速度,从而导致表观黏度下降,出现剪切稀化现象,当剪切速率增大到某一数值后,表观黏度维持在一个常数基本不发生变化。

在温度为25℃条件下,对气流粉碎前后马铃薯淀粉样品进行剪切稀化测试,从图3-12中可以看出,天然马铃薯淀粉表观黏度随剪切速率增加急剧下降,然后逐渐趋向平缓,说明存在剪切稀化现象,不同粒度的微细化淀粉保持与天然马铃薯淀粉同样的流变曲线,但在相同剪切速率下,随着微细化程度增大,淀粉糊的表观黏度值不断下降,这是由于气流粉碎过程中所产生的机械力作用破坏了马铃薯淀粉分子间氢键,导致分子链发生断裂,结晶度下降,结构变松散,对流动产生的黏性阻力减小,导致表观黏度发生降低,并随着气流粉碎进程的继续持续降低。

表3-15　马铃薯淀粉流变参数

分级转速/($r \cdot min^{-1}$)	稠度系数 K	流动系数 m	相关系数 R^2
0	87.49	0.2717	0.9894
1800	46.69	0.3494	0.9907

分级转速/$(r \cdot min^{-1})$	稠度系数 K	流动系数 m	相关系数 R^2
2400	35.25	0.3862	0.9922
3000	27.12	0.4129	0.9952
3600	19.69	0.4761	0.9966
3900	15.37	0.5154	0.9971

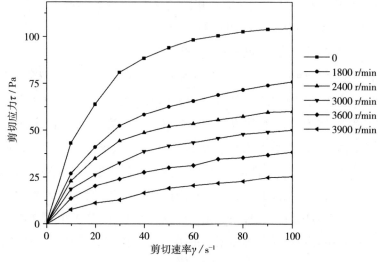

图 3-11 马铃薯淀粉糊的流变特性

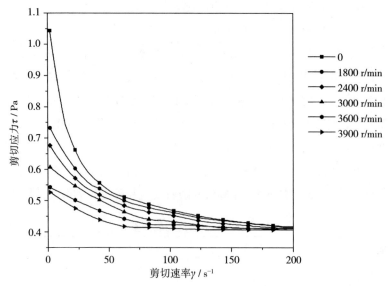

图 3-12 马铃薯淀粉糊表观黏度变化

（三）热力学特性测定

加热过程中淀粉颗粒热相变的变化规律可通过差示扫描量热仪（DSC）测定，糊化温度的高低反映了淀粉分子内部晶体结构的完整性，糊化温度受淀粉颗粒大小、晶体结构等多种因素影响，热焓值（ΔH）与淀粉结晶度有关，其数值代表破坏淀粉颗粒双螺旋结构所需要的能量。

由表3-16可以看出，天然马铃薯淀粉糊化温度较高，且具有较大热吸收焓，说明天然马铃薯淀粉晶体结构完整，结晶度较大。

气流粉碎处理后，微细化马铃薯淀粉起始温度、峰值温度、终止温度和热焓值下降，且随着分级转速的增大而减小。在分级转速达3900 r/min时，其各项热特征参数值较原淀粉均下降显著。说明经气流粉碎机械力作用后，马铃薯淀粉颗粒发生破碎，内部的分子链断裂，晶体结构被破坏，结晶度降低，导致淀粉更易糊化，从而使糊化温度降低，所需能量下降，引起热焓值减小。这与XRD结果一致，说明气流粉碎作用改变淀粉内部结晶结构同时引起其热力学性质发生改变。

表3-16 马铃薯淀粉的热力学特征参数

分级转速/ （r·min^{-1}）	起始温度 To/℃	峰值温度 TP/℃	终止温度 TC/℃	热焓值 ΔH/(J·g^{-1})
0	63.04±0.13[a]	67.45±0.05[a]	84.75±0.09[a]	19.19±0.03[a]
1800	59.01±0.04[b]	64.85±0.13[b]	79.86±0.14[b]	16.09±0.10[b]
2400	56.83±0.06[c]	64.14±0.06[b]	77.51±0.03[c]	14.50±0.07[c]
3000	55.28±0.08[d]	63.88±0.08[b]	75.46±0.07[d]	13.44±0.05[c]
3600	54.18±0.02[e]	60.67±0.12[c]	73.76±0.05[e]	10.03±0.09[d]
3900	53.77±0.11[e]	60.56±0.05[c]	72.32±0.15[e]	9.36±0.12[d]

注：同列中 a~e 肩字母不同表示差异显著（$P<0.05$）。

（四）热稳定性测定

淀粉及其衍生物应用在食品及其他行业特定加工过程中，需具备良好热稳定性能，一般认为，水分蒸发阶段、快速热解阶段和碳化阶段3个阶段共同组成了淀粉热分解过程。

图3-13为天然马铃薯淀粉的热重曲线，可以看出，从室温到147℃范围是水蒸发阶段，此阶段淀粉热重曲线显示出轻微重量损失；在147~300℃温度范围内，天然马铃薯淀粉TG曲线几乎呈直线，在此阶段，淀粉重量损失与淀粉链—水结构破坏有关，在300~500℃温度范围是马铃薯淀粉燃烧的主要阶段，失重率约

占总失重60%，主要是由于淀粉链—链结构遭到破坏，因此被称为快速热解区；在500~800℃温度范围内，此阶段是碳化阶段，由于淀粉分解过程中碳化，导致样品重量减少。

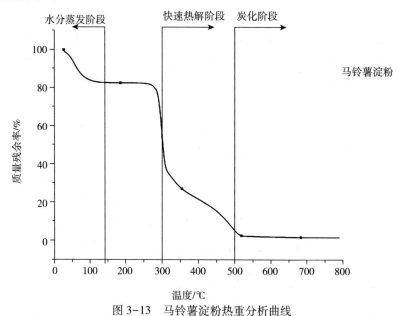

图3-13　马铃薯淀粉热重分析曲线

对于气流粉碎处理的不同粒径梯度马铃薯淀粉样品，从图3-14中可以看

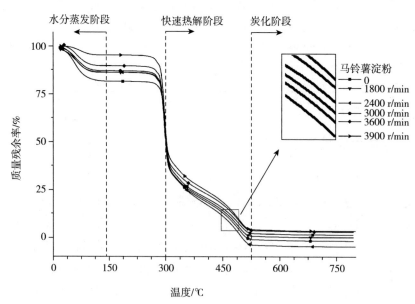

图3-14　气流超微粉碎处理马铃薯淀粉热重分析曲线

出,马铃薯原淀粉和各粒径梯度微细化淀粉的 TG 曲线基本重合。但随着分级转速增加,水分蒸发阶段温度降低。在蒸发阶段,失重率明显降低,说明马铃薯淀粉结构在气流粉碎机械力作用下受到破坏,结晶度降低,分子链中更多结合水变成了自由水,不能有效抵抗热分解作用,因此,起始蒸发温度降低。然而,快速热解阶段温度范围变化不大,同时碳化阶段失重率基本保持不变,说明碳元素含量基本没有改变,从侧面验证了 XPS 实验结果。结果表明,经气流粉碎处理后的马铃薯淀粉仍具有很好的热稳定性。

(五)溶解度和膨胀度测定

淀粉分子与水分子之间相互作用力在一定程度上可用溶解度和膨胀度来反映。膨胀度指每克干淀粉在一定温度下吸水的质量数;溶解度指淀粉颗粒在一定温度下,溶于水中的淀粉分子质量百分数。溶解度和膨胀度与淀粉结晶区和无定形区之间相互作用有关,还取决于淀粉分子量和链长分布等因素。

从图 3-15 和图 3-16 可以看出,温度较低时(20℃),不同马铃薯淀粉样品展示出较差的溶解度和较低的膨胀度,这是由于天然淀粉分子中含有较多羟基,相互结合形成氢键,通过氢键形成束状结构,导致淀粉在冷水中难以溶解,淀粉分子无法吸水膨胀。随着温度的增加,氢键逐步被破坏,水分子与淀粉分子的亲水基团相结合,导致淀粉分子迅速膨胀,产生糊化现象,最终导致溶解度和膨胀度

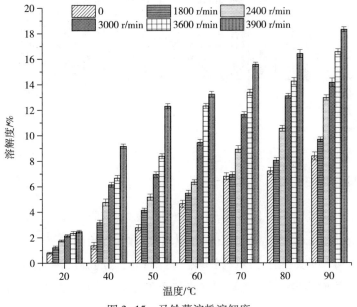

图 3-15　马铃薯淀粉溶解度

上升,形成黏稠的溶胶物质。

　　气流粉碎处理后,马铃薯淀粉溶解度和膨胀度均随淀粉颗粒粒度的减小而增加。说明气流粉碎作用提高了马铃薯淀粉的溶解度和膨胀度,这是由于经气流粉碎后,马铃薯淀粉颗粒受到较强机械力作用而被破坏,淀粉粒度减小,晶体结构受到破坏,阻碍了淀粉中的直链淀粉和脂类物质结合成复合物,提高了淀粉低温状态下的溶解性,同时水分子更易于进入淀粉颗粒内部无定形区,促进了水分子和淀粉分子游离羟基的结合,导致微细化淀粉溶解度的增加,而马铃薯淀粉内部结构较弱,许多相互排斥的磷酸基团电荷存在于马铃薯淀粉分子结构中,磷酸基团能促进淀粉膨胀,淀粉颗粒结构遭到气流粉碎作用的破坏,大量磷酸基团暴露出来导致淀粉膨胀度增加。

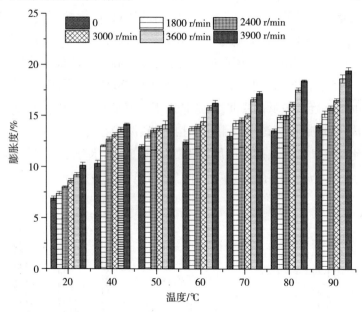

图 3-16　马铃薯淀粉膨胀度

(六)凝沉性测定

　　糊化后的淀粉静置一段时间,淀粉分子间发生重排,分子链之间通过氢键缔合,导致水分析出,溶解度降低,出现浑浊现象,称为淀粉的凝沉性。

　　从图 3-17 可以看出,天然马铃薯淀粉具有较低的凝沉性,且凝沉性随着贮藏时间的延长而逐步增大,12 h 后逐步趋于稳定。不同粒度的微细化淀粉保持与天然马铃薯淀粉同样的凝沉性,在相同贮存时间下,微细化淀粉凝沉速率低于天然淀粉,这是由于天然马铃薯淀粉中直链淀粉含量较低,结合水的能力较弱,不易凝沉;而气流粉碎所产生的强烈机械力作用导致淀粉颗粒破碎,淀粉分子链间氢键断裂,生成小分子,而小分子链不易形成分子间氢键,因此不易凝沉,所以微细化马铃薯淀粉的凝沉性发生了下降,随着粉碎进程的继续,淀粉微细化程度加剧,凝沉性持续降低。

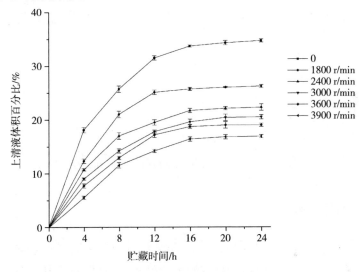

图 3-17　气流超微粉碎处理马铃薯淀粉凝沉性

(七) 冻融稳定性测定

冻融稳定性是指淀粉糊化经过冻融处理后淀粉凝胶的稳定性,淀粉类冷冻食品在加工后需低温下冻藏存放,所以要具有较好的冻融稳定性。析水率通常被用作淀粉糊冻融稳定性的衡量标准,析水率低则冻融稳定性好。

从图 3-18 可以看出,马铃薯淀粉的析水率随着冻融时间的延长先增大后趋于稳定,原因是随着冻融时间的延长,淀粉分子间形成大量氢键相互靠拢,形成重新取向排列的聚合体,将水分子从淀粉分子间的空隙挤出,使淀粉食品不能保持原有的质构,导致淀粉析水率上升,冻融稳定性变差。

微细化马铃薯淀粉与天然淀粉保持同样的析水性规律,且在相同时间条件下冻融稳定性下降,说明气流粉碎作用能有效降低马铃薯淀粉的冻融稳定性,这是由于气流粉碎机械力化学作用破坏了淀粉完整度,使分子链发生断裂,削弱了淀粉分子间氢键作用力,水分较易从淀粉颗粒中析出,随着淀粉分子结构受破坏程度加大,淀粉和水的结合能力逐步下降,从而导致冻融稳定性降低。

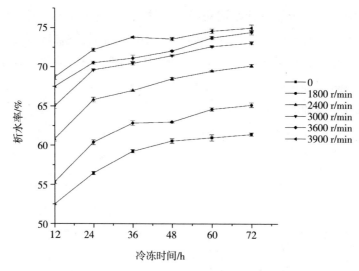

图 3-18　气流超微粉碎处理马铃薯淀粉的冻融稳定性

(八) 透明度测定

淀粉糊透明度能够反应淀粉水溶能力强弱,其大小直接影响淀粉产品外观和用途,常采用透光率来评价淀粉产品,透光率越大,透明度越好,淀粉与水结合能力也越强。

从图 3-19 可以看出,天然马铃薯淀粉糊具有较高透明度,且透明度随贮藏

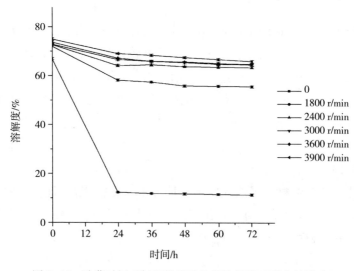

图 3-19　贮藏时间对气流粉碎马铃薯淀粉糊透明度的影响

时间的增加逐步降低并趋于稳定,气流粉碎处理后,微细化淀粉糊的透明度也具有相似规律。这是由于马铃薯淀粉分子间大量磷酸基团的存在能阻止淀粉分子间和分子内部通过氢键的缔合作用,影响了光的吸收与折射,所以天然马铃薯淀粉糊具有很好的透明度。而经气流粉碎机械作用下,淀粉无定形区和小部分结晶区被破坏,导致分子链发生断裂,造成结构改变,磷酸基团进一步阻碍了淀粉分子间氢键形成,使淀粉分子不易与羟基键合,导致淀粉糊透明度随着粉碎程度增加而增大。

五、气流粉碎作用对马铃薯淀粉粉碎机制初探

粉碎是物质颗粒在外部机械力作用下通过克服其自身内聚力,使内部失稳发生粉碎,整体颗粒尺寸变小的过程,包含破碎和粉磨两个过程。粉碎机对物料进行粉碎的本质就是通过对物料施加外力,使物料表面或内部裂纹处产生应力堆积,通过应力堆积作用使物料破碎,包含挤压、剪切、摩擦和冲击等多种不同外力施加方式,物料粉碎过程是多种方式共同协作结果。

部分学者构建了粉碎模型(图3-20),并根据颗粒粉碎效果的不同将模型分为:体积粉碎、表面粉碎和均一粉碎。由内向外拓展的粉碎方式称为体积粉碎,粉碎后颗粒相对较大;进行表面粉碎的颗粒内部结构保持完整,只是部分细微碎片从颗粒表面脱落;由于均一粉碎较难实现,所以体积粉碎和表面粉碎共同导致了粉碎过程的发生。

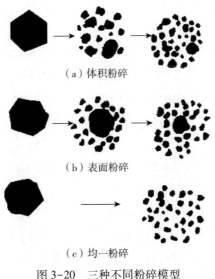

（a）体积粉碎

（b）表面粉碎

（c）均一粉碎

图3-20　三种不同粉碎模型

根据粉碎极限可将物料粉碎分为脆性粉碎和疲劳粉碎,通常物料的脆性强度高于疲劳强度。机械力通过对物料做功,将部分能量转变为应力值储存在颗粒内部,随着机械力的增加,颗粒在形成过程中其内部结构不均匀性,呈无序分布的裂纹等缺陷,造成应力集中现象,当应力值超过物料所能承受的脆性强度极限 σ_{IC} 时,致使物料发生破碎。但仍有一部分能量并未应用于该阶段的破碎,剩余能量转变为其他形式能量存于颗粒内各个位点,当物料所受到的应力值超过疲劳强度极限 σ_0,但达不到脆性强度极限 σ_{IC} 时,通过对物料进行反复作用,增加了部分位点能量,致使颗粒内部发生位错运动,表面出现疲劳裂纹,并逐步扩散,当裂纹长度达到临界值,部分碎片从物料上剥落,形成细粉。细小颗粒由于粒度过小,内部强度薄弱,因此小于 σ_0 的应力不会使颗粒继续发生破碎。

朱美玲根据物料的粉碎方式提出了脆性破坏的应力判据和疲劳判据,应力判据为:

$$\sigma \geqslant \sigma_{IC} = \frac{K_{IC}}{\gamma\sqrt{\alpha}} \tag{3-7}$$

式中,K_{IC} 为临界应急强度因子,α 为裂纹长度,γ 为与材料表面能有关的系数。

疲劳破坏的判据为:

$$\sigma_1^m N_1 > [C] \tag{3-8}$$

式中,σ_1 为物料受到的循环应力,N_1 为 σ_1 的循环次数,m 为疲劳指数,$[C]$ 为抗疲劳系数。

粉碎过程中哪种粉碎方式占主导取决于颗粒的大小,颗粒较大时,所获得的动能较大,颗粒与颗粒间发生强烈的冲击碰撞,体积粉碎起主要作用,主要发生脆性粉碎;随着粉碎进程的继续,颗粒逐步变小,获得的动能减小,只能多次往复地加速撞击、摩擦来达到所需的粉碎效果,所以该阶段主要是表面粉碎主导粉碎作用。

与普通粉碎不同的是,气流粉碎是以脆性粉碎为主、疲劳粉碎为辅的粉碎方式。原因是较大的颗粒在高速气流的带动下,获得极高的动能,颗粒之间相互发生强烈的机械碰撞,超过了颗粒本身所能承受的脆性强度极限,从而发生脆性粉碎,气流速度越高,脆性粉碎效果越显著;而小颗粒物料因为颗粒较为细小,所获得的动能有限,难以达到脆性强度极限,所以很难发生脆性粉碎,只能通过反复的摩擦、冲击,在内应力达到或超过物料本身疲劳强度极限时,物料内部发生破裂,从而产生明显的形变后导致疲劳粉碎的发生。

通过对马铃薯淀粉在不同气流粉碎操作参数下的粉碎行为和规律研究发现,进料量、粉碎压力和分级转速是影响淀粉粉碎效果的重要因素。粉碎压力决定淀粉颗粒运动速度,通过控制粉碎压力的大小,来改变淀粉颗粒所携带的动能,从而控制颗粒碰撞能量的大小;通过控制淀粉进料量来改变粉碎区气—固比,改变淀粉颗粒碰撞概率;通过调控分级轮转速来影响起分级作用的离心力大小,从而获得不同粒度的微细化淀粉。

通过对马铃薯淀粉在不同气流粉碎操作参数下的粉碎行为和规律可知:从图3-21(a)中可知天然马铃薯淀粉颗粒完整,粒径较大。在气流粉碎的初期,在外界高速气流的带动下,淀粉颗粒之间以极高的能量瞬间发生强烈的机械冲击,导致马铃薯淀粉颗粒发生如图3-21(b)所示的脆性粉碎,气流速度越大,冲击性越强,脆性粉碎效果越明显;中间过程则为冲击破碎与摩擦破碎的综合控制,既有冲击粉碎引起的脆性粉碎,也有摩擦粉碎导致的疲劳粉碎,粉碎效果如图3-21(c)所示;随着粉碎持续进行,颗粒逐步减小,未被分级的小颗粒所获得的动能不足以提供脆性粉碎所需能量,只能在粉碎区内能进行反复的摩擦、冲击,当内应力达到或超过物料本身疲劳强度极限时,发生疲劳粉碎,以粉碎出获得符合要求的微细化产品,粉碎效果如图3-21(d)所示。由此作用机制可知脆性粉碎耗时较短,且容易破碎,疲劳粉碎耗时较长,粉碎较为复杂。

因此获得马铃薯淀粉气流粉碎机制:使用流化床气流粉碎设备对马铃薯淀粉进行改性处理时,由于马铃薯淀粉颗粒较大,在粉碎初期主要以冲击粉碎为主进行脆性粉碎;随着粉碎地进行,粉碎中期两种粉碎方式共存,因此生成中间颗粒和部分细小颗粒;随着小颗粒淀粉逐渐增多,后期粉碎方式趋向于摩擦粉碎,通过疲劳粉碎以粉碎出获得符合要求的微细化产品。

(a)　　　　　　(b)　　　　　　(c)　　　　　　(d)

图3-21　气流粉碎对马铃薯淀粉的粉碎机制

第四节 讨论

一、马铃薯淀粉的气流粉碎技术改性

(一)气流超微粉碎的机械力化学效应

淀粉因其自身性质原因,制约了其在工业上更好的应用,为拓宽淀粉在不同领域应用和改善其应用质量,人们发明了淀粉改性技术,生产出许多满足生活和生产需求的变性淀粉产品,而常见的化学改性和生物改性因污染大、成本高、不安全等缺点制约了这类改性淀粉在某些特定产业上的应用。

超微粉碎是新型的淀粉物理改性技术,常利用干法机械粉碎方式,对颗粒物质施加剪切、摩擦、挤压等机械力,通过机械能的作用引起物质结构和理化性质发生相应变化达到改性目的,常见的机械力化学处理方法包括球磨法、高频振动法、喷射气流法等。目前超微粉碎研究多集中在球磨法,通过球磨介质对物质进行摩擦机械力作用方式,使颗粒的粒径不断细化,理化性质发生变化。区别于球磨粉碎,气流粉碎法在兼具超微粉碎速度快、粉碎时间短、颗粒粒度细、分布均匀、产量高等基本特点的同时还能避免出现局部过热的现象,在低温状态下也可以进行粉碎,较好地保留粉体的营养成分及其生物活性,并且气流粉碎所使用的气体都是净化后的,所以不存在污染产品的现象。

气流粉碎通过将高速气流所产生的强大机械力作用于淀粉颗粒上,导致淀粉发生破碎、细化等宏观颗粒形貌改变和晶格畸变、结晶度下降、分子链断裂等微观分子结构的变化,从而显示出与原淀粉大不相同的理化性质。陈江枫等通过气流粉碎制备了具有较好的分散性与溶解性的木薯淀粉;Wang 等通过气流粉碎处理玉米淀粉,破坏了玉米淀粉的结晶结构,导致微细化玉米淀粉堆积密度和振实密度显著降低,溶解度得到了提升。使用气流粉碎技术对马铃薯淀粉改性处理并进行相关研究的报道目前相对较少。

(二)气流超微粉碎操作参数的选择

气流粉碎涉及多方面知识,过程复杂,为获得合格产品,需对粉碎条件及粉碎过程进行研究。本研究重点考察不同粉碎操作参数(粉碎压力、分级轮转速、进料量)对马铃薯淀粉粉碎效果影响。

常见气流粉碎机入口压力在 0.60~1.0 MPa 之间,彭飞研究发现,当工作压力过高(>0.8 MPa)时,粉碎效果下降,且能耗急剧增大,说明气流粉碎过程不宜采取过高压力。因此,为提升粉碎效率,本研究将粉碎压力范围确定在 0.60~0.8 MPa 之间进行马铃薯淀粉粉碎处理;同时根据分级器设备参数,确定实验所需不同分级转速;根据气流粉碎机型号及样品收集器容量,确定实验所需不同进料量。

根据气流粉碎原理,气流粉碎是通过高速气流的冲击作用将物料带入粉碎区进行粉碎,高速气流是由喷嘴所施加压力产生的,理论上来说,压力越大,气流越大,物料颗粒粉碎效果越好,产品粒度越小,陈江枫等通过调节气流粉碎压力获得了不同粒度大小的木薯淀粉。但本实验研究发现,当粉碎压力为 0.60 MPa 时,获得的微细化马铃薯淀粉颗粒粒径小于粉碎压力为 0.80 MPa 时的样品,此结果与王永强采用气流粉碎对二氧化硅进行粉碎研究结果一致,其在 0.40 MPa 时制备的产品粒径小于压力为 0.30 MPa 时获得的产品,说明颗粒尺寸并没有随着粉碎压力的增加而持续下降,二者非线性关系。根据相关文献报道并从能量利用角度分析,粉碎压力非越大越好,造成这一现象原因是气流粉碎压力存在最佳数值,过高或过低将无法获得最佳粉碎效果。此外空气压缩机提供的压力存在一个衰减和恢复的过程,导致气流粉碎机中压力数值存在细微变化,这种压力波动会对实验精确性造成一定影响,因此,需对气流粉碎机中加压系统进行改良。

气流粉碎机粉碎腔内气—固比的高低会对粉碎效果产生影响,而影响气—固比的因素主要是进料量,因此进料量是影响粉碎效果重要参数之一。陈海焱等研究发现气流粉碎存在最适进料量,进料量多少会对颗粒粉碎效果造成影响。本研究根据成品收集器容积,选择 5 个不同进料量条件进行粉碎处理,结果发现,在进料量为 2.0 kg 条件下获得的淀粉颗粒粒径较小,且得粉率较高。

气流粉碎通过分级轮产生的离心力对产品进行分级,提高分级轮转速,能够提高粉碎效果。研究发现,随着分级转速的增加,微细化马铃薯淀粉粒径逐渐减小,其原因是低转速下,淀粉颗粒发生有效碰撞概率较小,粉碎不完全,颗粒粒径较大,随着分级转速增大,淀粉颗粒在粉碎腔内动能增大,增加了碰撞、摩擦概率,导致颗粒粒径逐渐减小,当分级转速达 3900 r/min 时,虽然获得产品粒径降低,但高于 3000 r/min 条件下的产品粒径,说明分级精度存在最佳值。

郭培培在对甘薯淀粉进行气流粉碎时也出现"逆粉碎"现象,原因是气流粉碎将大颗粒粉碎成细小颗粒,机械力活化使颗粒表面活性增加,范德华力和静电力增大,相互吸引产生团聚,导致颗粒粒径增大,该现象也说明颗粒粉碎是一个动态平衡过程,过程中可能存在粉碎极限,当粉碎体系达到平衡,继续粉碎,就会超过粉碎极限,引起能耗的增加和粉碎效果下降等现象。

综合实验结果与分析,本研究选择以马铃薯淀粉为原料,重点考察淀粉原料在不同粉碎气体压力、分级转速及持料量等操作参数条件下的粉碎效果,通过优化,得到最佳粉碎条件为:粉碎压力为 0.70 MPa、分级转速为 3000 r/min 和进料量为 2.0 kg。

二、气流超微粉碎对马铃薯淀粉结构特性影响

通过扫描电镜可以看出,天然马铃薯淀粉表面光滑,无破碎,完整度高,流化床气流粉碎机通过高速气流冲击作用,使淀粉颗粒之间发生相互碰撞,诱发物理效应,导致颗粒发生粉碎,颗粒表面变得粗糙,并出现裂纹,颗粒粒度减小且不均匀。该结果与顾小兵对木薯淀粉采取气流粉碎处理得到结果类似,气流粉碎后木薯淀粉平均粒径减小,且细小颗粒增加。

从 X 衍射图谱中可以看出,天然马铃薯淀粉是典型 B 型淀粉,经气流粉碎处理后,马铃薯淀粉晶型未发生改变,但结晶度降低,说明气流粉碎破坏了淀粉内部晶体结构,导致淀粉由多晶态向无定形态转变。从 FTIR 结果可以看出,气流粉碎作用并没有将新的元素引入淀粉内部,没有改变马铃薯淀粉基本化学组成,但气流粉碎破坏了淀粉颗粒晶体结构,通过 X 光电子能谱的分析结果进一步验证了这一结果,同时从部分化学键比例变化上也更好地说明了气流粉碎对马铃薯淀粉分子链间的氢键造成了破坏。姚秋萍通过红外光谱发现,超微粉碎和普通粉碎方法所得的油菜花粉多糖主要官能团没有差异,王立东使用气流粉碎对玉米淀粉进行改性处理得到相似的结果。

通过对气流粉碎前后马铃薯淀粉分子量大小及分布进行测定发现,气流粉碎后马铃薯淀粉分子量逐步减小,分子量分布变宽,低分子量淀粉增多,说明气流粉碎在破坏马铃薯淀粉颗粒形貌的同时,也破坏了淀粉的分子链结构,导致连接分子链的氢键断裂,分子量减小。吴俊等利用冲击板式气流粉碎处理后玉米淀粉分子量也发生了下降。

三、气流超微粉碎对马铃薯淀粉理化特性影响

通过研究比较天然马铃薯淀粉与微细化淀粉糊化参数可知,气流粉碎处理后,微细化淀粉结晶度下降,分子链断裂,形成的淀粉糊流动阻力下降,导致各特

征黏度值随着粒度的减小而减小；流变特性测试结果表明，气流粉碎作用导致马铃薯淀粉糊表观黏度下降，但仍为假塑性非牛顿流体；热力特性研究表明，气流粉碎处理后马铃薯淀粉晶体结构受到破坏，结晶度下降，糊化温度及热焓值均发生降低，上述结果与王立东通过气流粉碎处理玉米淀粉得到研究结果一致。通过对不同粒径大小的马铃薯淀粉样品进行热稳定分析发现，微细化马铃薯淀粉样品保持着相似的热稳定性，只是水分蒸发阶段温度有所上升，淀粉样品热稳定性与基团的化学键能有关，傅里叶红外光谱与 X 光电子能谱研究表明，马铃薯粉经气流粉碎处理后并没有生成新的基团，但氢键发生了断裂，因此导致水分蒸发阶段温度上升。蒲华寅通过等离子体作用对马铃薯淀粉进行改性处理后得到相似的热稳定性结果。

气流粉碎作用后马铃薯淀粉溶解度、膨胀度均较原淀粉有所增加，其原因是淀粉颗粒发生破碎，连接分子链间的氢键断裂，使水分子更易于进入淀粉颗粒内部与游离的羟基结合形成氢键，导致溶解性上升，气流粉碎作用导致淀粉分子中大量磷酸基团被释放，引发膨胀度的上升。同时，磷酸基团的存在也阻碍淀粉分子间氢键形成，使得淀粉分子不易与羟基键合，导致微细化淀粉糊透明度增大。该结果与陈江枫、王立东等气流粉碎处理淀粉得到研究结果相同。

微细化淀粉凝沉性降低，说明气流粉碎机械力作用破坏淀粉颗粒完整性，导致淀粉分子链间氢键断裂，分子量变小，而小分子链不易形成分子间氢键，导致淀粉分子间氢键作用减弱，使水分较易从淀粉颗粒中析出。随着淀粉分子结构受破坏程度加大，淀粉和水的结合能力逐步下降，从而导致淀粉冻融稳定性和凝沉性的逐步下降。此结果与高压处理莲子淀粉和气流粉碎制备的微细化玉米淀粉结果一致。

第五节 结论

以天然马铃薯淀粉为原料，研究了不同粉碎条件下马铃薯淀粉颗粒粒径变化情况，优化操作参数，制备微细化马铃薯淀粉；通过对气流粉碎处理前后马铃薯淀粉的颗粒结构、晶体结构、基团结构和分子链等结构，以及糊化特性、热力学特性、流变特性、溶解度、膨胀度、冻融稳定性和凝沉性等理化性质进行系统研究，探明气流粉碎对马铃薯淀粉多尺度结构与功能特性影响效果和作用规律；进一步探讨气流作用对马铃薯淀粉的粉碎机制。研究结果如下：

1. 以天然马铃薯淀粉为原料，考察粉碎压力、分级转速及持料量等粉碎条件对淀粉颗粒大小及比表面积影响,优化得到最佳粉碎条件:粉碎压力 0.7 MPa、持料量为 2.0 kg,分级转速为 3000 r/min,此条件下得到的微细化马铃薯淀粉粒径 D_{50} 为 13.57 μm;气流粉碎处理降低了马铃薯淀粉粉体松装密度和振实密度,使粉体流动性变差。

2. 系统研究了气流粉碎不同分级转速条件下微细化马铃薯淀粉颗粒大小、颗粒形貌、结晶结构、分子链结构、基团组成等多尺度结构的变化。结果表明,气流粉碎处理后,淀粉颗粒粒形减小,形状变的不规则,颗粒表面变得粗糙,并有许多棱角和裂纹,随着分级转速的增加,粒形逐渐减小且无规则;气流粉碎作用没有改变马铃薯淀粉原有的 B 型晶体结构,但淀粉相对结晶度下降,淀粉结构由多晶态向无定形态转变;气流粉碎作用没有生成新的基团,但基团数量和元素比例发生了改变;气流粉碎使淀粉分子链发生断裂,分子量减小和分布变宽。

3. 系统研究了气流粉碎不同分级转速条件下微细化马铃薯淀粉的糊化特性、热力学特性、流变特性、溶解度、凝沉性、膨胀度和冻融稳定性等理化性质的变化。结果表明,气流粉碎使马铃薯淀粉糊化特性表现为黏度值降低,热糊稳定性、冷糊稳定性优于原淀粉;流变特性表现为气流粉碎作用后马铃薯淀粉仍表现为假塑性流体,但表观黏度发生下降;热力学特性研究表明,气流粉碎作用延缓淀粉老化速率,降低了微细化淀粉的糊化温度和热焓值;热降解实验表明微细化马铃薯淀粉仍具有很好的热稳定性。气流粉碎提高了淀粉溶解度、膨胀度和糊透明度,降低了微细化马铃薯淀粉凝沉性和冻融稳定性。

以上实验结果表明气流粉碎处理所引发的机械力化学效应会引起马铃薯淀粉结构上的变化,从而导致其理化性质发生改变。

4. 依据粉碎模型及理论、气流粉碎原理以及气流粉碎对马铃薯淀粉颗粒粉碎行为及规律,探讨了气流作用对马铃薯淀粉的粉碎机制。

参考文献

[1] KAUR, SANDHU, K S. (2013). Starch: Its Functional, In Vitro Digestibility, Modification, and Applications. Biotechnology: Prospects and Applications. Springer India.

[2] 焦梦悦. 藜麦淀粉特性、结构及其对 I 型糖尿病小鼠的影响[D]. 河北:河北农业大学,2019.

[3] LI Y, HU H, ZHOU Q, et al. Novel hydroxyethyl starch-paclitaxel conjugates

based nanoparticles for enhanced antitumor effect［J］. Nanomedicine：Nanotechnology, Biology and Medicine, 2018, 14(5)：1798.

［4］祖岩岩 不同消化性能木薯淀粉在不同生长期结构与性质的研究［D］.广东：华南理工大学,2016.

［5］吴秋艳.脉冲电场对淀粉—蛋白质体系结构性质的影响［D］.江苏：扬州大学,2018.

［6］黄晓仪.淀粉基载体材料与基因复合体结构对基因细胞转染特性的影响［D］.广东：华南理工大学,2013.

［7］刘兴训.淀粉及淀粉基材料的热降解性能研究［D］.广东：华南理工大学,2011.

［8］刘坤.淀粉基自组装胶束递送系统的构建及其 M 细胞靶向特性研究［D］.广东：华南理工大学,2018.

［9］董贝贝.八种淀粉糊化和流变特性及其与凝胶特性的关系［D］.陕西：陕西科技大学,2017.

［10］张攀峰.不同品种马铃薯淀粉结构与性质的研究［D］.广东：华南理工大学,2012.

［11］刘天一.笼状玉米淀粉的制备及结构与性能研究［D］.黑龙江：哈尔滨工业大学,2014.

［12］余世锋.低温和超低温预冷下大米淀粉凝沉特性及应用研究［D］.黑龙江：哈尔滨工业大学,2010.

［13］CHEN L , TIAN Y , SUN B , et al. Measurement and characterization of external oil in the fried waxy maize starch granules using ATR-FTIR and XRD［J］. Food Chemistry, 2017, 242：131-138.

［14］王俊明.阳离子淀粉的制备及其在纸张增强中的应用研究［D］.浙江：浙江大学,2015.

［15］黄娟.芡果实主要成分性质与应用［D］.江苏：扬州大学,2014.

［16］孟爽.高压均质法制备玉米淀粉—脂质复合物及其结构性质研究［D］.黑龙江：哈尔滨工业大学,2015.

［17］严青.不完全糊化法研究淀粉颗粒的外壳和小体结构［D］.陕西：陕西科技大学,2015.

［18］乔冬玲.高浓度高剪切环境中淀粉基高吸水树脂的构建及性能研究［D］.广东：华南理工大学,2016.

[19]于迪.模型体系反应中杂环胺(PhIP)的形成及反应调控机理的研究[D].广东:华南理工大学,2016.

[20]张秀.淀粉 DSC 热转变过程中分子变化机理[D].天津:天津科技大学,2017.

[21]朱田丽.预凝胶淀粉固化成型氧化铝生物陶瓷及其性能研究[D].湖北:武汉理工大学,2017.

[22]郭瑾.不完全糊化淀粉的流变特性及凝胶特性的研究[D].陕西:陕西科技大学,2019.

[23]刘云飞.改良挤压技术对大米淀粉结构和性质的影响及其在淀粉基食品中的应用[D].江西:南昌大学,2019.

[24]李统帅.烘烤过程中烟叶淀粉颗粒结构及理化性质的变化[D].河南:河南农业大学,2010.

[25]陈婷.羟乙基大米淀粉的制备及其性质研究[D].湖南:湘潭大学,2016.

[26]安鸿雁,李义,吴延东,等.水介质法木薯淀粉乙酰化的工艺优化[J].广州化工,2019,47(5):58-60.

[27]邹海仲.甲壳素凝胶/氧化淀粉双功能天然乳胶填料的研究[D].广西:广西大学,2018.

[28]郑罗燕.变性淀粉对凝固型酸奶稳定性的影响[D].山东:齐鲁工业大学,2019.

[29]孙亚东,陈启凤,吕闪闪,等.淀粉改性的研究进展[J].材料导报,2016,30(21):68-74.

[30]梁逸超.高取代度高黏度羧甲基及接枝复合改性淀粉的研究[D].广东:华南理工大学,2019.

[31]沙丽萍.乙酰化二淀粉磷酸酯生产工艺的研究[D].甘肃:甘肃农业大学,2017.

[32]常晓红.聚葡萄糖对大米淀粉糊化和老化特性的影响[D].河南:河南农业大学,2018.

[33]叶蓉.酶改性小麦淀粉的慢消化稳定性研究及其应用[D].江苏:江南大学,2019.

[34]宋家钰.苦荞、黑豆抗性淀粉改性及其应用研究[D].安徽:安徽工程大学,2019.

[35]许国栋.淀粉消化能力调控及对机体若干生理效应影响的研究[D].浙江:

浙江工商大学,2018.

[36]戴桂芳.冷水可溶改性蜡质玉米淀粉的制备及其性质研究[D].广东:华南理工大学,2019.

[37]蒲华寅,王乐,黄峻榕,等.超高压处理对玉米淀粉结构及糊化特性的影响[J].中国粮油学报,2017,32(1):24-28,108.

[38]夏天雨.射频/微波韧化处理对马铃薯淀粉结构及理化特性的影响[D].陕西:西北农林科技大学,2019.

[39]季寒一.韧化处理对3种晶型淀粉理化特性的影响[D].湖南:中南林业科技大学,2019.

[40]邓如勇.盾构刀盘结泥饼的机理及处置措施研究[D].四川:西南交通大学,2018.

[41]刘红艳.超声波辅助水溶液球磨制备纳米铁氧体粉末的研究[D].湖南:湖南大学,2012.

[42]王晶.壳聚糖及羧甲基壳聚糖的清洁制备工艺研究[D].吉林:长春工业大学,2019.

[43]邓超华.基于机械力化学法的 ZnO/Ag_2O 纳米复合材料制备及其性能研究[D].湖南:湘潭大学,2019.

[44]王欣.石墨衍生物的绿色制备技术及应用[D].吉林:长春工业大学,2019.

[45]孔瑞平.基于机械化学制备技术的他汀类药物增溶体系的构建及其增溶机理研究[D].浙江:浙江工业大学,2018.

[46]胡伟.挤压改性青稞粉的应用研究[D].湖北:武汉轻工大学,2019.

[47]VOURIS D G , LAZARIDOU A , MANDALA I G , et al. Wheat bread quality attributes using jet milling flour fractions[J]. LWT, 2018:S00236438318302044.

[48]LAZARIDOU A , VOURIS D G , ZOUMPOULAKIS P , et al. Physicochemical properties of jet milled wheat flours and doughs[J]. Food Hydrocolloids, 2018, 80:111-121.

[49]黄祖强.淀粉的机械活化及其性能研究[D].广西:广西大学,2006.

[50]关倩倩.基于抗糖尿病活性的山药粉制备技术及特殊医用主食研究[D].江苏:扬州大学,2018.

[51]黎冬明.超微百合全粉的制备及其物化特性研究[D].江苏:南昌大学,2007.

[52]黄生龙,张明星,陈海焱,等.高温气流粉碎同步高效灭菌机理[J].中国粉体技术,2019,25(2):12-17.

［53］李振,王进,付艳红,等.气流粉碎过程的选择性特征及其数值模拟［J］.中国矿业大学学报,2016,45(2):371-376.

［54］李睿.钨粉颗粒粒度形貌优化及其近终成形［D］.北京:北京科技大学,2018.

［55］尚兴隆.对喷式流化床气流粉碎与分级性能研究［D］.辽宁:大连理工大学,2014.

［56］段钧龄.超微辅助提取与常规提取当归阿魏酸对比研究［D］.湖南:中南大学,2011.

［57］王文强.废旧轮胎橡胶的气流冲击粉碎实验研究［D］.辽宁:大连理工大学,2016.

［58］ELHAM AFSHARI, Mohammad Ghambari, Hamid Abdolmalek. Production of CuSn10 bronze powder from machining chips using jet milling［J］. The International Journal of Advanced Manufacturing Technology, 2017, 92(1-4).

［59］YA-LI SUN,QING-CAI LIU,XIN HUANG,FA-XING ZHANG,JIAN YANG, HUA MEI. Effect of jet milling on micro-strain behavior and rupture behavior of agglomerates of ultrafine WC powders［J］. Transactions of Nonferrous Metals Society of China,2019,29(10).

［60］石超群.苦地胆超微粉对肉鸡生长性能与免疫功能的影响［D］.广东:广东海洋大学,2019.

［61］冯超.浙贝母超微粉饮片的生产工艺与质量控制研究［D］.河南:河南大学,2019.

［62］张艳荣,郭中,刘通,等.微细化处理对食用菌五谷面条蒸煮及质构特性的影响［J］.食品科学,2017,38(11):110-115.

［63］Antonios Drakos,Georgios Kyriakakis,Vasiliki Evageliou,Styliani Protonotariou, Ioanna Mandala,Christos Ritzoulis. Influence of jet milling and particle size on the composition, physicochemical and mechanical properties of barley and rye flours［J］. Food Chemistry,2017,215.

［64］陈江枫,玉琼广,冯琳.气流粉碎制取细微化疏水型木薯淀粉的研究［J］.化工技术与开发,2011,40(7):8-10,14.

［65］WANG L , WANG P , SALEH A S M , et al. Influence of Fluidized Bed Jet Milling on Structural and Functional Properties of Normal Maize Starch［J］. Starch-Starke, 2018.

[66]周婷婷.光敏色素 StPHYF 在马铃薯块茎形成中的功能鉴定及机制解析 [D].湖北:湖北:华中农业大学,2018.

[67]工凯.冬作马铃薯氮磷钾营养特性与合理施肥的研究[D].广州:华南农业 大学,2016.

[68]李贝.小麦和马铃薯微波酯化淀粉的性质及其对淀粉凝胶质构的影响[D]. 陕西:陕西:西北农林科技大学,2017.

[69]李建武.马铃薯(*Solanum tuberosum L.*)块茎淀粉含量及植株熟性性状的 QTL 定位与遗传分析[D].湖北:华中农业大学,2019.

[70]李鸿凯,刘文,史贺.淀粉种类对涂布白纸板性能的影响[J].中华纸业, 2018,39(22):16-20.

[71]刘富圆.胺鲜酯和烯效唑在马铃薯上的调控效果及机理研究[D].山东:山 东农业大学,2014.

[72]李睿.天然高分子改性絮凝剂的制备及应用研究[D].陕西:长安大 学,2010.

[73]姚佳.马铃薯蛋白高效提取分离技术及其功能特性的研究[D].吉林:吉林 农业大学,2013.

[74]胡小雪.果胶—淀粉混合体系的凝胶及消化性质研究[D].江西:南昌大 学,2018.

[75]娄军.2-羟基-3-苯氧丙基淀粉醚及其衍生物的制备与性能研究[D].辽宁: 大连理工大学,2011.

[76]张旭东,台秀梅,田映良,等.羧甲基改性马铃薯淀粉在洗衣液中的应用[J]. 印染助剂,2018,35(7):34-37.

[77]何婷婷.3 个马铃薯新品系的主要性状及细胞学和 SSR 指纹分析[D].内蒙 古:内蒙占农业大学,2018

[78]李勇.氮肥施用量对不同淀粉型马铃薯块茎淀粉积累及淀粉合成关键酶基 因表达的影响[D].黑龙江:东北农业大学,2018.

[79]张文杰.藜麦全粉与淀粉的理化性质与结构研究及应用[D].河南:郑州轻 工业学院,2016.

[80]王立东,侯越,刘诗琳,等.气流超微粉碎对玉米淀粉微观结构及老化特性影 响[J].食品科学,2020,41(1):86-93.

[81]TIAN YI LIU,YING MA,SHI FENG YU,JOHN SHI,SOPHIA XUE. The effect of ball milling treatment on structure and porosity of maize starch granule[J].

Innovative Food Science and Emerging Technologies,2011,12(4).

［82］SYAHRIZAL MUTTAKIN, MIN SOO KIM, Dong－Un Lee. Tailoring physicochemical and sensorial properties of defatted soybean flour using jet－milling technology［J］. Food Chemistry,2015,187.

［83］SHAH R B , TAWAKKUL M A , KHAN M A . Comparative Evaluation of Flow for Pharmaceutical Powders and Granules［J］. AAPS PharmSciTech, 2008, 9 (1): 250-258.

［84］ZENG H , CHEN P , CHEN C , et al. Structural properties and prebiotic activities of fractionated lotus seed resistant starches［J］. Food Chemistry, 2018, 251:33-40.

［85］WEN JIE YUAN, LING QU, JUN LI, et al. Characterization of crystalline SiCN formed during the nitridation of silicon and cornstarch powder compacts［J］. Journal of Alloys & Compounds, 2017, 725:326-333.

［86］Akihiro Nakamura, Nanae Fujii, Junko Tobe, Norifumi Adachi, Motohiko Hirotsuka. Characterization and functional properties of soybean high－molecular－mass polysaccharide complex［J］. Food Hydrocolloids,2012,29(1).

［87］GONZáLEZ, LUCIANA C, LOUBES, MARíA A, TOLABA M P . Incidence of milling energy on dry－milling attributes of rice starch modified by planetary ball milling［J］. Food Hydrocolloids, 2018:S0268005X17321641.

［88］DOCHIA M , CHAMBRE D , GAVRILA S , et al. Characterization of the complexing agents' influence on bioscouring cotton fabrics by FT－IR and TG/DTG/DTA analysis［J］. Journal of Thermal Analysis and Calorimetry, 2018.

［89］杨溢. 燕麦淀粉脂肪酸酯的理化性质及其在植物乳杆菌微胶囊中的应用［D］. 河南:郑州轻工业大学,2019.

［90］蒲华寅. 等离子体作用对淀粉结构及性质影响的研究［D］. 广东:华南理工大学,2013.

［91］张杰. 黑米淀粉的理化性质及湿热处理研究［D］. 广西:广西大学,2019.

［92］陈海焱. 流化床气流粉碎分级技术的研究与应用［D］. 四川:四川大学,2007.

［93］YANMIN WANG, FEI PENG. Parameter effects on dry fine pulverization of alumina particles in a fluidized bed opposed jet mill［J］. 2011(214): 269-277.

［94］王永强,王成端. 气流粉碎机动态参数对粉碎效果影响的研究［J］. 中国粉体技术,2003(2):20-24,28.

[95]王莉.气流粉碎分级的影响因素[J].粉体技术,1998(3):26-30.

[96]LU X，LIU C C，ZHU L P，et al. Influence of process parameters on the characteristics of TiAl alloyed powders by fluidized bed jet milling[J]. Powder Technology，2014，254:235-240.

[97]陈海焱,张明星,颜翠平.流化床气流粉碎中持料量的控制[J].煤炭学报,2009,34(3):390-393.

[98]RAMANUJAM M . Studies in Fluid Energy Grinding[J]. Powder Technology,1970,3(1):92-101.

[99]张爱丽,徐忠坤,张庆芬,等.海螵蛸气流粉碎工艺优化及粉碎前后相关指标对比[J].中成药,2016,38(1):58-62.

[100]王立东,肖志刚,齐鹏志,等.气流粉碎对高直链玉米淀粉颗粒形态及性质的影响[J].东北农业大学学报,201,48(12):46-56.

[101]吴进.石榴皮粉理化性状研究及其提取物对红枣乳酸菌饮料品质影响[D].陕西:西北农林科技大学,2018.

[102]卓震,刘雪东,黄宇新.超细气流粉碎—分级系统压力参数的确定与分析[J].化工装备技术,1999,20(1):26-29

[103]陶涛.球磨法用于制备纳米功能材料[D].湖南:中南大学,2011.

[104]牛凯.碾轧对淀粉结构、性质的影响及其机械力化学效应的研究[D].山东:山东农业大学,2017.

[105]赵朔.马铃薯淀粉基炭微球制备机理及电化学性能的研究[D].天津:天津大学,2009.

[106]郭培培.甘薯淀粉及淀粉膜结构性能的粒径效应[D].河南:河南工业大学,2012.

[107]吴昊,张青,邵娟娟.糊化淀粉的研究进展[J].粮食与油脂,2020,33(1):6-8.

[108]朱田丽.预凝胶淀粉固化成型氧化铝生物陶瓷及其性能研究[D].湖北:武汉理工大学,2017.

[109]郭瑾.不完全糊化淀粉的流变特性及凝胶特性的研究[D].陕西:陕西科技大学,2019.

[110]张梦超.非油炸方便型马铃薯热干面的品质改良及其干燥特性研究[D].湖北:华中农业大学,2019.

[111]F. Martínez-Bustos, M. López-Soto,E. San Martín-Martínez, J. J. Zazueta-

Morales, J. J. Velez – Medina. Effects of high energy milling on some functional properties of jicama starch (Pachyrrhizus erosus L. Urban) and cassava starch (Manihot esculenta Crantz) [J]. Journal of Food Engineering, 2005, 78(4).

[112] 赵安琪. 低温冻融—复合酶法制备多孔淀粉的研究[D]. 吉林:吉林农业大学, 2018.

[113] 马申嫣. 微波加热对马铃薯淀粉介电和物性特征的影响[D]. 江苏:江南大学, 2013.

[114] 郭泽镔. 超高压处理对莲子淀粉结构及理化特性影响的研究[D]. 福建:福建农林大学, 2014.

[115] 岳书杭, 刘忠义, 刘红艳, 等. 复配变性淀粉的性质及其在面团中的应用[J]. 中国粮油学报, 2020, 35(1):26-32.

[116] 吴桂玲. 脂类和颗粒结合蛋白对小麦 A、B 淀粉颗粒结构及理化性能的影响[D]. 陕西:西北农林科技大学, 2015.

[117] 李旭. 超声振动超细粉碎系统的设计方法与实验研究[D]. 山西:太原理工大学, 2015.

[118] 苏亚娟, 崔亚伟, 张先锋. 粉碎理论的探讨[J]. 湖北:武汉工业大学学报, 1993(3):49-53.

[119] 朱美玲, 颜景平, 刘志宏. 机械法制备超细粉机理和能耗的理论研究[J]. 东南大学学报, 1994(4):1-7.

[120] 殷鹏飞. 气流粉碎/静电分散复合制备超微粉体研究[D]. 陕西:西北工业大学, 2015.

[121] 石浩. 蛹虫草下脚料主要活性成分提取及其对西葫芦保鲜贮藏的研究[D]. 江苏:江南大学, 2019.

[122] 谢天. 不同改性方法对挤压重组米原料品质影响及加工工艺参数的研究[D]. 吉林:吉林农业大学, 2019.

[123] 顾小兵. 木薯淀粉/纳米 SiO_2/天然橡胶复合材料结构与性能的研究[D]. 海南:海南大学, 2013.

[124] 姚秋萍. 油菜花粉超微粉有效成分溶出、代谢特征及指纹图谱研究[D]. 福建:福建农林大学, 2009.

[125] 吴俊. 淀粉的粒度效应与微细化淀粉基降解材料研究[D]. 湖北:华中农业大学, 2003.

第四章　气流超微粉碎预处理对辛烯基琥珀酸淀粉酯制备及性质的影响

第一节　引言

一、淀粉

淀粉是自然界中广泛存在的天然高分子多糖,以不溶于水的颗粒或半结晶颗粒的形式存在于植物的种子、根茎、果实等部位。淀粉资源来源广泛,目前,生产淀粉的主要原材料包括大米、小麦、马铃薯、木薯、豆类等。淀粉资源的优点众多,例如,成本低廉、易被生物分解和良好的生物相容性等,广泛应用于食品加工、化妆品制造、纺织工业等领域。

(一)淀粉的结构

淀粉分子是由无水葡萄糖经糖苷键连接成的高分子,由直链淀粉和支链淀粉组成。其中直链淀粉是一种相对较长的,线性的分支少的葡聚糖分子;支链淀粉则是拥有高度分支的结构。淀粉作为一种多晶聚合物,颗粒由有序排列且结构致密的结晶区,无序排列且疏松的无定形区,和介于两者之间的亚微晶区构成。根据淀粉颗粒 X 射线衍射图谱可将淀粉分为 3 种晶型结构:第一种是以小麦、高粱、玉米等为代表的谷物类淀粉,晶体结构为 A 型;第二种是 B 型晶体结构,主要存在于如马铃薯、红薯等块茎类植物当中;第三种是 C 型为 A、B 型混合物,以豆类淀粉居多;此外还存在如复合月桂酸淀粉这种 V 型晶体结构的淀粉,是以这 3 种淀粉为基料制备的新型淀粉。以玉米为代表的 A 型淀粉,内部结构较为松散,有延伸至颗粒内部的通道,相较于 A 型淀粉,以马铃薯为代表的 B 型淀粉,表面光滑无孔洞与通道。

(二)淀粉的性质

作为重要的碳水化合物之一,淀粉在食品工业中有着广泛的应用,可用于增稠、凝胶、稳定和替代等。淀粉之所以具备众多功能,是因为其糊化特性、糊性质、溶解性等理化特性。淀粉的糊化是指淀粉悬浮液经加热处理,淀粉颗粒膨胀,悬浮液变成黏稠的胶体溶液,结构由结晶态转变为无定形态。通过测定淀粉糊化过程的各项指标,可以分析糊冷热稳定性、糊凝沉性等性质。淀粉糊化后,淀粉糊的黏度、透明度、冻融性等均发生改变,可以应用于不同的领域。淀粉的溶解性受温度影响较大,同时溶解性对淀粉产品性能和应用效果有着重要的作用。

二、淀粉的改性

由于天然淀粉存在热稳定性差、回生程度高、抗剪切差等缺点,限制了其在现代工业中的应用,人们通过对淀粉结构和理化性质进行研究,利用化学、物理或生物等方法增强或改变其性能,赋予淀粉新的特殊功能特性,使其在多个领域内符合生产、应用的需要。

(一)物理改性

淀粉的物理改性一般是通过热、力、电等手段对淀粉颗粒形貌、结构及性质进行改变。物理改性会破坏淀粉分子间的氢键,从而破坏淀粉结晶区域,使分子链发生断裂或聚集,分子重新排列。物理改性淀粉主要包括机械研磨淀粉、微波辐射淀粉、湿热处理淀粉等。王立东等采用球磨粉碎处理豌豆淀粉,研究球磨处理对豌豆淀粉结构及理化性质的影响;Liu等通过高静水压力处理高粱淀粉,研究超高压处理对高粱淀粉结晶结构及结晶度的影响。

(二)化学改性

淀粉的化学改性作为一种应用最为广泛的改性方法,一般是通过酯化、醚化、交联等化学方法,将功能基团引入到淀粉分子内,改变淀粉的结构和理化特性。化学改性淀粉主要包括糊精、酯化淀粉、接枝淀粉等。李海花等以玉米淀粉(St)和甲基丙烯酰氧乙基三甲基氯化铵(DMC)为原料,硝酸铈铵为引发剂,合成了阳离子型接枝淀粉St-g-PDMC,并对产物结构进行表征;汪茜等以大米淀粉为原料,以十二烯基琥珀酸酐为酯化剂,采用湿法制备十二烯基琥珀酸淀粉酯

(SSDS),研究不同反应条件对淀粉酯取代度的影响。

(三)生物改性

生物改性也被称为酶法改性,通常指用酶对淀粉分子进行水解,从而改变淀粉的性质,也可对酶解后的小分子重新组合,合成新的淀粉分子。生物改性淀粉主要包括酶降解淀粉、糊精等。黄守耀等人利用中温 α-淀粉酶和糖化酶对大蕉淀粉进行酶解改性研究,观察反应前后淀粉颗粒形貌的变化;Khatoon 等采用α-淀粉酶改性淀粉,制备具有低葡萄糖值的淀粉水解物,应用于食品加工脂肪替代物领域。

(四)复合改性

通过以上两种或两种以上的改性方法处理得到的淀粉,称为复合改性淀粉。主要包括球磨—酯化淀粉、交联—酯化淀粉等。王宝珊等通过超声辅助制备辛烯基琥珀酸淀粉酯(OSAS),研究不同超声功率对淀粉结构及理化性质的影响;杨家添等通过交联酯化机械活化玉米淀粉,制备复合变性淀粉,研究了产物的结构及理化性质,并对反应条件进行优化。

三、辛烯基琥珀酸淀粉酯

辛烯基琥珀酸淀粉酯(octenylsuccinic anhydrate starch,OSA 淀粉)就是在碱性条件下,利用辛烯基琥珀酸酐(octenylsuccinic anhydrate,OSA)中的一个羧基与淀粉中的羟基发生酯化反应,从而得到一种既含亲水基团又含疏水基团的化学改性淀粉。在 OSA 酯化改性过程中,具有亲水性的天然淀粉与具有疏水性的OSA 反应时,淀粉分子结合长链疏水的辛烯基从而增加了疏水性,反应得到具有两亲性的 OSA 淀粉,作为一种品质优良、安全性高的变性淀粉可广泛地应用于食品等领域。在食品加工行业中,OSA 淀粉作为高安全性的食品添加剂在 1997 年被批准使用,并于 2001 年增加至食用范围内。

(一)辛烯基琥珀酸淀粉酯的制备

OSA 淀粉是由 OSA 将疏水基团引入淀粉中,产生具有乳化性能的衍生物,一般分为直接和间接两种方法。直接合成法主要应用在实验室制备过程中,是在碱性条件下将淀粉与 OSA 进行酯化反应,从而获得 OSA 淀粉。而另一种间接合成则是将 1-OSA 酰基卤化物与淀粉在酸性或碱性条件下反应制得,通常用于工业制备,制备过程中可以加入催化剂活化,以加快反应速度,提高反应效率,缩短反应时间,减少能耗。

目前 OSA 淀粉的制备方法主要以水相法、干法、有机相法为主,但各自均存在一定的优缺点。水相法也称湿法,是以水作为反应介质,形成淀粉乳浓度为30%~40%的溶液,用 NaOH 或 NaHCO$_3$ 等碱性试剂保持反应体系为弱碱性,在乳浊液温度为 30~35℃ 条件下缓慢加入 OSA,搅拌直至反应结束,将乳浊液 pH 值调节至 6.5 左右后离心、洗涤、干燥得到 OSA 淀粉。许多文献研究了水相法反应条件的优化,得到最佳反应条件:淀粉浓度 35%、反应时间 4 h、pH 8.5、OSA 添加量 3%(淀粉干基)、反应温度 35℃。水相法中虽存在酸酐水解副反应从而影响酯化反应效率低的问题,但制备工艺安全环保,成本低廉,反应均匀,适用于食品行业加工生产中。干法制备 OSA 淀粉是将淀粉分散于 NaOH 或 NaHCO$_3$ 等碱性溶液中,控制其水分含量,与 OSA 搅拌均匀后加热进行反应。有机溶剂法是以惰性有机溶剂作为反应介质,加入 OSA 参与反应,通过吡啶等有机碱或无机碱保持反应过程中 pH 稳定,反应结束后,通过中和、过滤、干燥后即可得到酯化改性淀粉样品。综合不同方法的优缺点如表 4-1 所示,水相法目前最适于食品行业生产 OSA 淀粉,并可进行大规模工业化生产。

表 4-1 传统辛烯基琥珀酸淀粉酯制备方法比较

方法	优点	缺点
干法	操作简单,成本低,反应效率高,不易污染环境	反应不均匀,局部反应强烈,反应不充分
有机溶剂法	反应均匀,反应效率高	取代度低,成本高,对环境污染大
水相法	反应相对均匀,不易污染环境	反应效率不高,取代度低

(二)辛烯基琥珀酸淀粉酯的理化特性

辛烯基琥珀酸淀粉酯因其独特的结构性质,使其理化特性表现优异,进而被应用于食品加工等不同的领域。

1.乳化性质

乳化能力是由淀粉酯的分子结构决定,目前研究表明取代度(DS)是影响淀粉酯乳化性质最重要的因素,淀粉酯的微观结构也对乳化性质存在一定影响,如分子量、OSA 基团分布等。王凤平等研究发现,相同 DS 不同晶型淀粉的乳化能力基本相同,说明辛烯基琥珀酸淀粉酯的乳化稳定性和淀粉来源没有显著相关性,主要受 DS 的影响。

张晓云等以菊粉为原料进行研究,结果表明菊粉经辛烯基琥珀酸酐改性后具有良好的乳化性,其乳化能力随取代度和添加量的增加而增大。当辛烯基琥珀酸菊粉酯($DS = 3.17×10^{-2}$)浓度为 2.50% 时,乳化液乳化效果良好,乳液颗粒大小一致、不聚集。肖志刚等通过研究 Pickering 乳液发现,乳滴粒径与 OSA 淀粉 DS 或淀粉颗粒浓度呈现负相关的趋势、EI 值与 OSA 淀粉 DS 或淀粉颗粒浓度呈现正相关,可通过 DS 和淀粉颗粒浓度提升乳液乳化性。李天贵对辛烯基琥珀酸淀粉酯进行不同预处理,研究表明经热碱预处理的 OSA 淀粉具有最佳乳化性质,进而说明在一定范围内可以通过 DS 提高 OSA 改性淀粉乳化能力和乳化稳定性。

2.淀粉糊性质

淀粉与水混合后,随着温度的提升,颗粒吸水膨胀,成为具有黏性的凝胶物质,此过程称为糊化,淀粉糊性质包括吸水性、流变特性、溶解性和黏度等性质。酯化处理后淀粉糊性质发生很大的变化,而不同原料制备出的辛烯基琥珀酸淀粉酯糊性质也有很大差别,一般都是与本身原淀粉差别对应的。

Sneh 等通过 OSA 改性小麦淀粉研究其糊化性质变化,结果表明 OSA 改性小麦淀粉的峰值黏度显著高于天然淀粉,经改性后最终黏度得到提高,糊化温度降低。峰值黏度取决于淀粉来源和 DS,有研究证明淀粉糊黏度与 OSA 淀粉 DS 呈现正相关,OSA 淀粉在较低温度下糊化,随 DS 的增加,糊化焓达到更低值。

(三)辛烯基琥珀酸淀粉酯改性效率低的原因

在水相法制备 OSA 淀粉的过程中,酯化剂 OSA 因不易溶于水,大部分呈油滴状分布在反应体系中,主要附着在淀粉颗粒表面,不易渗透进入淀粉颗粒内部,与淀粉颗粒并不能充分混合反应,造成 OSA 基团的取代位点主要集中在颗粒表面,很难在颗粒内部充分反应,导致反应度及取代效率偏低。

(四)提高辛烯基琥珀酸淀粉酯改性效率的方法

如何提高 OSA 淀粉的合成效率作为近些年研究的热点,如 Chen 等采用干法合成糯性大米淀粉 OSA 酯化淀粉,将 NaOH(0~1.1%)、OSA(0~9%)和淀粉干法混合,并于室温,450 r/min 条件下干法研磨 0~70 h,结果表明,淀粉颗粒取代度随着时间延长而增大,干法研磨使淀粉颗粒粒度减小,比表面积增大,并破坏了淀粉晶体结构,增加活性位点;Hu 等利用自制球磨合成木薯淀粉酯化淀粉过程中发现在 60℃ 条件下球磨 30 ~ 120 min，在球磨 90 min 得到最大取代度 0.0397，淀粉颗粒形貌受到破坏，结晶度随着球磨时间延长而减小，说明球磨强化破坏了淀粉颗粒间的氢键结构，在固相条件下，淀粉与反应试剂充分接触，反应过程中机械活化提高了反应可及度和反应活性，与 Huang 等研究结果一致。张正茂等将马铃薯淀粉和玉米淀粉进行球磨处理 10 h 后，在最佳酯化反应条件下制备 OS-淀粉，并将其与相应的天然淀粉、机械活化淀粉的物化特性进行比较，结果表明，玉米淀粉和马铃薯淀粉球磨处理后其破损颗粒增加，使 OSA 改性的反应效率大幅提高。Bai 等将 α-淀粉酶和糖化酶共同作用于淀粉，发现在 OSA 添加量高于 9% 时，酶预处理可以有效提高淀粉 OSA 改性效率。

综合目前研究进展，解决水相法合成 OSA 淀粉反应效率低的问题，可通过对淀粉进行预处理，增加淀粉颗粒与 OSA 的接触机会来提高反应效率，主要方法有两个：一是利用超微粉碎手段破坏淀粉的颗粒结构，增加淀粉比表面积，使反应面积增加以提高反应效率；二是利用酶进行预处理淀粉，使淀粉颗粒表面出现孔洞，方便酯化剂更易进入淀粉内部充分反应。

四、气流粉碎预处理

气流粉碎技术是将干燥、净化后压缩气体通过喷嘴产生高速气流，在粉碎腔内带动颗粒高速运动，使颗粒受到冲击碰撞、摩擦、剪切等作用而被粉碎，被粉碎颗粒随气流分级，细度要求合格颗粒由捕集器收集，而未达要求粗颗粒再返回粉碎室继续粉碎，直至达到所需细度并收集，气流粉碎产品平均粒径为 0.1 ~ 10 μm。流化床式气流粉碎因其粉碎颗粒在磨腔内流态化，颗粒粉碎主要通过颗粒间相互碰撞和摩擦实现，颗粒与磨机部件作用小，使得成品粉纯度高，近"零"污染，颗粒粉碎更充分，粉碎效率更好，产品粒度更细且分布窄、产量大、能耗小，适用于大型工业化和连续生产。

在食品加工中，通过气流粉碎技术粉碎处理原料，可使原料的微观结构、粒度及理化性质等发生改变。例如，Antonios 等研究了气流粉碎对大麦粉、黑麦粉颗粒组成、形貌以及理化性质的影响，气流粉碎作用后粉体粒度明显减小，增加粉体中损伤淀粉含量，随着粒度减小，粉体真实密度和体积密度增加，粉碎参数持料量对粉体性质产生重要影响；Syahrizal 等研究了气流粉碎对脱脂大豆粉物理化学性质及感官特性影响，气流粉碎作用使大豆粉平均粒径降低至 4.3 μm，增加了粉体溶解性、持水性和持油性，并且降低了大豆粉苦涩味道，有利于大豆粉工业应用；Chanvorleak 等通过传统研磨和气流粉碎方法处理猴头菌粉，气流粉碎处理得到粉体产品在比表面积、粉体密度、溶解度、膨胀度、蛋白提取率等方面表现出良好优越性,使得猴头菌粉更有利于食品工业应用;Xia 等利用高速气流粉碎木薯淀粉制备纳米颗粒淀粉,并对淀粉粉碎机制进行分析,得到粒径为 66.94 nm 纳米颗粒,并对纳米淀粉晶体结构、分子特性、糊化特性、流变特性进行分析,纳米淀粉糊黏度显著降低,存在剪切稀化行为,淀粉晶体结构受到破坏,淀粉分子链降解。

五、辛烯基琥珀酸淀粉酯在食品中的应用

作为一种品质优良、安全性高的变性淀粉,OSA 淀粉因兼具亲水和疏水双重特性,所以具有优越的乳化性能,被广泛应用于各类食品工业当中,例如:食品中沙拉酱;药品面霜和工业产品的乳化剂;饮料中的混浊剂;酶、脂肪酸、盐和香料的包封剂;生物降解塑料等。

(一)微胶囊壁材

OSA 淀粉可作为微胶囊壁材包埋水不溶性物质、挥发性物质,如芳香物、化妆品用油等。传统的制备微胶囊的方法是将芯材和壁材一起在乳化剂的作用下制成乳状液,经喷雾干燥制得。而使用 OSA 淀粉做壁材时,由于其本身具有较好的乳化性,无须再添加其他乳化剂,只要将芯材和 OSA 淀粉的乳化液直接喷雾干燥即可。

He 等利用 OSA 淀粉作为壁材制备微胶囊包埋共轭亚油酸并置于模拟人体胃肠消化系统中,结果得到 OSA 淀粉作为微胶囊壁材可提供良好的抗氧化性,可将生物活性物质靶向输送到小肠。Cheuk 等研究 OSA 淀粉包埋辅酶 Q_{10} 制备纳米胶囊,得到的乳液具有良好的稳定性,且没有长时间酶促分解代谢。综合来讲,OSA 淀粉是食品加工行业一种良好的微胶囊壁材。

(二)脂肪替代物

目前消费者对健康功能性食品越加重视,对低脂肪产品的需求日益增加。OSA 淀粉因其低成本、无味和健康的特性,常被用作脂肪替代物。Ritika 等通过 OSA 改性不同晶型淀粉应用于低脂蛋黄酱的加工,OSA 淀粉因其具备较高的乳化特性,可以替代部分脂肪加入蛋黄酱中,且在感官评定上与全脂蛋黄酱并无较大差异,获得更加低脂健康的蛋黄酱食品。Ghazaei 等在加工低脂蛋黄酱的过程中,使用辛烯基琥珀酸酐改性的马铃薯淀粉代替部分蛋黄(0、25%、50%、75%、

100%),以减少胆固醇含量和过敏反应相关问题。

(三)食品中的其他应用

OSA 淀粉还可用作增稠剂、乳化剂、可食性薄膜等。OSA 淀粉作为稳定剂制备的 pickering 乳液,淀粉颗粒在油水界面上以密集堆积的形式聚集,具备较好的稳定性。Punia 等利用辛烯基琥珀酸酐改性小麦淀粉制备可食性薄膜,研究了涂膜和未涂膜葡萄的抗氧化和感官特性,结果表明 OSA 淀粉制备的可食性膜具有良好的防水性能,有利于延长新鲜水果的货架期。Madai 等以 3 种不同直链含量的玉米淀粉为原料制备辛烯基琥珀酸淀粉酯,结果表明 OSA 淀粉是有效的乳液乳化剂,特别是 OSA 蜡质玉米淀粉的乳化稳定性最好。

第二节　材料与方法

一、材料与设备

(一)试验材料

食用玉米淀粉,一级品,购于黑龙江龙凤玉米开发有限公司。

(二)试验试剂

表 4-2 列出了本次试验中使用的主要试剂和材料,其他试剂均为分析纯。

表 4-2　主要试剂和材料

名称	规格	生产厂家
辛烯基琥珀酸酐	淀粉级	美国凡特鲁斯贸易有限公司
无水乙醇	分析纯	辽宁泉瑞试剂有限公司
KBr 碎晶	光谱纯	天津市恒创立达科技发展有限公司
盐酸异丙醇	分析纯	广东翁江化学试剂有限公司
NaOH	分析纯	辽宁泉瑞试剂有限公司
HCl	分析纯	辽宁泉瑞试剂有限公司
异丙醇	分析纯	辽宁泉瑞试剂有限公司
$AgNO_3$	分析纯	上海麦克林生化科技有限公司
亚甲基蓝染色液	光谱纯	北京索莱宝科技有限公司

（三）试验仪器

表4-3列出了本次试验中使用的主要仪器和设备。

表4-3 主要仪器与设备

名称	型号	生产厂家
气流粉碎机组	LHL中试型流化床式	山东潍坊正远粉体工程设备有限公司
激光粒度分布仪	Bettersize2000	丹东市百特仪器有限公司
扫描电子显微镜	S-3400N	日本HITACHI公司
X射线衍射仪	BrukerD8	德国ADVANCE公司
傅里叶红外光谱仪	Nicolet6700	美国ThermoFisherScientific公司
X射线光电子能谱	ESCALAB250Xi	美国ThermoFisherScientific公司
快速黏度分析仪	RVA-Super4	澳大利亚新港科器公司
差示扫描量热仪	DSC800	美国PerkinElmer
同步热分析仪	SDT-Q600	美国TA仪器公司
离心机	TG16-WS	长沙湘仪离心机仪器有限公司.
分析天平	AR2140	梅特勒-托利多国际有限公司
紫外可见分光光度计	TU-1800	北京普析仪器公司
电热恒温鼓风干燥箱	DHG-101-0A	上海尚仪生物技术有限公司

二、试验方法

（一）玉米淀粉化学成分测定

（1）水分的测定按照GB/T 5009.3—2016。

（2）灰分的测定按照GB/T 5009.4—2016。

（3）蛋白质的测定按照GB/T 5009.5—2016。

（4）脂肪的测定按照GB/T 5009.6—2016。

（二）气流粉碎预处理玉米淀粉的制备

采用流化床气流粉碎设备进行粉碎处理,设备参数及粉碎条件为:喷嘴为3个;喷嘴角度为120°;引风机流速:-15 m³/min;进料粒度:<0.85 mm;粉碎时间:1 h;进料量1 kg;设置分级转速分别为:1200 r/min、1800 r/min、2400 r/min、3000 r/min 和 3600 r/min;制备得到不同微细化预处理玉米淀粉,分别为:J1-starch、J2-starch、J3-starch、J4-starch 和 J5-starch,样品密封保存。

(三)辛烯基琥珀酸淀粉酯的制备

取一定量天然淀粉和气流粉碎预处理淀粉样品(干基)与蒸馏水混合,配制浓度为 30%气流淀粉乳(w/w),用 2%的 NaOH 溶液调节淀粉乳的 pH 值为 8.5。称取质量为淀粉干基质量 3%的辛烯基琥珀酸酐,用无水乙醇稀释 3 次,1.5 h 内逐滴加入淀粉乳中,并继续搅拌反应 1.5 h,反应过程中体系 pH 始终保持 8.5。反应结束后,用 2%的 HCl 溶液将 pH 调整至 6.5。用 90%乙醇和蒸馏水各离心洗涤 2 次。样品 40℃恒温干燥 24 h,然后研磨成粉末,过 100 目筛网,得到样品 OSA-starch、J1-OSA-starch、J2-OSA-starch、J3-OSA-starch、J4-OSA-starch 和 J5-OSA-starch。

(四)淀粉粒度的测定

采用激光粒度仪进行粒度测定,方法参照王立东的方法:将样品置于蒸馏水中,搅拌均匀后置于超声仪中超声处理 5 min,测定并得到结果。

(五)取代度和反应效率的测定

OSA 淀粉取代度测定方法参照 Pan 的方法并进行一定修改。准确称取 OSA 淀粉 5.0 g(干重),加入 25 mL 2.5 mol 盐酸—异丙醇溶液,室内温度下连续搅拌 30 min。然后向样品中加入 50 mL 90%(v/v)异丙醇水溶液,搅拌 10 min,将样品转移到布氏漏斗过滤,用 90%异丙醇溶液洗涤残余物,直至用 0.1 mol/L AgNO$_3$ 溶液检验不到氯离子为止。将样品残渣溶解于 300 mL 去离子水中,在沸水中加热 20 min,滴加 2 滴酚酞指示剂,保持温度迅速用 0.1 mol/L 标准 NaOH 溶液滴定至粉红色。

取代度(degree of substitution,DS)计算公式:

$$DS = \frac{0.162 \times (A \times M)/W}{1 - [0.209 \times (A \times M)/W]} \tag{4-1}$$

式中:A 为滴定的 NaOH 标准溶液的体积,(mL);W 为辛烯基琥珀酸淀粉酯样品的干基质量,(g);M 为 NaOH 标准溶液的浓度,(mol/L);

反应效率(reaction efficiency,RE)计算公式:

$$RE = \frac{210 \times DS \times m_s}{162 \times m_o} \times 100\% \qquad (4-2)$$

式中：162 为葡萄糖残基的摩尔质量，(g/mol)；210 为辛烯基琥珀酸酐的摩尔质量，(g/mol)；m_s 和 m_o 分别是反应中使用的淀粉和 OSA 淀粉的质量，(g)。

(六)淀粉颗粒的扫描电子显微镜观察

采用扫描电子显微镜(SEM)进行淀粉颗粒形貌观察，测定方法参照 Liu 等方法：分别取适量淀粉样品，均匀撒在粘有导电胶样品台上，随后进行喷金处理，置于扫描电子显微镜下观察，放大倍数分别为 1000×、2000×和 5000×。

(七)淀粉颗粒的激光共聚焦显微观察

采用激光共聚焦显微镜(CLSM)对淀粉颗粒进行观察，称取 0.5 g 淀粉样品，加入 30 mL 去离子水，用 NaOH 溶液将 pH 调节至 8.0 左右。加入 1%(w/w)亚甲基蓝(methylene blue，MB$^+$)溶液后，在室温下磁力搅拌 24 h，用甲醇将过量的 MB$^+$冲净，最后将淀粉颗粒和甘油—水混合液(50%，v/v)混匀。在载玻片上滴一滴淀粉悬浮液，盖上盖玻片后观察荧光染色后辛烯基琥珀酸基团在淀粉颗粒中整体分布情况。本研究所使用镜头为 40×/1.25 oil，气体激光器 Argon 激光发射波长为 514 nm。

(八)淀粉的 X 射线衍射分析

采用 X 射线衍射仪(XRD)进行淀粉晶体结构分析，通过步进扫描法检测淀粉，检测条件：特征射线为 CuKα，管压为 40 kV，电流为 100 mA，测量角度 2θ 区间为 4°~60°，步长为 0.02°，扫描速度为 4°/min。根据不同衍射角的衍射峰强度，采用 MDI jade 软件计算淀粉结晶度。

(九)淀粉的傅里叶红外光谱分析

采用傅里叶红外光谱分析仪(FTIR)进行淀粉基团结构分析，称取被测淀粉样品 3.0 mg，加入 300 mg KBr 粉末干燥至恒重，研磨至混合均匀，经压片处理后通过红外光谱分析仪进行全波段的扫描测试，扫描范围为 400~4000 cm^{-1}，分辨频率为 4 cm^{-1}。

(十)淀粉的 X 射线光电子能谱分析

采用 X 射线能谱仪进行淀粉表面元素分析。测试条件为：Al-Kα 线为

1486.6 ev,线宽为 0.8 ev,真空度为 $5×10^{-9}$ Pa,发射电为压 15 KV,功率为 150 W,以 C1s 峰(结合能为 284.6 eV)为标准进行能量校正,测试前将样品烘干至恒重,填充惰气进行密封保护。

(十一)淀粉核磁共振 H 谱和 C 谱的测定

采用[1]H 核磁共振机测定淀粉结构,准确称取 5 mg 去除麦芽糖后的样品,溶解在 DMSO-d_6 中。检测前加入 2 mg 的氘代三氟乙酸。^{1}H NMR 光谱条件:检测温度为 30℃,脉冲角为 30°,弛豫时间为 10 s,检测时间为 2 s。

采用[13]C 核磁共振机测定淀粉结构,参考 Falk et al. 的方法。淀粉样品溶解于氘代试剂 DMSO-d_6(含四甲基硅烷 TMS)中,在 100.62MHz,(25±1)℃下测定,以 TMS 的化学位移为基准。

(十二)淀粉的热力学特性测定

采用差示扫描量热仪(DSC)进行测定,参考 González 的方法:分别精确称量 6.0 mg(干基)淀粉样品置于铝盘中,并以 1 : 3(m/v)添加去离子水,密封并在室温下平衡 24 h,温度范围在 20~100°C,恒定加热速率为 10℃/min。

(十三)淀粉的糊化特性测定

采用快速黏度分析仪(RVA)进行测定,参考 González 的方法,分别将 3.5 g 待测淀粉样品分散在装有 30 mL 蒸馏水的铝锅中,使用均质器混匀待测样品,通过快速黏度分析仪检测分析,获得淀粉糊化特征值。

(十四)淀粉糊的透明度测定

测试参考张杰的方法并做稍加改动,配制浓度为 1%(w/v)淀粉乳液,在水浴锅中 100℃沸水加热,使其充分糊化后冷却至室温,通过紫外分光光度计测定淀粉乳液透光率,波长选择 650 nm,蒸馏水为参比,记录透光率。

(十五)淀粉的乳化能力及乳化稳定性测定

OSA 淀粉的乳化性测定参考 Miao 等人的方法并稍加改动。取一定量淀粉样品与去离子水混合,配成 1.5%(w/w)的淀粉乳,将淀粉乳置于水浴锅中,100℃沸水加热,并连续搅拌 20 min。冷却淀粉乳至室温,向其中加入占淀粉乳质量 5%的花生油,利用高速均质机在 10000 r/min 的转速下均质 1.5 min,并重复均质 2 次。吸取 50 μL 的乳液注射至 5 mL 0.1%浓度的十二烷基硫酸钠溶液中,充分混匀。以 0.1%浓度的十二烷基硫酸钠溶液作为空白,通过紫外分光光度计在 500 nm 下,测定样品的初始吸光度(A_0),所得数值即为样品的乳化能力值(EA)。

乳化稳定性的测定参考孙淑苗等人的方法并稍加改动,将样品乳液静置 10 min,再次通过紫外分光光度计测定其在 500 nm 下的吸光度(A_{10}),乳化稳定系数(ESI)可由下面公式计算:

$$ESI(min) = \frac{A_0}{A_0 - A_{10}} \times 20 \qquad (4-3)$$

(十六)微胶囊的制备

称取 50 g OSA 淀粉样品,用蒸馏水配制成 15%(w/w)浓度的淀粉乳,置于水浴锅中 100℃沸水加热 20 min 后,室温冷却至 25℃,测定表观黏度(转速 12 r/min),加入 50%的花生油(占淀粉干基的质量百分比)后均质(20000 r/min,5 min),喷雾干燥即可得微胶囊产品。喷雾干燥条件为:喷雾压力 0.3 MPa、喷嘴 0.75 mm、流量 180 mL/h、进风温度为 170℃、出风温度为 60℃。

(十七)微胶囊包埋率的测定

表面油的测定:称取微胶囊样品 1.0 g,加入石油醚(沸程 30~60℃)在 25℃下萃取 10 min,用滤纸(脱脂且恒重)过滤样品,通过石油醚洗涤锥形瓶和滤纸 3次,将锥形瓶和滤纸置于恒温鼓风烘箱中干燥至恒重。

$$表面油含量 = \frac{W_1 + W_2 + W_3 - W_4}{W_1} \qquad (4-4)$$

式中:W_1 为样品质量(干基),(g);W_2 为锥形瓶质量,(g);W_3 为滤纸质量,(g);W_4 为烘干后总质量,(g)。

总油的测定:准确称取 1.0 g 样品,置于事先恒重的 100 mL 烧杯中,加 10 mL热水 10000 r/min 均质 2 min,冲洗清理均质机。将乳化液转入烧杯中,加 20 mL乙醇和 20 mL 石油醚,保鲜膜封口后,70℃磁力搅拌萃取 10 min,离心 5 min,弃去液层,将固体放置烧杯中烘干并称重。

$$总油含量 = \frac{W_1 + W_2 - W_3}{W_1} \qquad (4-5)$$

式中:W_1 为样品质量(干基),(g);W_2 为烧杯质量,(g);W_3 为烘干后总质量,(g)。

包埋率的计算:

$$包埋率(\%) = (1 - 表面油含量 / 总油含量) \times 100\% \qquad (4-6)$$

(十八)微胶囊热稳定性的测定

称取 8.0 mg 微胶囊样品置于小坩埚中,从 20℃升至 500℃,升温速率为 10℃/min。热解气氛为氮气,氮气流量为 20 mL/min。

(十九)数据分析

试验结果为 3 次测量平均值,结果以平均数±标准差表示。采用 Originlab8.5 和 Design-Expert 软件对实验结果进行绘图,采用 Spss22、Minitab19 软件进行数据处理(Duncan 多重比较分析)和 Pearson 相关分析。

第三节　结果与分析

一、玉米淀粉基本成分

由表 4-4 可知,玉米淀粉的水分、脂肪、粗蛋白和灰分的含量分别为 12.98%、0.05%、0.30%和 0.92%,直链/支链淀粉比为 26.7/73.3,产品符合国家标准(GB/T 8885—2017)的规定。

表4-4　玉米淀粉的基本组成

原料	水分/%	脂肪/%	粗蛋白/%	灰分/%	直链/支链
玉米淀粉	12.98±0.02	0.05±0.01	0.30±0.02	0.92±0.03	26.7 : 73.3

二、气流粉碎预处理对玉米淀粉的影响

气流粉碎涉及多方面知识理论,例如空气动力学、固体力学、粉碎理论等,粉碎过程较为复杂。本研究所用流化床气流粉碎机设备参数固定,选择分级频率为考察变量,采用激光粒度仪测定粉体粒度,以中位径(D_{50})值为判定指标,制备不同粉碎效果的粉体样品。

根据前期研究,本实验选择 1200 r/min、1800 r/min、2400 r/min、3000 r/min 和 3600 r/min 5 个不同分级转速作为考察变量。固定气流粉碎机粉碎压力为

0.80 Mpa,进料量为 1.0 kg,在不同分级转速条件下对玉米淀粉进行超微粉碎预处理,粉碎时间为 1 h。从表 4-5 中可以看出,随着分级转速增大,玉米淀粉颗粒粒径逐渐减小,当分级转速达到 3600 r/min 时,淀粉粒径 D_{50} 值可达到 7.75 μm。

(一)预处理对玉米淀粉粒径及比表面积的影响

粉体物料粉碎效果常采用 D_{10}、D_{50} 和 D_{90} 表征粉碎颗粒粒度大小,分别表示累积量为 10%、50%、90% 时所对应粒径大小,比表面积(S_w)表示粉末样品单位重量表面积,用来表征颗粒形态特征。

玉米淀粉经气流粉碎技术处理前后淀粉颗粒粒径及比表面积变化如表 4-5 所示。由表中可知,气流粉碎技术可有效降低玉米淀粉颗粒粒径,由原淀粉中位径(D_{50})13.48 μm,最小降至 7.75 μm;粗端粒径 D_{90} 值和细端粒径 D_{10} 值分别为 20.09 μm 和 5.89 μm,经粉碎处理后分别为 13.37 μm 和 2.12 μm。玉米淀粉的比表面积(S_w)与粒径呈负相关趋势,随粒径的减小比表面积逐渐增大,由 0.238 m²/g 增大至 0.399 m²/g。得到的气流粉碎处理微细化淀粉样品粒径呈梯度减小,适于后续改性研究。

表 4-5 气流粉碎预处理玉米淀粉粒径大小和比表面积

分级转速/ ($r \cdot min^{-1}$)	$D_{10}/\mu m$	$D_{50}/\mu m$	$D_{90}/\mu m$	$Sw/(m^2 \cdot g^{-1})$
0	5.89±0.09[a]	13.48±0.02[d]	20.09±0.01[d]	0.238±0.002[b]
1200	4.78±0.01[d]	12.57±0.05[c]	19.26±0.07[b]	0.265±0.001[c]
1800	4.14±0.09[a]	11.70±0.15[a]	18.35±0.08[b]	0.284±0.003[b]
2400	3.15±0.01[d]	10.23±0.01[e]	16.59±0.04[c]	0.318±0.001[c]
3000	2.41±0.06[b]	8.94±0.13[b]	15.19±0.37[a]	0.363±0.007[a]
3600	2.12±0.05[c]	7.75±0.06[c]	13.37±0.04[c]	0.399±0.006[a]

注:表中数值均为平均值±标准偏差,同列中肩字母不同表示差异显著($P<0.05$)。

(二)预处理对辛烯基琥珀酸淀粉酯取代度和反应效率的影响

由表 4-6 可知,天然玉米淀粉 OSA 酯化改性后得到的 OSA 淀粉取代度和取代效率分别为 0.0170 和 73.5%,经气流粉碎预处理后的玉米淀粉 OSA 改性的取代度和取代效率均高于天然玉米淀粉,并随着粉碎强度的提高逐步升高,最高可达到 0.0186 和 80.4%,说明使用气流粉碎技术对玉米淀粉进行预处理能有效地提高 OSA 改性效率。

表 4-6　OSA 改性玉米淀粉的取代度和反应效率

样品	OSA 添加量 （占淀粉干基）	取代度	反应效率/%
OSA-starch	3%	0.0170±0.0007[a]	73.5±0.9[b]
J1-OSA-starch	3%	0.0172±0.0004[c]	74.3±0.9[b]
J2-OSA-starch	3%	0.0175±0.0005[b]	75.6±0.4[c]
J3-OSA-starch	3%	0.0179±0.0002[e]	77.4±0.9[b]
J4-OSA-starch	3%	0.0183±0.0006[b]	79.1±0.9[b]
J5-OSA-starch	3%	0.0186±0.0003[d]	80.4±1.3[a]

注：表中数值均为平均值±标准偏差，同列中肩字母不同表示差异显著（$P<0.05$）。

三、OSA 淀粉结构性质的研究

（一）气流粉碎预处理 OSA 淀粉颗粒形貌分析

　　淀粉颗粒形貌及表面结构变化可通过扫描电镜进行观察。由图 4-1 可见，天然玉米淀粉表面光滑，颗粒表面随机嵌有小微孔，少有刻痕，整体形状类似球形，粒径相对较大。从图 4-2 中可以观察到，对天然玉米淀粉进行 OSA 改性后，淀粉颗粒表面出现凹陷孔洞，而经气流粉碎预处理后的玉米淀粉，由于气流粉碎的机械力作用导致颗粒形貌发生不规则变化，并随着分级转速的增加，颗粒发生破碎，产生部分微小颗粒，粒径逐渐减小，且经过 OSA 改性后，颗粒表面出现凹陷，颗粒表面变得越加粗糙，凹陷增多，形状更加不规则，这与李天贵等人研究结果一致。

图 4-1　天然玉米淀粉颗粒的 SEM 图（左 5000×；右 2000×）

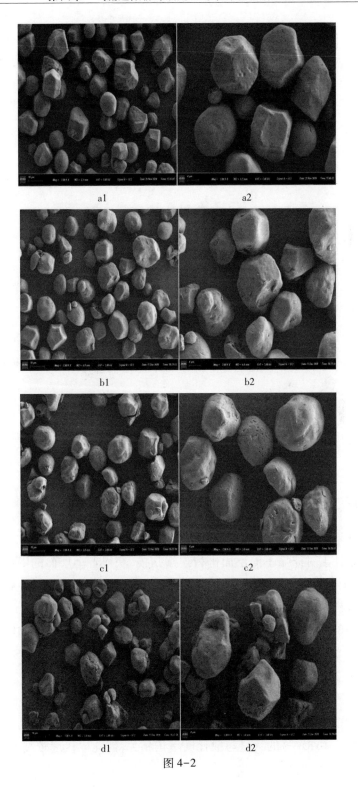

图 4-2

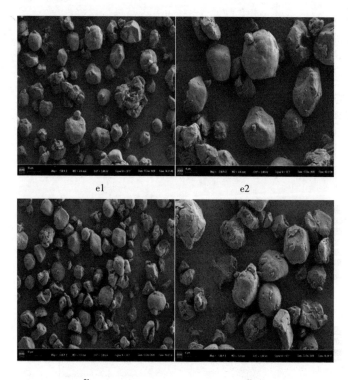

f1　　　　　　　　　　　　　　f2
图 4-2　天然玉米淀粉和气流粉碎预处理淀粉
OSA 改性 SEM 图(左 1000×、右 2000×)
注:图 a~f 分别为天然玉米淀粉和分级转速为 0、1200 r/min、1800 r/min、2400 r/min、3000 r/min、
3600 r/min 气流粉碎预处理淀粉经 OSA 改性得到的 OSA 淀粉。

(二)气流粉碎预处理 OSA 淀粉激光共聚焦分析

激光共聚焦显微镜(简称 CLSM)是近代最先进的分析仪器之一,可以在不损伤样品的条件下对样品不同层面进行连续扫描,获得各个层面的图像。对于淀粉而言,由于淀粉颗粒不透明,CLSM 可以避免物理切片或化学试剂腐蚀对淀粉颗粒内部结构的破坏,直接观察到颗粒内部结构。

因为 MB^+ 可特异性标记 OS 基团的—COO—,所以本研究采用 MB^+ 荧光染色剂标记 OSA 淀粉颗粒内部和表面的 OS 基团,从而研究 OS 基团在 OSA 淀粉中的分布。图 4-3 为不同分级转速气流粉碎预处理的辛烯基琥珀酸淀粉酯的 CLSM 照片。玉米原淀粉未被激发出荧光(结果未例出),对不同强度气流粉碎预处理的辛烯基琥珀酸淀粉酯进行激光照射,可以检测到不同强度的荧光。OSA 淀粉中 OS 基团(—COO—)的含量与取代度呈正相关,因此取代度较高的 OSA 淀粉在 CLSM 连续扫描层中显示的荧光强度较强。

　　如图 4-3 所示,天然玉米淀粉进行 OSA 酯化反应后得到的 OSA 淀粉,荧光主要出现在淀粉颗粒的外围,说明 OSA 与淀粉一般在淀粉表面发生反应,OS 基团分布在颗粒表面。这是由于 OSA 酯化剂不易溶于水,OSA 液滴很难渗入淀粉颗粒内部,所以形成颗粒外部荧光较强的结果。为进一步解释这种现象,研究了不同分级转速气流粉碎预处理后 OSA 淀粉的 CLSM 图,随气流粉碎预处理强度的增加,荧光强度也逐渐增强,当气流粉碎预处理分级转速达到 3600 r/min 时,可以明显地观察到部分淀粉颗粒破碎成细小颗粒,OSA 与淀粉结合位点增多,荧光增多且增强。这种结果从淀粉颗粒结构的不同层面,直接反映出气流粉碎预处理对淀粉 OSA 改性的促进作用,可以提高 OSA 淀粉酯化反应的取代度。

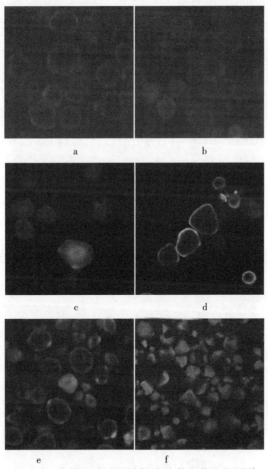

图 4-3　辛烯基琥珀酸淀粉酯的激光共聚焦图谱

注:图 a~f 分别为分级转速为 0、1200 r/min、1800 r/min、2400 r/min、3000 r/min 和 3600 r/min 气流粉碎预处理淀粉经 OSA 改性得到的 OSA 淀粉。

(三)气流粉碎预处理 OSA 淀粉傅里叶红外光谱分析

在红外光的照射下,有机化合物的官能团能够选择性地吸收红外光。因此,傅里叶红外光谱(fourier transform infrared spectroscopy,FTIR)可以用于定性分析淀粉经 OSA 酯化处理后化学基团在淀粉上接枝情况,并分析改性对淀粉结晶、分子链构象和螺旋结构的有序结构的影响。

从图 4-4 中可以看到,天然玉米淀粉结构在红外光谱图中对应的吸收峰分别是:1640 cm⁻¹ 和 1420 cm⁻¹ 处的特征峰。这是因为 H_2O 的弯曲振动和羟基的伸缩振动产生的,3500~3000 cm⁻¹ 的附近谱峰反映了淀粉的水合结构。相比于天然玉米淀粉红外吸收光谱图,OSA 淀粉于 1724 cm⁻¹ 和 1573 cm⁻¹ 处出现了两个新的特征峰。这是由于玉米淀粉经 OSA 酯化改性后,淀粉分子上的羟基被 OSA 中的羧基取代,导致淀粉中的 C ═O 伸缩振动和羧基产生的不对称振动,说明辛烯基琥珀酸淀粉酯合成成功,这与李天贵等人的研究结果一致,并且随着气流粉碎预处理强度的增加,这两个特征峰的强度也会增加,说明 OSA 淀粉的预处理强度和基团数量均与红外光谱峰强成正相关,此结果与张正茂等人的研究结果相一致。此结果与上述激光共聚焦图谱分析结果相吻合,证明预处理会提高 OSA 改性的取代效果。

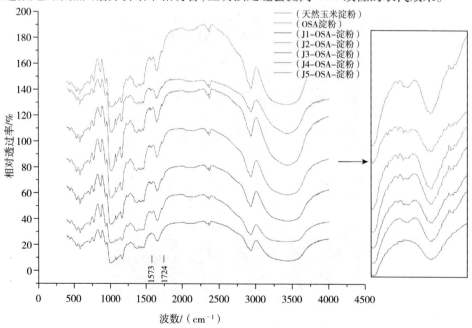

图 4-4　天然玉米淀粉和辛烯基琥珀酸淀粉酯的 FTIR 图

(四)气流粉碎预处理 OSA 淀粉 XRD 分析

淀粉是由直链淀粉分子和支链淀粉分子共同构成的具有不同晶型和结晶度的半结晶型颗粒,淀粉颗粒的支链淀粉定向形成质密的结晶区域,而稀疏的非结晶区则是由直链淀粉构成。淀粉双螺旋结构长程有序性可以通过 X 衍射图谱(X-ray diffraction)进行表征,图 4-5 为酯化改性前后玉米淀粉颗粒的 XRD 谱图。从 X 衍射图谱中可观察到,天然玉米淀粉属于典型 A 型淀粉,在 15.8°、17.1°、18.2°和 23.5°附近出现较强特征衍射峰,天然玉米淀粉经酯化处理后,OSA 淀粉均没有新的衍射峰产生,由此可以推断淀粉本身的结晶形态未因酯化改性而发生变化,此结果与其他的研究具有一致性。

表4-7 为天然玉米淀粉和气流粉碎预处理 OSA 淀粉样品经计算得到的相对结晶度,如表4-7 所示,J-OSA 淀粉的结晶度变化程度随气流粉碎预处理强度的增加而减小,这是由于气流粉碎的机械力破坏了玉米淀粉内部结晶结构,导致非结晶区增加,淀粉结晶度降低,而 OSA 改性基团主要接枝在淀粉的非结晶区,所以经气流粉碎的预处理的 OSA 淀粉,随着气流粉碎强度的增加而持续降低,结晶度逐渐减小,取代度逐渐增大,这从淀粉结晶结构方面侧面反应出气流粉碎预处理对 OSA 改性的强化效果,其结果与 SEM 观察结果一致。

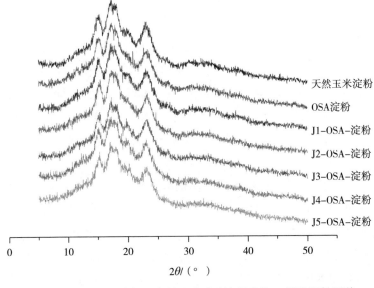

图 4-5　天然玉米淀粉和辛烯基琥珀酸淀粉酯的 X 射线衍射图谱

表 4-7　天然玉米淀粉和辛烯基琥珀酸淀粉酯的相对结晶度

样品	结晶度/%
天然玉米淀粉	23.79±0.39[d]
OSA-淀粉	21.99±0.47[b]
J1-OSA-淀粉	20.26±0.62[a]
J2-OSA-淀粉	19.29±0.33[e]
J3-OSA-淀粉	18.29±0.41[c]
J4-OSA-淀粉	17.59±0.51[b]
J5-OSA-淀粉	16.89±0.35[e]

注:表中数值均为平均值±标准偏差,同列中肩字母不同表示差异显著($P<0.05$)。

(五)气流粉碎预处理 OSA 淀粉 X 光电子能谱分析

X 射线光电子能谱(X-ray photoelectron spectroscopy,XPS)是通过测定样品所产生的光子能量,结合光电子成像技术获得元素不同化学状态在样品表面的分布情况的一种重要的表面分析技术,被广泛应用于变性淀粉结构及表面基团变化研究中。

图 4-6 为天然玉米淀粉和辛烯基琥珀酸淀粉酯颗粒 XPS 谱图,从图中可以观察到玉米淀粉谱图 4-5(a)在 284 eV 和 533 eV 位置上出现明显的 $C1_s$ 和 $O1_s$ 化学结合能特征峰,是因为淀粉是由 C、O、H 3 种元素的大量葡萄糖单元通过糖苷键连接组成的高分子多糖。区别于天然玉米淀粉,OSA 淀粉在 XPS 谱图上 1070 eV 处出现了新的 Na 峰,由此推测淀粉分子上引入 OS 基团,OSA 淀粉改性成功,此结果与刘微的研究结果一致。

表 4-8 为天然玉米淀粉和辛烯基琥珀酸淀粉酯的表面元素组成,从表中可以发现酯化处理后玉米淀粉分子内碳、氧元素的相对含量发生轻微变化,这是因为玉米淀粉经 OSA 酯化改性后,淀粉分子上的羟基被 OSA 中的羧基取代所造成的,并且随着气流粉碎预处理强度的增加,钠元素含量逐步增加,说明 OSA 淀粉的取代度和基团数量逐步上升。XPS 谱图结果从淀粉元素含量方面,间接反映出气流粉碎预处理对 OSA 改性的促进作用。

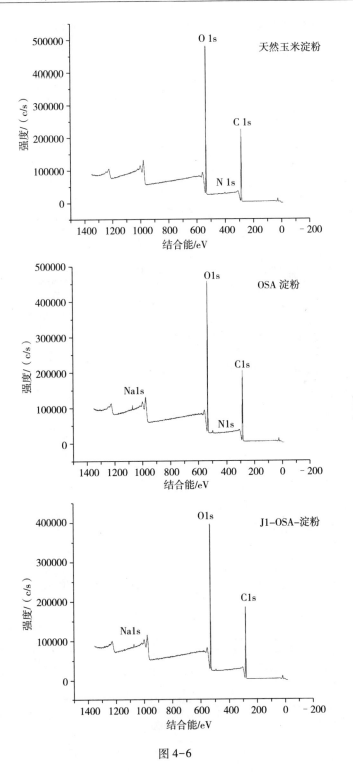

图 4-6

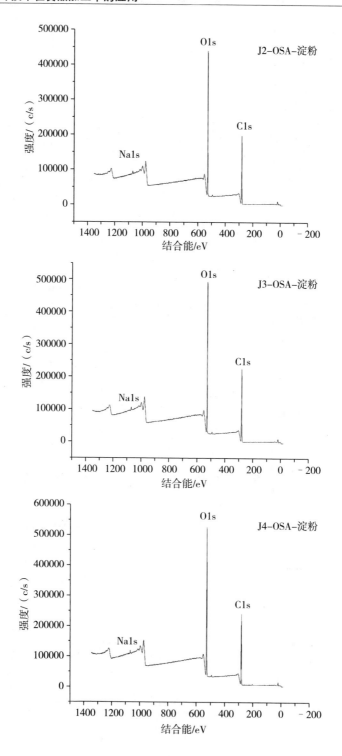

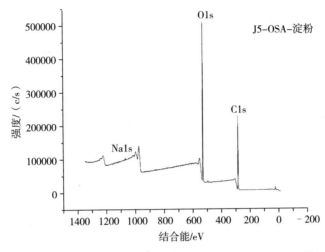

图 4-6　天然玉米淀粉和辛烯基琥珀酸淀粉酯的 XPS 光谱图

表 4-8　天然玉米淀粉和辛烯基琥珀酸淀粉酯的表面元素组成

样品	C/%	O/%	Na/%	N/%
天然玉米淀粉	56.5	42.78	0	0.72
OSA-淀粉	56.91	42.14	0.23	0.95
J1-OSA-淀粉	57.04	41.88	0.30	1.08
J2-OSA-淀粉	57.68	41.23	0.37	1.09
J3-OSA-淀粉	57.95	41.03	0.43	1.02
J4-OSA-淀粉	58.47	40.54	0.49	0.99
J5-OSA-淀粉	58.67	40.21	0.56	1.12

（六）气流粉碎预处理 OSA 淀粉核磁共振 H 谱和 C 谱分析

^{1}H 核磁共振（简称 ^{1}H-NMR）和 ^{13}C 固体核磁共振（简称 ^{13}C-NMR）可以用来研究淀粉的分子结构变化，^{1}H-NMR 和 ^{13}C-NMR 谱分别如图 4-7 和图 4-8 所示。

对 ^{1}H-NMR 谱而言，天然玉米淀粉经 OSA 改性后，分子结构上引入 OSA 基团，随着气流粉碎预处理强度的增强，OH_2 的化学位移所在的谱峰相对强度减弱，其他化学位移的谱峰变化不明显，说明气流粉碎预处理 OSA 淀粉的酯化反应可能主要发生在 OH_2 上。而对 ^{13}C-NMR 谱而言，相比于 ^{1}H-NMR 谱化学位移更加复杂，不饱和双键上的 C_{12} 和 C_{13} 的化学位移在 110~150 之间；羧基和酯羰基上的 C_{17} 和 C_{18} 的化学位移在 155~185 之间，但整体受气流粉碎预处理和 OSA 酯化不明显。此结果从淀粉分子结构层面说明气流粉碎预处理对 OSA 改性的影响。

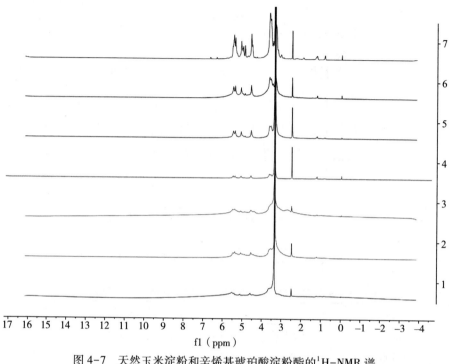

图 4-7　天然玉米淀粉和辛烯基琥珀酸淀粉酯的 ^{1}H-NMR 谱

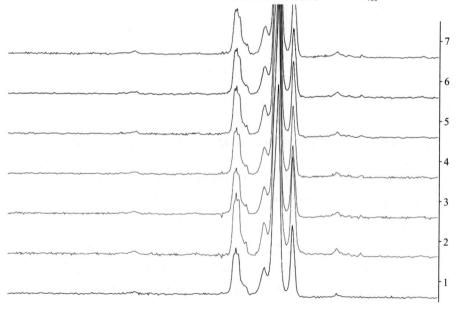

图 4-8　天然玉米淀粉和辛烯基琥珀酸淀粉酯的 ^{13}C-NMR 谱

四、OSA 淀粉理化性质的研究

(一)气流粉碎预处理 OSA 淀粉热力学特性分析

通过差示扫描量热仪(differential scanning calorimeter, DSC)可以获得淀粉颗粒加热过程中热相变的变化,获得淀粉的物理性质与温度的关系。糊化温度的高低反映了淀粉分子内部晶体结构的完整性,糊化温度受淀粉颗粒大小、晶体结构等多种因素影响。热焓值(ΔH)与淀粉结晶度有关,其数值代表破坏淀粉颗粒双螺旋结构所需要的能量。

由表4-9可知,天然玉米淀粉的糊化特征值较高,经气流粉碎预处理后,OSA 淀粉各项热力学特征值降低,且随着气流粉碎预处理强度的增大而逐渐减小。说明天然玉米淀粉分子排列紧密,结晶度较高,经气流粉碎机械力作用后,淀粉颗粒发生破碎,内部的分子链断裂,分子间间隙加大,结晶度降低,破坏淀粉颗粒双螺旋结构所需能量下降,从而导致淀粉更易糊化,从而使糊化温度降低,引起热焓值减小,并随着粉碎进程的进行持续发生变化。

表 4-9　天然玉米淀粉和辛烯基琥珀酸淀粉酯的热力学特征参数

样品	起始温度 $To/℃$	峰值温度 $T_P/℃$	终止温度 $T_C/℃$	热焓值 $\Delta H/(J \cdot g^{-1})$
天然玉米淀粉	62.58±0.02[d]	68.42±0.05[c]	89.12±0.14[c]	17.02±0.11[d]
OSA-淀粉	61.88±0.03[d]	67.51±0.03[e]	88.34±0.05[e]	16.78±0.03[f]
J1-OSA-淀粉	61.53±0.03[d]	67.35±0.04[d]	86.95±0.33[a]	16.15±0.07[e]
J2-OSA-淀粉	61.44±0.09[b]	67.10±0.01[g]	83.34±0.12[d]	14.37±0.28[a]
J3-OSA-淀粉	60.75±0.18[a]	67.01±0.02[f]	82.86±0.21[b]	12.98±0.18[e]
J4-OSA-淀粉	59.77±0.18[a]	66.81±0.06[b]	80.92±0.15[c]	11.97±0.11[d]
J5-OSA-淀粉	59.40±0.05[c]	65.98±0.08[a]	77.63±0.11[d]	10.60±0.22[b]

注:表中数值均为平均值±标准偏差,同列中肩字母不同表示差异显著($P<0.05$)。

(二)气流粉碎预处理 OSA 淀粉糊化特性分析

天然淀粉颗粒在冷水中的溶解度较差,但提高溶解温度,则会提高淀粉溶解度,颗粒吸水膨胀,成为具有黏性凝胶物质,此过程称为糊化,糊化是各种淀粉共有特性。淀粉糊的黏度随温度规律变化的过程,可使用快速黏度分析仪(Rapidviscoanalyser, RVA)对淀粉黏度进行连续测定,从而获取不同阶段糊化特征参数。影响淀粉糊黏度的因素众多,例如淀粉种类、颗粒粒径、晶体结构等。

表4-10为天然玉米淀粉和辛烯基琥珀酸淀粉酯糊化的糊化特征参数值的变化情况。由表4-9可以看出,天然玉米淀粉经OSA酯化改性后,糊化黏度和糊化温度均较天然淀粉升高,这是由于淀粉经OSA改性后大分子OSA基团被引入淀粉中,使淀粉相对分子量增加,从而导致淀粉糊表观黏度增加。而经过气流粉碎预处理后的OSA淀粉氢键发生断裂,大分子链遭到破坏,OSA基团被引入淀粉中,反而增加了淀粉空间位阻作用,使淀粉分子间的相互作用降低,淀粉颗粒的水合容易程度增加,从而引起淀粉颗粒膨胀,所以OSA改性后淀粉糊化温度降低,糊化黏度增加,随气流粉碎强度的增大,淀粉被破坏程度也逐渐增大,J-OSA淀粉的峰值黏度、谷值黏度、最终黏度、糊化温度、衰减度和回生值均降低,最终分别降至4012 mPa·s、2413 mPa·s、3021 mPa·s、66.65℃、1599 mPa·s和608 mPa·s,较未经预处理OSA淀粉分别下降55.38%、52.70%、50.29%、8.87%、58.89%和37.70%。所以最终经气流粉碎预处理的OSA淀粉黏度,也随预处理强度的增大而逐渐减小,以便于后期制作微胶囊所需的低黏度OSA淀粉。

表4-10　天然玉米淀粉和辛烯基琥珀酸淀粉酯的糊化特征参数

样品	峰值黏度/ (mPa·s)	谷值黏度/ (mPa·s)	最终黏度/ (mPa·s)	衰减度/ (mPa·s)	回生值/ (mPa·s)	糊化温度/ ℃
天然玉米淀粉	5149±12[c]	4013±16[a]	4817±5[f]	1136±12[e]	804±14[a]	74.25±0.5[e]
OSA-淀粉	8991±15[a]	5101±12[b]	6077±7[e]	3890±14[b]	976±10[c]	73.14±0.7[b]
J1-OSA-淀粉	7771±13[b]	4577±9[d]	5503±14[b]	3194±19[a]	926±8[d]	72.20±0.3[d]
J2-OSA-淀粉	6223±9[d]	4263±7[e]	5072±12[c]	1960±9[d]	809±6[e]	71.04±0.2[e]
J3-OSA-淀粉	5156±15[a]	3626±13[b]	4389±18[a]	1530±15[b]	763±12[b]	70.10±0.8[a]
J4-OSA-淀粉	4541±16[a]	3043±5[f]	3745±11[f]	1498±12[c]	702±11[b]	68.55±0.7[b]
J5-OSA-淀粉	4012±10[d]	2413±11[c]	3021±9[d]	1599±13[e]	608±14[a]	66.65±0.8[a]

注:表中数值均为平均值±标准偏差,同列中肩字母不同表示差异显著($P<0.05$)。

(三)气流粉碎预处理OSA淀粉糊透明度分析

透明度是淀粉最重要的外在特征之一,在一定程度上能够反映淀粉与水结合能力强弱,并直接关系着淀粉类产品的外观和用途。研究不同温度下淀粉的糊透明度,可对后续研究中产品的应用具有重要价值。

天然玉米淀粉糊具有较高透明度(图中未展示),从图4-9可以看出,经气流粉碎预处理OSA淀粉糊透明度明显升高,并随着气流粉碎预处理强度的增加而持续升高。在30℃低温条件下淀粉糊透明度均变化不明显,说明在低温条件下淀粉未糊化,只是形成淀粉颗粒浑浊液,因此不同预处理强度下OSA淀粉透明度变化不明显;随着糊化温度升高,70℃条件下糊透明度仍增幅较小;当糊化温度升高到100℃后淀粉糊透明度显著提高,且随着预处理强度的增高而增大。这是由于气流粉碎预处理破坏淀粉颗粒结构,使淀粉分子量减小,小分子数量增多且易溶于水,不易发生分子重排和缔合,使光散射和折射降低,导致糊透明度增大。且淀粉经OSA改性后,淀粉颗粒和分子结构的改变使水分子更易渗透到淀粉颗粒中,淀粉颗粒膨胀后易发生破裂,使透光率增加。

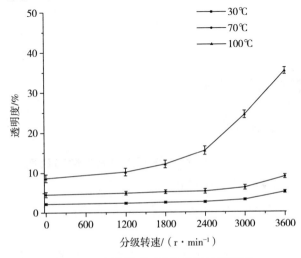

图4-9　辛烯基琥珀酸淀粉酯的透明度

(四)气流粉碎预处理OSA淀粉乳化性和乳化稳定性分析

表4-11显示,气流粉碎预处理OSA淀粉的乳化性及乳化稳定性较天然玉米淀粉酯化的OSA淀粉有十分显著地提高,并随着预处理粉碎强度的增加而增强。这是由于OSA改性属于疏水改性,增加了界面上的淀粉与油相的有效接触的位点,有利于形成稳定的乳状液,同时在水包油型乳油液的油水界面形成的一层连续的薄膜,随取代度的增加而更加牢固不易破裂,进一步使得油水界面被削弱张力,分散相颗粒更难于凝聚和分离出来,从而提高乳液的稳定效果。随疏水基团的增加,一方面酯化淀粉降低表面张力的能力增强,所以酯化淀粉的乳化性和乳化稳定性都增强。且经分级转速为3600 r/min气流粉碎预处理得到的J5-OSA-starch样品乳化性和乳化稳定性最高,此结果与取代度结果相一致。

表 4-11　天然玉米淀粉和辛烯基琥珀酸淀粉酯的乳化能力和乳化稳定性

样品	乳化能力	乳化稳定性/min
天然玉米淀粉	0.26 ± 0.02^a	92.5 ± 10.2^e
OSA-淀粉	0.46 ± 0.01^b	152.8 ± 9.1^f
J1-OSA-淀粉	0.54 ± 0.01^b	209.2 ± 12.5^d
J2-OSA-淀粉	0.62 ± 0.02^a	264.9 ± 15.8^c
J3-OSA-淀粉	0.69 ± 0.01^b	303.3 ± 20.5^b
J4-OSA-淀粉	0.73 ± 0.01^b	352.7 ± 22.4^a
J5-OSA-淀粉	0.82 ± 0.01^b	410.1 ± 21.6^a

注:表中数值均为平均值±标准偏差,同列中肩字母不同表示差异显著($P<0.05$)。

五、微胶囊的制备及性质

(一)微胶囊的包埋率

OSA 淀粉独特的双亲性使淀粉具备优良的流动性和疏水性,可以有效阻止淀粉颗粒的附集凝聚,对乳状液起到很好的分散作用。因其具有良好的乳化性和乳化稳定性,同时能满足作为微胶囊壁材的要求,因此是制备微胶囊的良好的壁材选择。

微胶囊的包埋率(微胶囊化率)是衡量微胶囊产品的重要指标,微胶囊的包埋率高,说明微胶囊壁材对芯材的包埋效果好。以气流粉碎预处理 OSA 淀粉为壁材,以花生油为芯材,喷雾干燥法制备花生油微胶囊。由表 4-12 可知,随气流粉碎预处理强度的增加,微胶囊的包埋率呈增大的趋势,这是因为气流粉碎预处理强化了的 OSA 淀粉的乳化稳定性,均质后的乳化液稳定,使包埋率增加。同时经预处理的 OSA 淀粉黏度降低,适于包埋油脂制备微胶囊。最大包埋率的淀粉为 J5-OSA-淀粉,包埋率可达 85.21%,说明分级转速为 3600 r/min 的气流粉碎预处理 OSA 淀粉制备花生油微胶囊有较高的包埋率。

表 4-12　辛烯基琥珀酸淀粉酯为壁材制备的微胶囊的包埋率

样品	包埋率/%
OSA-淀粉	50.12 ± 1.49^d
J1-OSA-淀粉	56.56 ± 1.24^c
J2-OSA-淀粉	62.24 ± 1.69^c

续表

样品	包埋率/%
J3-OSA-淀粉	70.01 ± 1.89^{b}
J4-OSA-淀粉	77.45 ± 1.56^{d}
J5-OSA-淀粉	85.21 ± 2.62^{a}

注:表中数值均为平均值±标准偏差,同列中肩字母不同表示差异显著($P<0.05$)。

(二) 微胶囊的热稳定性

热稳定性分析热重分析可反映样品在温度改变时其质量的变化情况,已广泛用于对制备的微胶囊材料的高温稳定性能进行测定。

从图 4-10 中可观察到 6 种酯化淀粉微胶囊热重曲线,都具有相似的热重性质,从 20~110℃ 范围阶段淀粉热重曲线显示出轻微重量损失,主要是水蒸发阶段;在 250~300℃ 辛烯基琥珀酸酯化淀粉产生热分解;在 300~500℃ 范围被称为快速热解区,此阶段是淀粉燃烧的主要阶段。随着 DS 的增加,酯化淀粉的质量损失减少,这主要是由于部分淀粉分子中的羟基被取代,新的基团连接在淀粉分子链中,削弱了分子间/内的氢键作用,但综合其他样品来看整体热稳定性并未发生明显变化,这与 DSC 的分析结果一致。这结果说明采用气流粉碎预处理 OSA 淀粉制备的微胶囊具有良好的热稳定性。

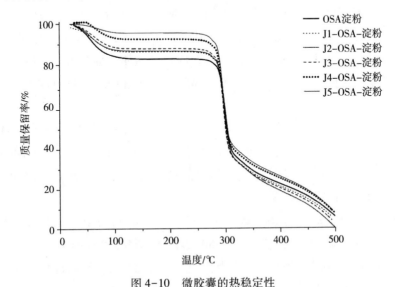

图 4-10　微胶囊的热稳定性

第四节　结论

本试验探讨了以气流粉碎技术为预处理方式的复合改性技术可行性行为。以天然玉米淀粉和气流粉碎预处理微细化玉米淀粉酯化改性后的疏水改性淀粉为研究对象,采用扫描电镜(SEM)观察其表观形貌,激光共聚焦显微镜(CLSM)观察颗粒内部基团分布,X-射线衍射仪(XRD)观察其晶体结构,傅里叶红外光谱(FTIR)、X光电子能谱(XPS)、1H NMR 和 13C NMR(核磁共振)测定其基团结构和表面元素含量,以及分析糊化特性、热力学特性、溶解度、透明度、乳化性等理化性质的变化,进一步研究以 OSA 淀粉为壁材制备的微胶囊包埋率和热稳定性,获得以下研究结果:

(1)气流粉碎预处理后玉米淀粉粒径减小,中位径(D_{50})最小可达到 7.75 μm;比表面积增大,最大可达到 0.399 m^2/g。经 OSA 改性后,J-OSA 淀粉取代度和取代效率均高于未处理的 OSA 淀粉,J-OSA 淀粉的取代度和反应效率最高可达到 0.0186 和 80.4%,且取代度和取代效率与气流粉碎预处理的强度呈正相关趋势。

(2)经气流粉碎处理后制备的 OSA 淀粉颗粒表面变得粗糙,凹陷增多,形状更加不规则,淀粉晶型结构并未改变,但相对结晶度下降,由(21.99±0.47)%下降到(16.89±0.35)%。因 OSA 改性引入了新的 OS-基团,在傅里叶红外光谱图中 1724 cm^{-1} 和 1573 cm^{-1} 处出现新的特征峰;XPS 光谱图中出现新的钠峰,OSA 淀粉表面元素中 Na 元素的含量占比由 0 增至 0.56%,但淀粉分子内碳、氧元素的相对含量仅发生变化轻微。气流粉碎预处理使辛烯基琥珀酸酐与玉米淀粉颗粒反应结合位点增多,且通过 1H-NMR 谱图推测 OSA 改性反应主要发生在 OH_2 上。

(3)气流粉碎预处理改变了 J-OSA 淀粉的理化特性,气流粉碎使 J-OSA 淀粉的糊化温度和热焓值均随预处理强度的增加而逐渐下降,起始温度和热焓值可降至 59.40℃和 10.60 J/g;随气流粉碎的进行,J-OSA 淀粉的峰值黏度、谷值黏度、最终黏度、糊化温度、衰减度和回生值均降低,最终分别降至 4012 mPa·s、2413 mPa·s、3021 mPa·s、66.65℃、1599 mPa·s 和 608 mPa·s,较未经预处理OSA 淀粉分别下降 55.38%、52.70%、50.29%、8.87%、58.89%和 37.70%;淀粉糊透明度提高,尤其在 100℃条件下糊化,透明度升高最为明显;淀粉乳化性和乳化稳定性也随预处理强度的增加而增强,较未经预处理的 OSA 淀粉分别提高 78.26%和 168.39%。

（4）以气流粉碎预处理 OSA 淀粉为壁材制备的花生油微胶囊可达到较高的包埋率,气流粉碎预处理强度越大制备的微胶囊热稳定性越好,以分级转速为3600 r/min 的气流粉碎预处理 OSA 淀粉为壁材制备的微胶囊包埋率最高,可达到 85.21%,且热稳定性最好。

以上研究结果表明,将气流粉碎技术应用于玉米淀粉酯化改性的预处理阶段能有效地提升酯化淀粉的性能,可以提高淀粉酯化的取代度和疏水改性反应效率。

参考文献

［1］杨莹,黄丽婕.改性淀粉的制备方法及应用的研究进展［J］.食品工业科技,2013,34(20):381−385.

［2］XIE F, POLLET E, HALLEY P J, et al. Starch−based nano−biocomposites［J］. Progress in Polymer Science, 2013,389(10−11):1590−1628.

［3］JANE J. Current understanding on starch granule structures［J］. Journal of Applied Glycoscience, 2006,53(3):205−213.

［4］ATWELL W A, HOOD L F, LINEBACK D R, et al. The terminology and methodology associated with basic starch phenomena［J］. Cereal Foods World, 1988,33(3):306−311.

［5］王立东,刘婷婷,寇芳.球磨处理对豌豆淀粉结构及理化性质的影响［J］.高分子通报,2016(11):69−76.

［6］LIU H, FAN H, CAO R, et al. Physicochemical properties and in vitro digestibility of sorghum starch altered by high hydrostatic pressure ［J］. International Journal of Biological Macromolecules, 2016, 92:753−760.

［7］邵苗.淀粉基咖啡因微胶囊的制备、性质及在提神巧克力中的应用研究［D］.广州:华南理工大学,2020.

［8］梁逸超.高取代度高黏度羧甲基及接枝复合改性淀粉的研究［D］.广州:华南理工大学,2019.

［9］崔添玉,辛嘉英,王广交,等.物理法改性淀粉的研究进展［J］.粮食与油脂,2020,33(2):17−19.

［10］KHAN F, AHMAD S R. Polysaccharides and Their Derivatives for Versatile Tissue Engineering Application［J］. Macromolecular Bioscience, 2013, 13:

395-421.

[11]李海花,高玉华,张利辉,等.阳离子型接枝淀粉的合成及其絮凝性能[J].化学研究与应用,2019,31(6):1179-1186.

[12]汪茜,李迪,王小凤,等.十二烯基琥珀酸淀粉酯制备研究[J].农业科技与装备,2019(5):38-40.

[13]黄守耀,夏雨,杜冰,等.大蕉淀粉的复合酶法改性工艺优化[J].食品科学,2012,33(6):69-73.

[14]KHATOON S, SREERAMA Y N, RAGHAVENDRA D, et al. Properties of enzyme modified corn, rice and tapioca starches [J]. Food Research International, 2009,42(10):1426-1433.

[15]王宝珊,张玉杰,代养勇,等.超声辅助制备辛烯基琥珀酸淀粉酯及其对品质的影响[J].中国粮油学报,2020,35(5):159-166.

[16]杨家添,陈渊,朱万仁,等.交联酯化机械活化玉米复合变性淀粉的制备及其性能研究[J].食品与发酵工业,2012,38(6):80-86.

[17]ALTUNA L, HERRERA M L, FORESTI M L. Synthesis and characterization of octenyl succinic anhydride modified starches for food applications. A review of recent literature[J]. Food Hydrocolloids, 2018,80:97-110.

[18]HAIXIANG Z, CHRISTIAN S, PENG W, et al. Mechanistic understanding of the relationships between molecular structure and emulsification properties of octenyl succinic anhydride (OSA) modified starches[J]. Food Hydrocolloids, 2018,74:168-175.

[19]VICTOR D Q, FRANCISCO J C, CRISTINA I Á, et al. Starch from two unripe plantains and esterified with octenyl succinic anhydride (OSA): Partial characterization[J]. Food Chemistry, 2020,315:126-241..

[20]CALDWELL C G, WURZBURG O B. Polysaccharide derivatives of substituted dicarboxylic acids: US, US 2661349 A[P]. 1953.

[21]SHOGREN R L. Rapid preparation of starch esters by high temperature/pressure reaction[J]. Carbohydrate Polymers, 2003,52(3):319-326.

[22]王海洋,刘洁,刘亚伟,等.辛烯基琥珀酸淀粉酯的制备及其特性研究[J].食品科技,2017,42(12):245-250.

[23]VISWANATHAN A. Effect of degree of Substitution of Octenyl Succinate Starch on the Emulsification Activity on Different Oil Phases[J]. Journal of Polymers

& the Environment, 1999, 7(4):191-196.

[24]王凤平,张佳佳,陈美龄,等.辛烯基琥珀酸淀粉酯的合成与应用[J].粮油加工,2008,000(2):102-104.

[25]张晓云,张红印,董英,等.辛烯基琥珀酸菊粉酯的乳化及抑霉性能研究[J].现代食品科技,2016(8):64-69.

[26]肖志刚,时超,杨柳,等.疏水改性藜麦淀粉的制备及其 Pickering 乳液乳化性研究[J].现代食品科技,2018,34(12):25-31.

[27]李天贵.不同预处理对辛烯基琥珀酸淀粉酯制备及性质的影响[D].天津:天津科技大学,2018.

[28]SNEH P, KAWALJIT S S, SANJU B D, et al. Dynamic, shear and pasting behaviour of native and octenyl succinic anhydride (OSA) modified wheat starch and their utilization in preparation of edible films [J]. International Journal of Biological Macromolecules, 2019,133:110-116.

[29]BHANDARI P N, SINGHAL R S, KALE D D. Effect of succinylation on the rheological profile of starch pastes[J]. Carbohydrate Polymers, 2002,47(4):365-371.

[30]RANDAL, L, SHOGREN, et al. Distribution of Octenyl Succinate Groups in Octenyl Succinic Anhydride Modified Waxy Maize Starch[J]. Starch-Stärke, 2000,52(6-7):196-204.

[31]WANG C, HE X, FU X, et al. Substituent distribution changes the pasting and emulsion properties of octenylsuccinate starch [J]. Carbohydrate polymers, 2016,135:64-71.

[32]CHEN M, YIN T, CHEN Y, et al. Preparation and characterization of octenyl succinic anhydride modified waxy rice starch by dry media milling[J]. Starch-Stärke, 2014,66(11-12):985-991.

[33]HU H, LIU W, SHI J, et al. Structure and functional properties of octenyl succinic anhydride modified starch prepared by a non-conventional technology [J]. Starch-Stärke, 2015,68(1-2):151-159.

[34]ZU-QIANG H, JIAN-PING L, XUAN-HAI L, et al. Effect of mechanical activation on physico-chemical properties and structure of cassava starch[J]. Carbohydrate Polymers, 2006,68(1):128-135.

[35]张正茂,李纪亮.机械活化—酯化复合改性淀粉的物化特性研究[J].食品研

究与开发,2016,37(13):5-9.

[36]BAI Y, SHI Y C. Structure and preparation of octenyl succinic esters of granular starch, microporous starch and soluble maltodextrin [J]. Carbohydrate Polymers, 2011,83(2):520-527.

[37]李凤生,刘宏英,陈静,等. 微纳米粉体技术理论基础[M]. 北京:科学出版社,2010.

[38]陆厚根. 粉体技术导论[M]. 上海:同济大学出版社,1998.

[39]DRAKOS A, KYRIAKAKIS G, EVAGELIOU V, et al. Influence of jet milling and particle size on the composition, physicochemical and mechanical properties of barley and rye flours[J]. Food Chemistry, 2017,215:326-332.

[40]MUTTAKIN S, KIM M S, LEE D N. Tailoring physicochemical and sensorial properties of defatted soybean flour using jet-milling technology [J]. Food Chemistry, 2015,187:106-111.

[41]PHAT C, LI H, LEE D U, et al. Characterization of hericium erinaceum powders prepared by conventional roll milling and jet milling[J]. Journal of Food Engineering, 2015,145:19-24.

[42]XIA W, HE D N, FU Y F, et al. Advanced technology for nanostarches preparation by high speed jet and its mechanism analysis[J]. Carbohydrate Polymers, 2017,176:127-134.

[43]TRUBIANO P C. Succinate and substituted derivatives of starch. In: Whistler R L, BiMiller J N, Paschall E F, Editors, Starch: Chemistry and technology, Academic Press, Orlando, FL(1986):131-147.

[44]HE H, HONG Y, GU Z, et al. Improved stability and controlled release of CLA with spray-dried microcapsules of OSA-modified starch and xanthan gum[J]. Carbohydr Polym, 2016:243-250.

[45]CHEUK S Y, SHIH F F, CHAMPAGNE E T, et al. Nano-encapsulation of coenzyme Q10 using octenyl succinic anhydride modified starch [J]. Food Chemistry, 2015, 174(5):585-590.

[46]BAJAJ R, SINGH N, KAUR A. Properties of octenyl succinic anhydride (OSA) modified starches and their application in low fat mayonnaise[J]. International Journal of Biological Macromolecules, 2019,131:147-157.

[47]GHAZAEI S, MIZANI M, PIRAVI-VANAK Z, et al. Particle size and

cholesterol content of a mayonnaise formulated by OSA-modified potato starch [J]. Food Science and Technology (Campinas), 2015,35(1):150-156.

[48]张红星. 不同类型表面活性剂和聚合物对 O/W 乳状液稳定性的调控作用 [D].济南:山东大学,2008.

[49]PUNIA S, SANDHU K S, DHULL S B, et al. Dynamic, shear and pasting behaviour of native and octenyl succinic anhydride (OSA) modified wheat starch and their utilization in preparation of edible films[J]. International Journal of Biological Macromolecules, 2019,133:110-116.

[50]LOPEZ-SILVA M, BELLO-PEREZ L A, AGAMA-ACEVEDO E, et al. Effect of amylose content in morphological, functional and emulsification properties of OSA modified corn starch[J]. Food Hydrocolloids, 2019, 97(12):105212.1-105212.8.

[51]王立东,侯越,刘诗琳,等.气流超微粉碎对玉米淀粉微观结构及老化特性影响[J].食品科学,2020,41(1):86-93.

[52]PAN Y, WU Z, ZHANG B, et al. Preparation and characterization of emulsion stabilized by octenyl succinic anhydride-modified dextrin for improving storage stability and curcumin encapsulation[J]. Food Chemistry, 2019,294:326-332.

[53]LIUT Y, MA Y, YU S F, et al. The effect of ball milling treatment on structure and porosity of maize starch granule[J]. Innovative Food Science and Emerging Technologies, 2011,12(4):586-593.

[54]JAYARAJ SE, UMADEVI M, RAMAKRISHNAN V. Environmental effect on the laser-excited fluorescence spectra of methylene blue and methylene green dyes [J]. Journal of inclusion phenomena and macrocyclic chemistry, 2001,40(3):203-206.

[55]ZENG H, CHEN P, CHEN C, et al. Structural properties and prebiotic activities of fractionated lotus seed resistant starches[J]. Food Chemistry, 2018, 251:33-40.

[56]WENJIE Y, LING Q, JUN L, et al. Characterization of crystalline SiCN formed during the nitridation of silicon and cornstarch powder compacts[J]. Journal of Alloys and Compounds, 2017,725:326-333.

[57]HUI C, XU K, XUE D, et al. Synthesis of dodecenyl succinic anhydride (DDSA) corn starch [J]. Food Research International, 2007, 40 (2):

232-238.

[58] O, PROF, DR, et al. Structural Aspects of Native and Acid or Enzyme Degraded Amylopectins—a^{13}C NMR Study[J]. Starch-Stärke, 1996,48(9): 344-346.

[59] GONZÁLEZ L C, LOUBES, M A, TOLABA M P. Incidence of milling energy on dry-milling attributes of rice starch modified by planetary ball milling[J]. Food Hydrocolloids, 2018,82:155-163.

[60] 张杰. 黑米淀粉的理化性质及湿热处理研究[D]. 南宁:广西大学,2019.

[61] MIAO M, LI R, BO J, et al. Structure and physicochemical properties of octenyl succinic esters of sugary maize soluble starch and waxy maize starch [J]. Food Chemistry, 2014,151(5):154-160.

[62] 孙淑苗,薛冬桦,谭颖,等. 淀粉辛酸酯的制备及其乳化性能的研究[J]. 精细化工,2011,28(2):120-124.

[63] 李振,王进,付艳红,等. 气流粉碎过程的选择性特征及其数值模拟[J]. 中国矿业大学学报,2016,45(2):371-376.

[64] 王立东. 玉米淀粉气流超微粉碎层级结构及理化性质的研究[D]. 哈尔滨:东北农业大学,2018.

[65] 安鸿雁,李义,吴延东,等. 水介质法木薯淀粉乙酰化的工艺优化[J]. 广州化工,2019,47(5):58-60.

[66] BIN Z, QIANG H, FA-XING L, et al. Effects of octenylsuccinylation on the structure and properties of high-amylose maize starch [J]. Carbohydrate Polymers, 2011,84(4):1276-1281.

[67] 李海燕,马云翔,俞力月,等. 辛烯基琥珀酸酐改性多孔淀粉结构表征[J]. 中国粮油学报,2020,35(6):70-75.

[68] 张正茂. 大米淀粉的机械活化及其辛烯基琥珀酸酐酯化改性研究[D]. 武汉:华中农业大学,2010.

[69] 王婵. 淀粉疏水改性基团分布及其构效关系[D]. 广州:华南理工大学,2015.

[70] WEI L, YUE L, H D G, et al. Distribution of octenylsuccinic groups in modified waxy maize starch:An analysis at granular level [J]. Food Hydrocolloids, 2018,84:210-218.

[71] 尹诗衡,黄强. X射线光电子能谱(XPS)在变性淀粉表面基团分布研究中的

应用[J].粮食与饲料工业,2007(6):28-29.

[72]刘微.OSA 淀粉的结构特征与乳化性质的相关性分析[D].无锡:江南大学,2019.

[73]郭泽镔.超高压处理对莲子淀粉结构及理化特性影响的研究[D].福州:福建农林大学,2014.

[74]马申嫣.微波加热对马铃薯淀粉介电和物性特征的影响[D].无锡:江南大学,2013.

[75]朱田丽.预凝胶淀粉固化成型氧化铝生物陶瓷及其性能研究[D].武汉:武汉理工大学,2017.

[76] ORTEGA - OJEDA F E, LARSSON H, ELIASSON A C. Gel formation in mixtures of hydrophobically modified potato and high amylopectin potato starch [J]. Carbohydrate Polymers, 2005,59(3):313-327.

[77]BAO J, XING J, PHILLIPS D L, et al. Physical properties of octenyl succinic anhydride modified rice, wheat, and potato starches[J]. Journal of Agricultural & Food Chemistry, 2003,51(8):2283-2287.

[78]Thirathumthavorn D, Charoenrein S. Thermal and pasting properties of native and acid-treated starches derivatized by 1-octenyl succinic anhydride[J]. Carbohydrate Polymers, 2006,66(2):258-265.

[79]杜先锋,许时婴,王璋.淀粉糊的透明度及其影响因素的研究[J].农业工程学报,2002,18(1):129-132.

[80]NILSSON L, BERGENSTA HL B. Emulsification and adsorption properties of hydrophobically modified potato and barley starch[J]. Journal of Agricultural & Food Chemistry, 2007,55(4):1469.

[81]陈会景.辛烯基琥珀酸琼脂衍生物的制备、性质及微胶囊化应用[D].福州:集美大学,2020.

[82] DOCHIA M, CHAMBRE D , GAVRILAş S, et al. Characterization of the complexing agents' influence on bioscouring cotton fabrics by FT-IR and TG/DTG/DTA analysis[J]. Journal of Thermal Analysis and Calorimetry, 2018, 132:1489-1498.

第五章　球磨研磨对绿豆淀粉颗粒结构及理化性质的影响

第一节　引言

淀粉是由高度有序的结晶区和排列疏松的非晶区组成的多晶体系,由于其天然的晶体结构,使得水分、反应物、酶等物质很难进入淀粉颗粒内部。淀粉酶作用于淀粉需将淀粉颗粒吸水溶胀、糊化,破坏其晶体结构,再用酸或酶对糊化淀粉进行催化水解,最后用糖化酶糖化。双酶法水解淀粉制备葡萄糖工艺成熟,但淀粉结晶区的存在导致淀粉的糊化温度高、糊化黏度大、流动性差、化学反应活性低,淀粉的这种结构特点使该工艺液化酶与糖化酶共存,反应过程中涉及的影响因素较多,存在工艺复杂、转化率低、能耗高、成本高等问题。因此,提高淀粉液化、糖化的效果,降低能耗、成本是淀粉糖浆工业乃至酒精发酵等相关工业中亟须解决的关键问题。

绿豆营养丰富,是我国传统药食兼用的食材,被广泛应用于食品加工中,可作为绿豆粉丝、绿豆皮、绿豆凉粉等传统食品加工的主料,也可作为油炸食品、低脂灌肠制品和膨化食品的配料。黑龙江省作为绿豆主产省份,年产量近 30 万 t,其主要种植的品种为大鹦哥绿、小鹦哥绿、嫩丰 2 号、中绿 2 号等品种。淀粉是绿豆中的主要成分,对绿豆品质起着决定性作用。由于绿豆种植广泛,不同地区、品种间淀粉性质的差异会影响绿豆的功能特性并最终影响其对产品的适用性。绿豆淀粉中直链淀粉含量较高,具有热黏度高等优良性能,然而由于绿豆淀粉具有较强的成膜性、抗拉伸性和易老化、结晶度高、溶解度低等特点,导致绿豆淀粉在工业生产中的应用受到严重限制,因此需对绿豆淀粉进行改性以充分利用绿豆淀粉资源。

目前,淀粉改性的方法一般采用酸、碱、氧化等化学方法,高温预糊化、热处理、挤压等物理方法或酶解等生化方法。化学方法是传统的淀粉变性方法,尽管能够对淀粉进行有效改性,但会消耗大量化学品而对环境产生大量污染,且过程复杂,副产物多。生化方法同样能对淀粉进行有效降解,但其反应时间长,同时由于酶的活性问题,整个反应过程中涉及的影响因素较多,需要严格控制反应条件。而对于湿热处理、辐射、微波、挤压等物理方法,其过程能量消耗大,或由于设备技术上的原因而影响到它们在工业上的应用。球磨处理是对淀粉进行物理改性的有效途径之一,具有效率高、成本低、污染小、较安全等优点,被广泛应用于绿豆淀粉、木薯淀粉、大米淀粉、小麦淀粉的改性。通过改变淀粉颗粒的形貌、结构及理化学性质,从而解决如冷水溶解度低、淀粉糊透明度低、凝沉特性差等问题,并能有效降低淀粉糊黏度及触变性和剪切稀化现象。俞弘等研究了球磨处理对木薯淀粉、绿豆淀粉、籼米淀粉特性的影响,得到淀粉颗粒逐渐破碎,淀粉粒度逐渐减小,3种淀粉的还原力、冷水溶解度、透明度均逐渐增加,淀粉的表观黏度、结晶度逐渐减小。陈玲等人研究球磨对绿豆淀粉结晶结构和糊流变特性的影响,得到淀粉的结晶结构受到破坏,处理后淀粉糊仍保持假塑性流体特征,但随着球磨程度的增大,糊稠度大大降低,流动性增加,且越来越趋向牛顿流体特征。逯蕾等人研究球磨对绿豆淀粉颗粒形态和理化性质的影响,得到淀粉经过处理后淀粉颗粒出现凹痕,表皮变皱逐渐破裂,淀粉糊溶解度、透明度和析水率均显著增大。

　　本研究以黑龙江省具有地理标志性产品的绿豆资源为原料,利用球磨处理进行物理改性,得到微细化的绿豆淀粉,并采用扫描电镜、偏光显微镜、X-射线衍射仪、傅立叶红外光谱仪等分析手段研究经微细化处理后绿豆淀粉颗粒形貌、双折射现象、晶体结构和分子特征的变化,并进行分析,进一步对改性后淀粉进行溶解度、膨胀度、冷水溶解性、持水能力等理化性质进行测定,以期获得具有更优性能的绿豆淀粉。

第二节　材料与方法

(一)材料与试剂

　　绿豆由黑龙江省泰来县种子公司提供,绿豆品种为大鹦哥绿;其他所用试剂均为国产分析纯。

(二)仪器与设备

　　QM-ISP2型行星式球磨机,南京大学仪器厂;S-3400N扫描电镜(SEM),日本 HITACHI 公司;NP-800TRF 透反射偏关显微镜,宁波永新光学股份有限公司;X'Pert PRO X 射线衍射仪,荷兰帕纳科公司;TENSOR Ⅱ 傅里叶变换红外光谱仪,德国 BRUKER 公司;AR2140 型分析天平,瑞士梅特勒-托利多仪器有限公司。

(三)试验方法

1.绿豆淀粉的提取制备

采用 Liu 的方法并稍作修改。提取步骤简述如下:绿豆→除杂,清洗→去离子水(1:3,w/v)30℃浸泡 18 h→30 倍去离子水磨浆→过 100 目筛→滤液静置 2 h,去上清液→去离子水重悬浮沉淀(1:8,w/v)→离心(4000 r/min,15 min)→收集沉淀→去离子水继续重悬浮沉淀(1:8,w/v)→离心(4000 r/min,15 min)→收集沉淀→40℃干燥→粉碎→过 100 目筛,筛下物即为绿豆淀粉。

2.球磨粉碎微细化绿豆淀粉的制备

称取绿豆淀粉 500 g,置于干燥箱中 55℃下干燥 6 h,得到水分含量为 6.53% 的绿豆淀粉,用自封袋密封,置于干燥器中保存。采用行星式球磨机,陶瓷罐进行研磨,设定球磨罐填料率为 25%,球磨机转速为 480 r/min,研磨时间 6 h,球料比为 6:1,制备得到微细化绿豆淀粉,样品密封保存,并及时分析。

3.淀粉颗粒形貌

扫描电子显微镜(SEM)观察颗粒形貌:取适量的淀粉样品,将其分散于导电双面胶上,将双面胶粘贴于载物台上,在真空条件下对载物台进行镀金处理,然后将其放入扫描电子显微镜中观察,适当放大倍数拍摄样品颗粒形貌,以便于观察淀粉颗粒形貌变化情况,加速电压为 15 kV。

4.淀粉颗粒分布

在超声作用下以体积分数为 70% 乙醇作为溶剂均匀分散淀粉样品(原绿豆淀粉及微细化绿豆淀粉)后,将其倒入粒度分析仪中测定粒度分布和粒度大小,以样品的累计粒度分布百分数达到 50% 时所对应的粒径(中位径)来表示,即 D_{50}。

5.淀粉双折射现象

采用 Li 的方法:配制 1 g/L 的淀粉乳,吸取一滴淀粉乳滴于载玻片上,从一侧覆上盖玻片防止气泡产生,将载玻片放在显微镜载物台上,选择适当的光亮度及放大倍数,在偏振光下观察和拍摄淀粉颗粒的双折射现象,并与原淀粉进行比较,观察各种方法处理后淀粉样品双折射现象(偏光十字,polarized cross)的变化情况。

6.X 射线衍射(XRD)分析

测试条件:衍射角 2θ,4°~37°;步长,0.02°;扫描速度,8°/min;积分时间,0.2 min;靶型,Cu;管压、管流,40 kV、30 mA;狭缝,DS 1°,SS 1°,RS 0.3 mm;滤波片,Ni。

7.傅里叶红外光谱(FT-IR)分析

称取 5 mg 左右干燥至恒重的淀粉样品,与 500 mg 左右溴化钾粉末混合均匀,研磨 10 min 后过筛(2 μm),将晒好的混合粉末压成片,通过红外光谱分析仪进行测试,参比选用空白溴化钾片,波长的扫描范围为 400~4000 cm^{-1}。

8.微细化淀粉特性研究

以未处理原绿豆淀粉为对照样品,分别测定球磨研磨微细化绿豆淀粉的溶解度、膨胀度、持水能力和冻融稳定性等性质。溶解度和膨胀度的测定参照 Clement 等的方法;冻融稳定性参照 Kaur 等的方法;持水能力测定参照 singh 等的方法;凝沉性测定参照高群玉等的方法。

9.热特性分析

称取淀粉样品(原绿豆淀粉及微细化绿豆淀粉)3.0 mg (干基)于铝盘中,并按照料液比 1:3(w/v)加入去离子水,密封后平衡 24 h,以水作为参比,采用差示扫描量热仪(differential scanning calorimeter, DSC)分析样品热熔值及各峰值温度等热特性,加热范围为 20~120℃,加热速率 10℃/min。相变参数分别用起始温度(T_0)、峰值温度(T_p)、最终温度(T_c)和焓变(ΔH)表示。

10.糊化特性分析

采用快速黏度分析仪(rapid viscosity analyzier, RVA)分析淀粉样品(原绿豆淀粉及微细化绿豆淀粉)黏度值、衰减值、回生值等糊化特性,具体步骤参照 YAON 等的方法加以适当的改进。称取微细化淀粉样品 3 g,加入蒸馏水 25 mL,制备测试样品。在搅拌过程中,罐内温度变化如下:50℃条件下保持 1 min;在 3 min 42 s 内上升到 95℃;95℃条件下保持 2.5 min;在 3 min 48 s 内将温度降到 50℃后并下保持 2 min。搅拌器在起始 10 s 内转动速度为 960 r/min,之后保持在 160 r/min。

11.数据处理

每次试验均做三次平行。数据统计分析采用 Graphpad Prism 6.0 软件,制图采用 OriginPro 9.1 软件。

第三节　结果与分析

一、绿豆淀粉的化学组成

绿豆淀粉化学组成成分如表 5-1 所示。

表 5-1　绿豆淀粉的组成分析

组成成分	水分	总淀粉	直链淀粉	粗蛋白	灰分
含量/%	9.45 ± 0.08^d	90.68 ± 0.28^b	38.66 ± 0.20^d	0.019 ± 0.00^e	0.33 ± 0.04^a

二、淀粉颗粒形态

球磨粉碎前后的颗粒形貌和粒度的变化见图 5-1,选择不同倍数观察淀粉颗粒形态。由图 5-1 可见,绿豆原淀粉的颗粒大部分呈椭圆形,颗粒较大,并存在部分近似圆形的小颗粒,颗粒表面光滑,但存在一定的凹痕,这与逯蕾等人观察的结果相一致。球磨处理后,淀粉颗粒仍保持完整的粒形,但淀粉颗粒因受到机械力的作用,淀粉颗粒表面变得粗糙不光滑,出现裂痕、缝隙、凹陷等形貌状态,淀粉颗粒粒度变大,颗粒大小不均一,形状极不规则,多呈扁平状。主要是由于机械作用使得淀粉分子内能增加,产生较大的应力和应变作用,随着机械作用时间的延长,动态集中的弹性应力使得淀粉颗粒产生形变。

三、淀粉颗粒分布

微细化绿豆淀粉的中位径(D_{50})和颗粒分布情况见图 5-2。由图 5-2 可知,原料绿豆淀粉的粒径分布曲线为一尖峰,说明其粒度分布较窄,粒度比较集中,粒径分布在 $0.5\sim75~\mu m$ 的范围内,没有>75 μm 的颗粒存在,其中近 60%粒径在 $20\sim45~\mu m$,其中位径 D_{50} 为 22.81 μm;而绿豆淀粉经过球磨处理为微细化绿豆淀粉后,粒度分布曲线峰宽变宽,说明其粒度范围增大,且淀粉颗粒粒径明显变大,粒径分布区间增大到 $2\sim200~\mu m$,没有<2 μm 粒径存在,其 70%以上分布在 $20\sim75~\mu m$ 区间,大于 75 μm 粒径达 11.77%,中位径 D_{50} 增大到 43.09 μm。这是因为在球磨机械活化初期,研磨球的摩擦、碰撞、冲击和剪切作用使得淀粉颗粒出现脆性断裂,同时淀粉颗粒由脆性断裂向韧性破裂方向转变,引起能量弛豫

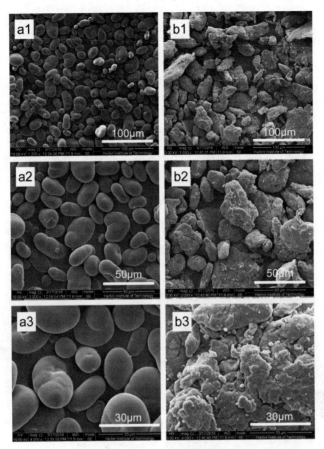

a1、a2、a3 为原绿豆淀粉　　b1、b2、b3 为微细化绿豆淀粉

图 5-1　微细化绿豆淀粉 SEM 图谱

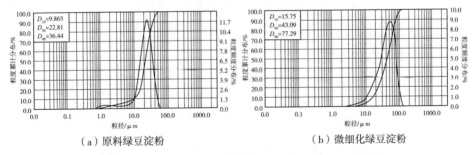

（a）原料绿豆淀粉　　　　　　　　　　　（b）微细化绿豆淀粉

图 5-2　原绿豆淀粉和微细化绿豆淀粉的粒度分布曲线

现象,导致淀粉颗粒表面活性能增高;随着应变程度急剧增加,淀粉体系出现"阈效应",引起淀粉颗粒内部淀粉链柔性增加;晶格损坏导致颗粒内部结晶层逐渐变薄;引起结晶层发生断层流动现象,最终导致淀粉颗粒发生形变,淀粉颗粒粒

径向大颗粒尺寸方向移动;颗粒较小的淀粉颗粒膨胀,导致小颗粒粒径组分比例降低,与此同时淀粉颗粒尺寸增加,颗粒粒径整体向尺寸增大的方向移动,粒径分布变得均匀而广泛。

四、淀粉双折射分析

天然淀粉颗粒属于多晶颗粒聚合体,在偏光显微镜下具有双折射性,在淀粉颗粒的脐点处有交叉的偏光十字。十字线将淀粉颗粒分成四个光亮区域,一旦淀粉颗粒内部分子链有序排列的结晶结构受到破坏,偏光十字也就会立即消失。从图5-3中可见,原料绿豆淀粉颗粒呈现良好的偏光十字,而球磨粉碎制备的微细化绿豆淀粉由于受到球磨机械力的作用,使得淀粉颗粒发生变形,颗粒膨胀,甚至颗粒表面破裂,结晶结构受到破坏,淀粉由结晶态向非晶态转变,偏光十字消失。

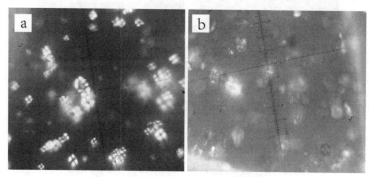

a—原料绿豆淀粉;b—微细化绿豆淀粉
图5-3 微细化绿豆淀粉偏光显微镜图谱

五、X 射线衍射分析

X 射线衍射技术是分析淀粉颗粒晶体性状的有效手段之一。淀粉中晶粒线度大、晶形完整及长程有序的区域在 XRD 曲线上表现出尖峰衍射特征,称为结晶区;而那些处于短程有序、长程无序的区域在 XRD 曲线上表现出明显的弥散衍射特征,称为无定形区。X 射线的衍射强度以及半峰宽的变化能反映出淀粉颗粒晶粒度的大小、无定形化程度和晶格畸变等情况。

球磨研磨处理前后绿豆淀粉的 XRD 曲线如图5-4所示,原料绿豆淀粉分别在 2θ 为 15°、17° 和 23° 处出现明显强的衍射峰,18°、20° 处一处较弱的衍射峰,为典型的 A 型结构。淀粉经过研磨处理一定时间后,呈现弥散衍射峰特征,说明经过球磨处理后,淀粉颗粒晶体结构受到破坏,绿豆淀粉颗粒呈现非晶化状态,由有序的晶体结构转变为无序的无定型结构,这一结论证实了偏光显微镜的观测结果。讲一步说明球磨研磨处理能够对淀粉颗粒的结构产生一定的影响,该方法是可作为制备非晶颗粒态淀粉的有效方法。

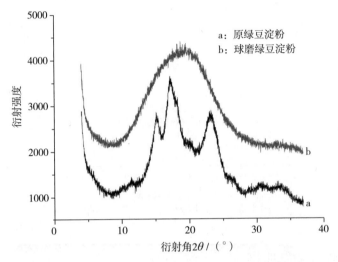

图 5-4　绿豆淀粉球磨处理前后的 XRD 曲线

六、傅立叶红外光谱分析

淀粉经过球磨粉碎微细化处理后,淀粉颗粒的分子特征的变化可以通过傅立叶红外光谱进行表征。同时还可以通过谱图检测淀粉是否有新的基团生成。原绿豆淀粉和微细化绿豆淀粉的红外光谱如图 5-5 所示。

由图 5-5 中可以看出,与原绿豆淀粉相比,微细化绿豆淀粉的特征吸收峰无新的特征峰出现,说明球磨粉碎处理不能产生新的基团。绿豆淀粉在 3446 cm^{-1}、2929 cm^{-1} 和 1648 cm^{-1} 处附近的吸收峰为 O—H 缔合氢键后的伸缩振动峰、C—H 键伸缩振动峰和结合水的特征吸收峰。在 1166 cm^{-1} 处对应的是 C—O—C 的伸缩振动,1083 cm^{-1} 附近的振动则是 C—O 的伸缩振动和 C—C 的骨架振动的复合表现;984 cm^{-1} 处是淀粉结构 C—O—C 的 C—O 的振动吸收峰,927 cm^{-1} 附近的吸收峰为葡萄糖环的振动吸收峰。经过球磨处理后,在 1463 cm^{-1} 处出现峰消失现象,在 3446 cm^{-1} 出现峰强度增加,在 984 cm^{-1} 处出现峰强度减弱的情况,说明球磨处理虽然没有生成新的基团,但可能对淀粉颗粒的结晶结构起到一定的影响,由有序结构向无序结构转变。

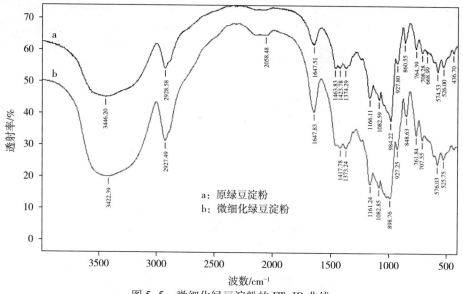

图 5-5　微细化绿豆淀粉的 FT-IR 曲线

七、溶解度和膨胀度

溶解度是评价淀粉物理特性的一个重要指标,它的大小表明了淀粉与水结合能力的强弱,与淀粉的分子结构、颗粒大小、直链淀粉含量等因素有关。从图5-6中可以看出,原绿豆淀粉与微细化绿豆淀粉随着温度的升高,溶解度和膨胀度均逐渐增大,主要是因为随着温度升高,淀粉的结晶结构被破坏,结晶区中被

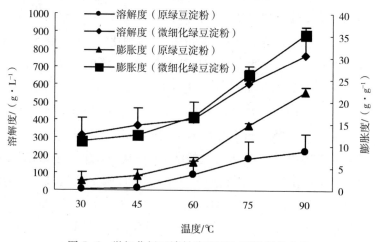

图 5-6　微细化绿豆淀粉溶解度和膨胀度的变化

切断的氢键数目增多,使得游离的水更容易渗透到淀粉分子内部,所以淀粉的溶解度和膨胀度越来越大。微细化处理的绿豆淀粉的溶解度和膨胀度均高于原绿豆淀粉,主要是因为淀粉经过球磨研磨处理,在机械力的作用下使得淀粉颗粒粒径增大,增加淀粉颗粒比表面积,使得表面能增加,活性位点增多,同时机械作用也破坏了淀粉颗粒的晶格结构,解离了淀粉的双螺旋结构,这些机械力化学效应极大地促进了水分子与淀粉分子游离羟基的结合,所以微细化绿豆淀粉的溶解度和膨胀度均高于原淀粉。

八、持水能力

持水能力反映了淀粉分子链与水分子间氢键结合的能力。从图5-7中可以看出绿豆淀粉经过微细化处理后,其持水能力明显增加,为原绿豆淀粉的3.2倍。主要是因为微细化绿豆淀粉的结晶结构受到破坏,结晶度降低,使得淀粉分子链柔性增加,水分子更易与其直链和支链淀粉形成氢键,从而引起淀粉持水能力的提高。

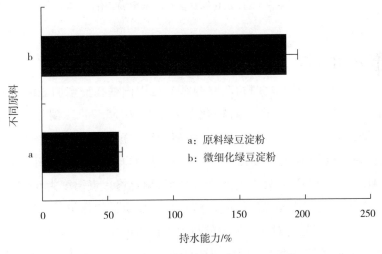

图5-7　微细化绿豆淀粉持水能力的变化

九、冻融稳定性

冻融稳定性可以表述淀粉糊在低温冷冻后的凝沉情况,体现了在低温状态下淀粉颗粒的凝沉情况,其主要与淀粉分子链的长短,支链淀粉含量以及淀粉颗粒中分子链的结构有关。淀粉的吸水率与冻融稳定性成负相关:吸水率越高,淀粉的冻融稳定性越差。从图5-8中可以看出,在一定时间内,原料绿豆淀粉的吸水率高于微细化绿豆淀粉,为原料淀粉的2倍,即微细化绿豆淀粉具有更好的冻融稳定性。

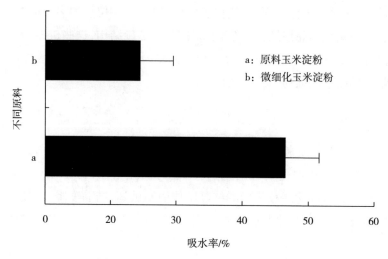

图5-8　微细化绿豆淀粉吸水率的变化

十、热特性分析

由图5-9可知,原绿豆淀粉在20~100℃范围内存在一个明显的吸收峰,该吸收峰的热焓值约为17.02 J/g,糊化起始温度为55.78℃,糊化峰值温度为63.97℃,糊化终止点温度为74.43℃。而淀粉经过球磨处理为微细化绿豆淀粉后,热焓值降低至2.32 J/g,糊化起始温度为51.03℃,较处理前降低4.75℃,糊化峰值温度为56.48℃,较处理前降低7.49℃,糊化终止点温度为65.17℃,较之前降低9.26℃。结果表明,经过球磨处理后,绿豆淀粉的热焓值、各峰值温度均存在降低现象,球磨处理对绿豆淀粉的热力学性质产生了一定影响。

原绿豆淀粉颗粒是由无定形区与结晶区连结,在其发生水合/溶胀的同时伴随着微晶的融化,因而产生了吸收峰,糊化温度较高。而球磨绿豆淀粉糊化温度和热焓值显著下降,说明淀粉颗粒内部分子链有序排列程度下降,热焓值与淀粉颗粒结晶结构呈正相关,结晶度下降则热焓值降低。但实际上热焓值更能代表淀粉链中双螺旋结构数量的多少,球磨处理后绿豆淀粉的热焓值大幅度降低表明了淀粉分子链上的双螺旋结构已经消失。机械球磨处理绿豆淀粉的热特性参数降低,表明此时淀粉颗粒已经处于无定形状态。

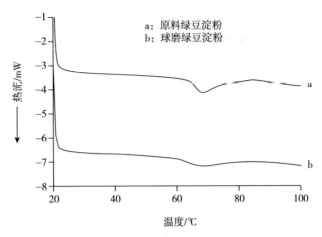

图 5-9　原绿豆淀粉和球磨绿豆淀粉的 DSC 曲线

十一、糊化特性分析

糊化特性是反应淀粉品质的重要指标之一,对食品加工性能、贮存和口感影响重大。采用快速黏度仪对绿豆淀粉进行分析,其测定的参数包括峰值黏度、谷值黏度、最终黏度、衰减值和回生值等。ν_P 代表淀粉溶液在加温过程中因微晶束熔融形成胶体网络时的最高黏度值;ν_T 代表保温过程中淀粉从凝胶状态变为溶胶状态出现稀懈现象时最低黏度值;ν_F 代表淀粉分子重新缔合出现凝胶现象时黏度回升后的最终值;ν_B 代表淀粉黏度的衰减值,为 ν_P 与 ν_T 的差值;ν_S 代表淀粉黏度回生值,为 ν_F 和 ν_T 的差值。

原绿豆淀粉与微细化绿豆淀粉的 RVA 曲线见图 5-10。由图 5-10 可知,原绿豆淀粉与微细化绿豆淀粉的 ν_P 值分别为 7142 mPa・s、758 mPa・s,淀粉最高黏度值降低了 6384 mPa・s,ν_T 值分别为 3712 mPa・s、642 mPa・s,最低黏度值降低了 3070 mPa・s,ν_F 值分别为 9025 mPa・s、809 mPa・s,最终黏度值降低了 8216 mPa・s。各黏度值均显著降低,说明球磨处理后对绿豆淀粉的糊化特性产生了重要的影响。这是由于球磨处理后的淀粉颗粒结晶度低,颗粒破裂程度大,形成淀粉糊的流动阻力下降,损伤淀粉含量和直链淀粉含量增加,支链淀粉含量降低,因此导致淀粉糊黏度下降。原料绿豆淀粉的 ν_B 值为 3430 mPa・s,微细化绿豆淀粉 ν_B 值为 116 mPa・s,为原料淀粉的 1/30 倍,说明微细化绿豆淀粉的热糊稳定性明显优于原淀粉;原料绿豆淀粉的 ν_S 值为 5313 mPa・s,微细化绿豆淀粉 ν_S 值为 167 mPa・s,为原料淀粉的 1/31,说明处理后淀粉更不易老化、回生,提高淀粉颗粒的冷糊稳定性。因此，经过球磨处理后，使得绿豆淀粉的黏度均低于原淀粉，更适用于应用到高浓低黏的体系中，且微细化绿豆淀粉的热糊稳定性和冷糊稳定性都优于原淀粉。

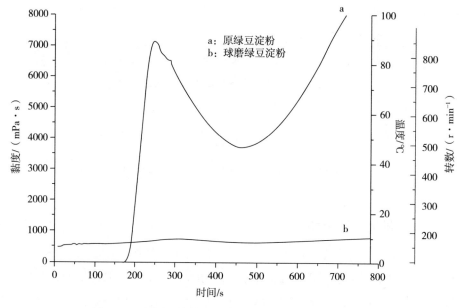

a：原绿豆淀粉
b：球磨绿豆淀粉

图 5-10　原绿豆淀粉 a 和球磨绿豆淀粉 b 的 RVA 曲线

第四节　结论

绿豆淀粉经过球磨研磨处理后，其颗粒形貌和粒度发生明显变化，淀粉颗粒仍保持完整的粒形，但淀粉颗粒因受到机械力的作用，淀粉颗粒表面变得粗糙不光滑，出现裂痕、缝隙、凹陷等形貌状态，淀粉颗粒粒度变大，颗粒大小不均一，形状极不规则，多呈扁平状。微细化绿豆淀粉粒度分布曲线峰宽变宽，粒度范围增大，粒度分布在 2~200 μm，粒度明显增大，70%以上分布在 20~75 μm 区间，中位径 D_{50} 由 22.81 μm 增大到 43.09 μm；处理后微细化绿豆淀粉的偏光十字完全消失，说明晶体结构受到破坏；绿豆淀粉为 A 型结构，经过研磨处理后呈现弥散衍射峰特征，淀粉颗粒晶体结构受到破坏，绿豆淀粉颗粒呈现非晶化状态。经红外光谱检测分析，微细化绿豆淀粉中并无新的基团产生，部分特征峰强度降低，淀粉颗粒由有序结构向无序化结构转变，最终形成无定形状态的淀粉。微细化绿豆淀粉的溶解度和膨胀度随着温度的升高而增大，且均高于原淀粉，持水能力明显增加,为原淀粉的 3.2 倍,且微细化淀粉具有良好的冻融稳定性。微细化绿豆淀粉热力学性质表现为热焓值降低,糊化特征表现为绿豆淀粉的黏度均低于原淀粉,更适用于应用到高浓低黏的体系中,且微细化绿豆淀粉的热糊稳定性和冷糊力学稳定性都优于原淀粉。

因此,绿豆淀粉微细化处理,可作为淀粉糖工业的有效的预处理方法,提高淀粉液化和糖化效果,降低生产能耗与成本,同时可将制备的微细化绿豆淀粉应用于食品配料,改善产品的质量,具有较好的市场前景和应用价值。

参考文献

[1]林伟静,曾志红,钟葵,等. 不同品种绿豆的淀粉品质特性研究[J]. 中国粮油学报,2012,27(7):47-51.

[2]张令文,计红芳,白师师,等. 不同品种绿豆淀粉的功能特性研究[J]. 现代食品科技,2015,31(7):80-85.

[3]LI W H, SHU C, ZHANG P L, et al. Properties of starch separated from ten mung bean varieties and seeds processing characteristics [J]. Food and Bioprocess Technology, 2011,4:814-821.

[4]逯蕾,韩小贤,郑学玲,等. 球磨处理对绿豆淀粉颗粒形态和理化性质的影响[J]. 粮食与饲料工业,2015,1:33-38.

[5]黄祖强. 淀粉的机械活化及其性能研究[D]. 南宁:广西大学,2006.

[6]陈玲,叶建东. 木薯淀粉微细化及颗粒形貌的研究[J]. 粮食与饲料工业,1999(12):41-43.

[7]刘莎,扶雄,黄强. 酸解-球磨法制备小颗粒淀粉及形成机理研究[J]. 中国粮油学报,2011,26(3):30-33.

[8]喻弘,张正茂,张秋亮,等. 球磨处理对 3 种淀粉特性的影响[J]. 食品科学,2011,30(32):30-33.

[9]陈玲,庞艳生,李晓玺,等. 球磨对绿豆淀粉结晶结构和糊流变特性的影响[J]. 食品科学,2005,26(6):126-130.

[10]LIU W, SHEN Q. Studies on the physicochemical properties of mung bean starch from sour liquid processing and centrifugation [J]. Journal of Food Engineering, 2007, 79: 358-363.

[11]刘天一,马莺,李德海. 非晶化绿豆淀粉的理化性质[J]. 哈尔滨工业大学

学报, 2010, 42(4): 602-607.

[12] FANG J M, FOWLER P A, TOMKINSON J, et al. The Preparation and Characterisation of a Series of Chemically Modified Potato Starches [J]. Carbohydrate Polymers, 2002, 47(3): 245-252.

[13] CLEMENT A O, VASUDEVA S. Physico-chemical properties of the flours and starches of two cowpea varieties [*Vigna unguiculata (L.) Walp*] [J]. Innovative Food Science&Emerging Technologies, 2008, 9(1):92-100.

[14] SINGH J, SINGH N. Studies on the morphological, thermal and rheological properties of starch separated from some Indian potato cultivars [J]. Food Chemistry, 2001, 75(1): 67-77.

[15] SINGH N, SINGH S K, KAUR M. Characterization of starches separated from Indian chickpea (*Cicer arietinum L.*) cultivars [J]. Journal of Food Engineering, 2004, 63(4): 441-449.

[16] 刘天一. 笼状绿豆淀粉的制备及结构与性能研究[D]. 哈尔滨:哈尔滨工业大学, 2014.

[17] TESTER, R F, KARKALAS, J, QI, X. Starch-composition, fine structure and architecture[J]. Journal of Cereal Science, 2004, 39: 151-165.

[18] 吴航, 冉祥海, 张坤玉, 等. 红外光谱法研究交联淀粉的退化行为[J]. 高等学校化学学报, 2006, 27(4): 775-777.

[19] NúEZ-SANTIAGO M C, BELLO-PREZA L A, TECANTE A. Swelling-solubility characteristics, granule size distribution and rheological behavior of banana (Musa paradisiaca) starch[J]. Carbohydrate Polymers, 2004, 56(1): 65-75.

[20] BROX T, WEICKERT J. Level set segmentation with multiple regions[J]. IEEE Transactions on Image Processing, 2006, 15(10):3213-3218.

[21] TAKEITI C, FAKHOURI F, ORMENESE R, et al. Freeze-Thaw Stability of Gels Prepared from Starches of Non-Conventional Sources[J]. Starch-Stärke, 2007, 59(3-4): 156-160.

[22] 胡华宇, 黄祖强, 袁建微, 等. 双酶协同作用机械活化玉米淀粉的水解规律[J]. 广西大学学报:自然科学版, 2008, 33(2): 159-163.

[23] 胡华宇, 黄祖强, 童张法, 等. 机械活化强化玉米淀粉液化处理的研究[J]. 食品与发酵工业, 2008, 34(4): 31-35.

[24]谢涛,杨春丰,亢灵涛,等. 超微粉碎锥栗淀粉的理化性质变化[J]. 现代食品科技, 2014, 30(6): 121-127.

[25]MORRISON W R, TESTER R F, Properties of damaged starch granules. IV. Composition of ball-milled wheat starches and of fractions obtained on hydration [J]. Journal of Cereal Science, 1994, 20(1): 69-77.

[26]MORRISON W R, TESTER R F, GIDLEY M J. Properties of damaged starch granules. II. Crystallinity, moleculer order and gelatinization of ball-milled starches[J]. Journal of Cereal Science, 1994, 19(3): 209-217.

[27]TESTER R F. Properties of damaged starch granules: composition and swelling properties of maize, rice, pea and potato starch fractions in water at various temperatures[J]. Food Hydrocolloids, 1997, 11(3): 293-301.

[28]郝征红,张炳文,郭姗姗,等. 振动式超微粉碎处理时间对绿豆淀粉理化性质的影响[J]. 食品与机械, 2014, 30(4): 46-50.

[29]侯蕾,韩小贤,郑学玲,等. 机械球磨对绿豆淀粉糊性质的影响[J]. 食品科学, 2014, 30(4): 46-50.

[30]贝米勒,惠斯特勒. 淀粉化学与技术[M]. 北京:化学工业出版社, 2013: 150-151.

[31]HUANG Z Q, LU J P, LI X H, et al. Effect of Mechanical Activation on Physico-Chemical Properties and Structure of Cassava Starch[J]. Carbohydrate Polymers, 2007, 68(1): 128-135.

[32]YAO N, PAEZ A V, WHITE P J. Structure and Function of Starch and Resistant Starch from Corn with Different Doses of Mutant Amylose-Extender and Floury-1 Alleles[J]. Journal of Agricultural and Food Chemistry, 2009,57 (5): 2040-2048.

[33]高群玉,蔡丽明,宫慧慧. 颗粒状冷水可溶淀粉糊性质的研究[J]. 粮食与饲料工业, 2007(1): 14-18.

[34]BOLDYREV V V, PAVLOV S V, GOLDBERG E L. Interrelation between Fine Grinding and Mechanical Activation [J]. International Journal of Mineral Processing, 1996, 44(7): 181-185.

[35]VITURAWONG Y, ACHAYUTHAKAN P, SUPHANTHARIKA M. Gelatinization and rheological properties of rice starch/xanthan mixtures: Effects of molecular weight of xanthan and different salts[J]. Food Chemistry, 2008,

111(1)：106-114.

[36] JUHSZ R，SALG A. Pasting behavior of amylase，amylopectin and their mixtures as determined by RVA curves and first derivatives[J]. Starch，2008，60(2)：70-78.

第六章　球磨处理对豌豆淀粉结构及理化性质的影响

第一节　引言

淀粉是一种可再生资源,广泛应用于食品、化工、建材等行业。但是原淀粉的性质往往不能满足具体的要求,因此需要对淀粉进行适当的改性以提高淀粉的加工适应性。常用的变性淀粉有酸变性淀粉、氧化淀粉、预糊化淀粉、交联淀粉、酯化淀粉等。目前球磨作为一种新的淀粉改性手段还处于研究起步阶段。与其他改性方法相比,球磨法工艺简单,不需要污水处理,具有成本低,对环境污染小等优点,是淀粉深加工的一种新思路、新方法。它对淀粉性质的改良、新产品的开发和新用途的开拓将产生推动作用。

豌豆是世界广泛种植的食用豆类之一,其产量在豆科类植物中排第四,年产量达 1000 多万吨,在欧洲和北美的最大用途是用来做复合饲料,在亚洲和南美主要用于人类食用。豌豆淀粉主要用于纺织、轻化、医药等工业中,在食品中由于其功能性较差而很少使用,主要是用来替代绿豆淀粉加工粉丝和粉皮等。近年来,全世界对豌豆淀粉的研究越来越多。为了扩大豌豆淀粉的用途,特别是在食品工业中的应用,需要对豌豆淀粉的组成、结构和物理化学性质有全面的了解。因此,本研究以光滑豌豆淀粉的原料,以球磨研磨法来制备豌豆淀粉,通过扫描电子显微镜、激光粒度分析、X 射线衍射法、红外光谱分析、差式扫描量热计、快速黏度分析仪等分析手段讨论其形态、晶体结构、热特性及糊化特性等的变化。

第二节　材料与方法

一、材料与试剂

豌豆淀粉由山东烟台双塔食品股份有限公司提供,为食品级豌豆淀粉,水分含量 10.5%;其他试剂均为国产分析纯。

二、仪器与设备

QM-ISP2 型行星式球磨机,南京大学仪器厂;S-3400N 扫描电镜(SEM),日本 HITACHI 公司;X'Pert PRO X 射线衍射仪,荷兰帕纳科公司;Nicolet 6700 傅里叶变换红外光谱仪,美国 Thermo Fisher Scientific 公司;Bettersize 2000 激光粒度分布仪,丹东市百特仪器有限公司;RVA4500 快速黏度分析仪,瑞典 Perten 公司;DSC1 型差示扫描量热仪,瑞士梅特勒-托利多仪器有限公司;AR2140 型分析天平,瑞士梅特勒-托利多仪器有限公司。

三、试验方法

(一)球磨研磨豌豆淀粉的制备

通过前期试验的优化,得到最佳豌豆淀粉球磨研磨参数。称取豌豆淀粉 500 g,置于干燥箱中 55℃下干燥 6 h,得到水分含量为 6.53% 的豌豆淀粉,用自封袋密封,置于干燥器中保存。采用行星式球磨机,陶瓷罐进行研磨,设定球磨罐填料率为 25%,球磨机转速为 480 r/min,研磨时间 6 h,球料比为 6∶1,制备得到研磨豌豆淀粉,样品密封保存,并及时分析。

(二)颗粒形貌与粒度分析

扫描电子显微镜(SEM)观察颗粒形貌:取适量的淀粉样品,将其分散于导电双面胶上,将双面胶粘贴于载物台上,在真空条件下对载物台进行镀金处理。然后将其放入扫描电子显微镜中观察,于适当放大倍数拍摄样品颗粒形貌,以便于观察淀粉颗粒形貌变化情况,加速电压为 15 kV。

偏光显微镜观察偏光十字:将质量分数为 1% 的淀粉乳滴于载玻片上,于偏振光下观察和拍摄淀粉颗粒偏光十字的变化情况。

淀粉颗粒分布:在超声波作用下,以乙醇作为溶剂均匀分散淀粉后,将其倒入粒度分析仪中测定粒度分布和粒度大小。

(三)X-射线衍射(XRD)分析

测试条件:衍射角 2θ,4°~37°;步长,0.02°;扫描速度,8 °/min;积分时间,0.2 min;靶型,Cu;管压、管流,40 kV、30 mA;狭缝,DS 1°,SS 1°,RS 0.3 mm;滤波片,Ni。

(四)红外光谱(FT－IR)分析

称取 5 mg 左右干燥至恒重的淀粉样品,与 500 mg 左右溴化钾粉末混合均匀,研磨 10 min 后过筛(2 μm),将晒好的混合粉末压成片,通过红外光谱分析仪进行测试。参比选用空白溴化钾片,波长的扫描范围为 400~4000 cm^{-1}。

(五)热特性分析(DSC)

称取淀粉样品 3.0 mg(干基)于铝盘中,并以 1∶3 的比例加入去离子水,密封后平衡 24 h,以水作为参比,加热范围为 20~120℃,加热速率 10 ℃/min. 相变参数分别用起始温度(T_0)、峰值温度(T_p)、最终温度(T_c)和焓变(ΔH)表示。

(六)糊化特性分析(RVA)

测试过程的温度采用 Std1 升温程序进行。称取淀粉 3 g,加入蒸馏水 25 mL,制备测试样品。在搅拌过程中,罐内温度变化如下:50℃下保持 1 min;在 3 min 42 s 内上升到 95℃;95℃下保持 2.5 min;在 3 min 48 s 内将温度降到 50℃后并下保持 2 min。搅拌器在起始 10 s 内转动速度为 960 r/min,之后保持在 160 r/min。

(七)数据处理

采用 Graphpad Prism 6.0 软件进行数据整理,测定重复次数 $n=3$。

第三节　结果与分析

一、颗粒形态与粒度分布

球磨研磨前后的颗粒形貌和粒度的变化见图 6-1 和表 6-1,图 6-1 中 a1、a2、a3 分别为同一原料豌豆淀粉在放大 2000×、4000×、8000×条件下的观察效果;b1、b2、b3 为研磨处理后同一豌豆淀粉在 2000×、4000×、8000×条件下的观察效果。

由图 6-1 可见,原料豌豆淀粉的颗粒呈多角形或圆形,表面光滑,有通向淀粉颗粒内部的小气孔,存在部分微小颗粒。球磨处理后,淀粉颗粒因受到机械力的作用,淀粉颗粒表面变得粗糙不光滑,出现裂痕、缝隙和凹陷等形貌状态,淀粉颗粒粒度变大。主要是由于在机械力的作用下,淀粉颗粒在摩擦、碰撞、冲击及剪切力的作用下,淀粉颗粒发生脆性断裂。随着时间的延长,当颗粒到达一定的细度时,体系自由能减小,范德华力显著增大,相邻质点接触区引发质点局部的塑性变形和相互渗透,使质点间开始附着聚集,导致颗粒粒径增大而比表面积减小,淀粉颗粒不再发生脆性断裂而是发生塑形变形。

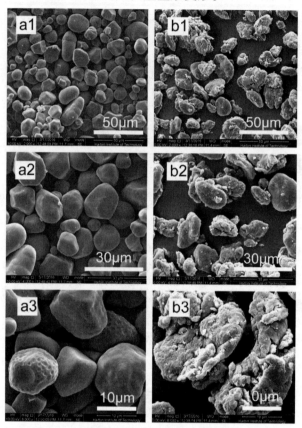

a1、a2、a3—原料豌豆淀粉;b1、b2、b3—球磨豌豆淀粉

图 6-1　豌豆淀粉处理前后 SEM 图谱

天然淀粉颗粒属于球晶体系,在偏光显微镜下具有双折射性,在淀粉颗粒的脐点处有交叉的偏光十字,一旦淀粉颗粒内部分子链有序排列的结晶结构受到破坏,偏光十字就会立即消失。由图 6-2 可见,原料豌豆淀粉颗粒呈现良好的偏光十字,而球磨处理后的豌豆淀粉由于受到球磨机械力破坏作用,淀粉颗粒发生形变,颗粒膨胀,甚至颗粒表面破裂,结晶结构受到破坏,淀粉由结晶态向非晶态转变,偏光十字消失。

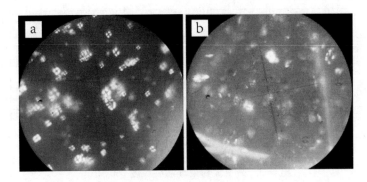

a—原料豌豆淀粉;b—球磨豌豆淀粉

图 6-2　豌豆淀粉处理前后偏光显微镜图谱

球磨豌豆淀粉的中位径(D_{50})和颗粒分布情况如表 6-1 和图 6-3 所示。原豌豆淀粉的粒径分布曲线为一尖峰,说明其粒径分布较窄,颗粒比较集中,约 50% 主要集中在 10~20 μm 范围内,中位径(D_{50})为 15.28 μm,粒径超过 45 μm 的非常少;而球磨豌豆淀粉的粒径分布曲线峰宽变宽,其粒径主要分布在 10~45 μm 范围内,颗粒粒度变大,几乎没有粒径在 2 μm 以下,粒径在 45.0~75.0 μm 的达到 7.43%,中位径(D_{50})增大到 23.28 μm。这是因为在球磨研磨初期,研磨球的摩擦、碰撞、冲击和剪切作用使得淀粉颗粒出现脆性断裂,同时淀粉颗粒由脆性断裂向韧性破裂方向转变,引起能量弛豫现象,导致淀粉颗粒表面活性能增高;随着应变程度急剧增加,淀粉体系出现"阈效应",引起淀粉颗粒内部淀粉链柔性增加;晶格损坏导致颗粒内部结晶层逐渐变薄;引起结晶层发生断层流动现象,最终导致淀粉颗粒发生形变,淀粉颗粒粒径向大颗粒尺寸方向移动;颗粒较小的淀粉颗粒膨胀,导致小颗粒粒径组分比例降低,与此同时淀粉颗粒尺寸增加,颗粒粒径整体向尺寸增大的方向移动,粒径分布变得均匀而广泛。

表 6-1　淀粉颗粒粒度分布

样品	淀粉颗粒的粒度分布/%								$D_{50}/$μm
	0.2~0.5	0.5~1.0	1.0~2.0	2.0~5.0	5.0~10.0	10.0~20.0	20.0~45.0	45.0~75.0	
原豌豆淀粉	0.10	2.91	3.28	3.57	11.7	51.95	26.32	0.17	15.28
球磨豌豆淀粉	0	0	0.05	3.22	7.56	27.82	53.6	7.43	23.28

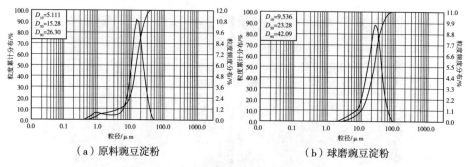

（a）原料豌豆淀粉　　　　　　　　　　（b）球磨豌豆淀粉

图 6-3　豌豆淀粉处理前后粒度分析图谱

二、X 射线衍射分析

X 射线衍射技术是分析淀粉颗粒晶体性状的有效手段之一。淀粉中晶粒线度大、晶形完整及长程有序的区域在 XRD 曲线上表现出尖峰衍射特征,称为结晶区;而那些处于短程有序、长程无序的区域在 XRD 曲线上表现出明显的弥散衍射特征,称为无定形区(即非晶区)。

球磨豌豆淀粉的 XRD 曲线如图 6-4 所示,原料豌豆淀粉分别在 2θ 为 15°、17°、18°和 23°处出现明显强的衍射峰,20°处一处较弱的衍射峰,17°和 18°处为相连的双峰。根据文献报道,豌豆淀粉为典型的 C 型晶体,其 XRD 波谱特征表现为 2θ 5.6°附近有 B 型晶体的特征峰,而在 2θ 23°附近表现为 A 型晶体的单

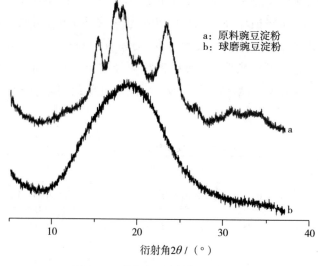

a：原料豌豆淀粉
b：球磨豌豆淀粉

衍射角 2θ /（°）

图 6-4　球磨豌豆淀粉的 XRD 曲线

峰。当水分的存在时,2θ 5.6°处峰则出现,而在部分干燥或干燥样品中此宽峰可能会消失。研究表明,植物的生理条件和环境因素(温度、光照等)可显著影响淀粉颗粒结晶结构。淀粉经过球磨处理后,淀粉没有尖锐的衍射峰,呈现弥散峰特征,淀粉颗粒晶体结构受到破坏,豌豆淀粉颗粒呈现非晶化状态,由有序的晶体结构转变为无序的无定形结构。主要是因为随着研磨时间的延长,淀粉颗粒不再发生脆性断裂,而是发生塑性变形,使晶格点阵中的粒子排列失去周期性,形成了晶格缺陷,主要是位错形式的缺陷。这时,有序的晶体结构被机械力破坏而形成非晶态层,且随着细磨的进行而变厚,并发生部分团聚,最后导致整个颗粒结构的无定形化。由于晶格变形,使晶格常数发生了变化,因此得不到理想的 X 射线衍射图,而是衍射峰弥散宽化,强度减弱。

三、红外光谱分析

淀粉经过球磨研磨处理后,淀粉颗粒的分子特征的变化可以通过傅立叶红外光谱进行表征,同时,还可以通过谱图检测淀粉是否有新的基团生成。原豌豆淀粉和球磨豌豆淀粉的红外光谱如图 6-5 所示。

由图 6-5 中可以看出,与原豌豆淀粉相比,球磨豌豆淀粉的特征吸收峰无新的特征峰出现。说明球磨研磨处理不能产生新的基团。原料豌豆淀粉在 3422 cm^{-1}、2931 cm^{-1} 和 1648 cm^{-1} 处附近的吸收峰为 O—H 缔合氢键后的伸缩振动峰、C—H 键伸缩振动峰和结合水的特征吸收峰,其中在 3422 cm^{-1} 和 2931 cm^{-1} 两处吸收峰变窄、强度变大,说明机械活化作用使淀粉分子的缔合氢键断裂,羟基数量增加;在 1160 cm^{-1} 处对应的是 C—O—C 的伸缩振动,1080 cm^{-1} 附近的振动则是 C—O 的伸缩振动和 C—C 的骨架振动的复合表现;1047 cm^{-1} 附近的红外吸收是淀粉结晶区的结构特征,对应于淀粉聚集态结构中的有序结构;1018 cm^{-1} 附近的红外吸收则是淀粉无定形区的结构特征,对应于淀粉大分子的无规线团结构;929 cm^{-1} 附近的吸收峰为葡萄糖环的振动吸收峰。球磨豌豆淀粉的红外光谱表明,表征有序结构的特征峰 1047 cm^{-1} 消失,而在 1018 cm^{-1} 处出现一个变宽的特征峰,这些结果表明了淀粉颗粒中有序结构消失,而无序结构增多。

经傅立叶红外光谱检测分析,球磨豌豆淀粉中并无新的基团产生,部分特征峰强度降低,淀粉颗粒由有序结构向无序化结构转变,最终形成无定形状态的淀粉。说明淀粉在机械活化过程中强烈的机械力作用破坏了淀粉颗粒的结晶结构,使之趋向无定形。

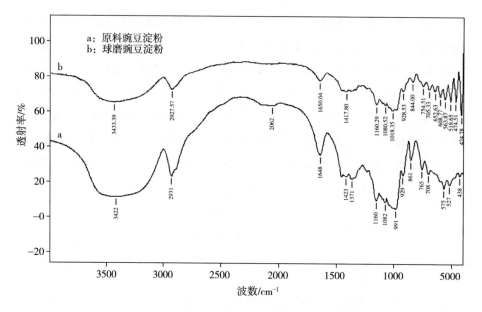

横坐标为波数/cm⁻¹,纵坐标为透射率/%

图 6-5　球磨豌豆淀粉的 FT-IR 曲线

四、热特性分析

从图 6-6 中可以看出,原料豌豆淀粉在 20 ~100℃ 范围内存在一个明显的吸收峰,该吸收峰的热焓值约为 20.58 J/g,糊化起始温度为 61.24℃,糊化峰值温度为 66.11℃,糊化终止点温度为 72.62℃。而淀粉经过球磨处理后,热焓值降低至 1.35 J/g,糊化起始温度为 49.82℃,糊化峰值温度为 54.68℃,糊化终止点温

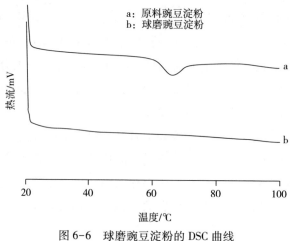

图 6-6　球磨豌豆淀粉的 DSC 曲线

度为 64.88℃。相比较可以得出,经过球磨处理后,豌豆淀粉的热焓值、各峰值温度均存在降低现象。原豌豆淀粉颗粒是由无定形区与结晶区连结,在其发生水合/溶胀的同时伴随着微晶的糊化,因而产生了吸收峰,糊化温度较高。而球磨豌豆淀粉糊化温度和热焓值显著下降,说明淀粉颗粒内部分子链有序排列程度下降。热焓值与淀粉颗粒结晶结构呈正相关,结晶度下降则热焓值降低,但实际上热焓值更能代表淀粉链中双螺旋结构数量的多少。球磨处理后豌豆淀粉的热焓值大幅度降低表明了淀粉分子链上的双螺旋结构已经消失。球磨研磨后豌豆淀粉的热特性参数降低,表明此时淀粉颗粒已经处于无定形状态。

五、糊化特性分析

RVA 曲线是一定质量浓度的淀粉溶液在加热、高温、冷却的过程中,其黏滞性发生一系列变化的过程曲线。ν_P 代表淀粉溶液在加温过程中因微晶束熔融形成胶体网络时的最高黏度值,ν_T 代表保温过程中淀粉从凝胶状态变为溶胶状态出现稀懈现象时最低黏度值,ν_F 代表淀粉分子重新缔合出现凝胶现象时黏度回升后的最终值,ν_B 为 ν_P 与 ν_T 的差值,ν_S 为 ν_F 和 ν_T 的差值。图 6-7 所示为原豌豆淀粉与球磨豌豆淀粉的 RVA 曲线。从图 6-7 中可以看出,原豌豆淀粉与球磨豌豆淀粉的 ν_P 值分别为 5656 mPa·s、258 mPa·s,ν_T 值分别为 3188 mPa·s、142 mPa·s,ν_F 值分别为 5137 mPa·s、309 mPa·s,各黏度值均显著降低,这是

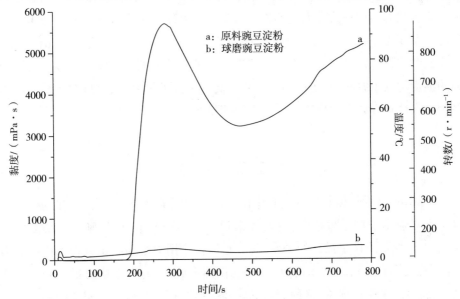

图 6-7　球磨豌豆淀粉的 RVA 曲线

由于球磨处理后的淀粉颗粒结晶度低、颗粒破裂程度大,形成淀粉糊的流动阻力下降所导致。原料豌豆淀粉的 ν_B 值为 2468 mPa·s,球磨豌豆淀粉 ν_B 值为 116 mPa·s,为原料淀粉的 1/21,说明球磨豌豆淀粉的热糊稳定性明显优于原淀粉;原料豌豆淀粉的 ν_S 值为 1949 mPa·s,球磨豌豆淀粉 ν_S 值为 167 mPa·s,为原料淀粉的 1/12,说明处理后淀粉更不易老化、回生,提高淀粉颗粒的冷糊稳定性。因此,经过球磨研磨处理后,豌豆淀粉的黏度均低于原淀粉,更适用于应用到高浓低黏的体系中,且研磨豌豆淀粉的热糊稳定性和冷糊力学稳定性都优于原淀粉。

第四节　结论

豌豆淀粉经过球磨研磨处理后,其颗粒形貌和粒度发生明显变化,淀粉颗粒由光滑的多角形变成不规则形状,表面粗糙,具有一定的裂痕、缝隙和凹陷;处理后球磨豌豆淀粉的偏光十字完全消失,说明晶体结构受到破坏;淀粉颗粒粒度变大,中位径由 15.28 μm 增大到 23.28 μm,粒径主要分布范围在 10~45 μm 范围内。豌豆淀粉为典型的 C 型晶体结构,球磨研磨处理后淀粉呈弥散峰特征,进一步证实晶体结构受到破坏。经红外光谱检测分析,球磨豌豆淀粉中并无新的基团产生,部分特征峰强度降低,淀粉颗粒由有序结构向无序化结构转变,最终形成无定型状态的淀粉。球磨淀粉其热力学性质表现为热熵值降低至 1.35 J/g,糊化起始温度为 49.82℃,糊化峰值温度为 54.68℃,糊化终止点温度为 64.88℃,表明此时淀粉颗粒已经处于无定型状态。处理后淀粉的糊化特征表现为豌豆淀粉的黏度均低于原淀粉,更适用于应用到高浓低黏的体系中,且球磨豌豆淀粉的热糊稳定性和冷糊力学稳定性都优于原淀粉。

第五节　讨论

Boldyrev 认为粉体在球磨过程中能被活化必须满足两个条件:一是粉体的颗粒粒度必须小于韧—脆转变粒径,如果粒度达不到要求,粉体则先经历断裂破碎,这一时期可看作是活化的诱发期;二是活化作用力必须大于颗粒的内部应力(与颗粒大小有关),如果作用力太弱,活化则不可能,但当作用力提高到一定程度后,就会产生活化现象,这种现象称为"临界效应"。综合以上实验结果和根据相关的聚合物机械降解理论分析,豌豆淀粉在球磨中的机械活化过程大致可分为两个阶段:第一阶段在球磨粉碎初期,豌豆淀粉颗粒在反复强烈的球磨介质之间,球磨介质与淀粉颗粒之间所产生的冲击、剪切、摩擦力的作用下,引起颗粒破裂、细化,颗粒中相邻原子键断裂,缔合氢键遭到破坏,相应的晶体结晶程度衰退,晶体结构产生缺陷并引起晶格位移。此时一些细小的颗粒表面很自然地被激活,从而引起团聚,表观粒度增大。总体表现为淀粉颗粒粒径增大,粒度分布曲线变宽,结晶度下降;第二阶段主要发生研磨后期,当研磨达到一定时间后且淀粉颗粒达到一定细度后,淀粉颗粒的强度、硬度增加,难以粉碎,此时颗粒不再发生脆性破坏,而是发生塑性变形,使晶格点阵中的粒子排列失去周期性,形成了晶格缺陷,有序的晶体结构被机械力破坏而形成非晶态层,且随着研磨的进行而变厚,并发生团聚,最后导致整个颗粒结构的无定形化。

参考文献

[1]邓宇. 淀粉化学品及其应用[M]. 北京:化学工业出版社,2002.

[2]黄祖强,胡华宇,童张法. 食品与机械,2006,22(1):50-52.

[3]陈玲,温其标,叶建东. 粮食与饲料工业,1999(12):41-43.

[4]CHE L M L, WANG L J, et al. International Journal of Food Properties, 2007, 10(3):527-536.

[5]李兆丰,顾正彪,洪雁. 食品与发酵工业,2003,29(10):70-73.

[6]郝小燕,麻浩. 粮油食品科技,2007,15(3):11-14.

[7]洪雁,顾正彪. 食品与发酵工业,2006,32(1):28-32.

[8]FANG J M, FOWLER P A, TOMKINSON J, et al. Carbohydrate Polymers, 2002,47(3):245-252.

[9]HUANG Z Q, LU J P, LI X H, et al. Carbohydrate Polymers, 2007, 68(1):128-135.

[10]YAO N, PAEZ A V, WHITE P J. Journal of Agricultural and Food Chemistry, 2009,57(5):2040-2048.

[11]BOLDYREV V V, PAVLOV S V, GOLDBERG E L. International Journal of Mineral Processing, 1996,44(45):181-185.

[12]WEI C X, QIN F L, ZHOU W D. Journal of Agriculturd and Food Chenistry, 2010, 58:11946-11954.

[13]CAI J, CAI C, MAN J, et al. Carbohydrate Polymers, 2014,102:799-807.

[14]ZHANG B J, LI X X, LIU J, et al. Food Hydrocolloids, 2013,31(1): 68-73.

[15]TESTER R F, KARKALAS J, QI X. Journal of Cereal Science, 2004, 39(8): 151-165.

[16]吴航, 冉祥海, 张坤玉, 等. 高等学校化学学报, 2006, 27(4): 775-777.

[17]YONEYA T, ISHIBASHI K, HIRONAKA K, et al. Carbohydrate Polymers, 2003,53(4): 447-457.

[18]VITURAWONG Y, ACHAYUTHAKAN P, SUPHANTHARIKA M. Food Chemistry, 2008, 111(1): 106-114.

[19]JUHSZ R, SALG A. Starch, 2008, 60(2): 70-78.

[20]武军, 李和平. 高分子物理及化学[M]. 北京:中国轻工业出版社, 2001.

[21]何本桥, 张玉红, 肖卫东. 高分子材料科学与工程,2001,17(1):25-29.

第七章　球磨研磨对荞麦淀粉
结构及性质的影响

第一节　引言

　　淀粉为天然高分子多糖聚合物,来源广泛,是一种可再生、廉价自然资源,其中玉米淀粉、马铃薯淀粉、小麦淀粉和大米淀粉作为主要商业利用淀粉被广泛应用于化工、医药、食品、纺织和造纸等产业。随着淀粉科学、高分子材料学、食品科学等学科技术发展,使得淀粉基质资源得到广泛利用,尤其是在功能性材料、药物控释体材料及生物质材料等领域,促进了淀粉基质产品的增值化利用。因此,以现代科学理论为基础,以新型调控技术为手段,对淀粉结构和性质进行调质,拓宽淀粉资源应用领域,成为淀粉科学发展的主流方向。球磨研磨作为一种机械方式是制备超微粉体的有效手段之一,具有产品污染小、纯度高、颗粒活性大、工艺简单等优点,对淀粉改良、新产品开发和拓展新用途具有重要作用。

　　荞麦在我国种植面积较广,总产量达 90 万吨。荞麦具有较高的营养和药用价值,富含蛋白质(10%～18%)、淀粉(60%～70%)、纤维素(10%～16%)、脂肪(2%)及黄酮类化合物、B 族维生素等。淀粉作为荞麦的主要成分,具有较高的峰值黏度、水合能力和较低的溶解性。荞麦淀粉中含有 7.5%～35% 的抗性淀粉,使其具有一定的生理功能和食品加工性能。因此,本研究以甜荞麦淀粉为原料,利用球磨研磨法制备微细化荞麦淀粉,采用扫描电子显微镜、激光粒度分析仪、X射线衍射仪、差式扫描量热仪、快速黏度分析仪等现代检测分析方法确定研磨处理对淀粉颗粒大小、颗粒形貌、晶体结构、糊化特性及热力学特性等结构及性质影响,为探索荞麦淀粉的改性方法及荞麦淀粉在食品工业上的充分利用提供基础数据和参考。

第二节　材料与方法

一、材料与试剂

荞麦淀粉购于榆林市新田源集团富元淀粉有限公司,食品级,水分含量11.23%,灰分为0.08%,粒度(平均径)为11.99 μm;所用其他试剂均为国产分析纯。

二、仪器与设备

QM-ISP2型行星式球磨机,南京大学仪器厂;S-3400N扫描电镜(SEM),日本HITACHI公司;X'Pert PRO X射线衍射仪,荷兰帕纳科公司;RVA4500快速黏度分析仪,瑞典Perten公司;DSC1型差示扫描量热仪,瑞士梅特勒-托利多仪器有限公司。

三、试验方法

(一)球磨研磨制备微细化荞麦淀粉

采用行星式球磨机,陶瓷罐进行机械球磨处理。球磨研磨主要考虑球磨时间、球磨机转速、球料比、填料量等参数,分别设定为球磨时间6 h,转速480 r/min,球料比为6:1,填料量为25%,将制备得到微细化荞麦淀粉密封保存备用。

(二)淀粉颗粒大小及分布

采用激光粒度分析仪(laser particle analyzer, LPA)分析,测定方法参照Liu方法,以去离子水作为分散溶剂进行测定。

(三)颗粒形貌

采用扫描电子显微镜(scanning electron microscope, SEM)进行淀粉颗粒形貌观察,参照Wang方法,设定加速电压为15 kV,并适当放大倍数观察淀粉颗粒形貌。

(四)晶体结构分析

采用X射线衍射仪(X-ray diffractometry, XRD)分析,参照Liu等方法:衍射角$2\theta,4°\sim37°$;步长0.02°;扫描速度,8 °/min;靶型,Cu;管压、管流,40 kV、30 mA。

(五)热特性分析

采用差示扫描量热仪(differential scanning calorimeter, DSC)分析,参照 Huang 等方法:称取淀粉样品 3.0 mg(干基)于铝盘中,并以 1∶3 的比例加入去离子水,密封平衡 24 h,以水作为参比,加热范围为 20~120℃,加热速率 10℃/min。相变参数分别用起始温度(T_0)、峰值温度(T_p)、最终温度(T_c)和焓变(ΔH)表示。

(六)糊化特性分析

采用快速黏度分析仪(rapid visco analyzer, RV)分析,参照 Yao 等方法:称取淀粉 3.0 g,加入蒸馏水 25 mL,制备测试样品。在搅拌过程中,罐内温度变化如下:50℃下保持 1 min;在 3 min 42 s 内上升到 95℃;95℃下保持 2.5 min;在 3 min 48 s 内将温度降到 50℃后并下保持 2 min。搅拌器在起始 10 s 内转动速度为 960 r/min,之后保持在 160 r/min。

(七)数据处理

每次试验均做三次平行。数据统计分析采用 Graphpad Prism 6.0 软件,制图采用 OriginPro 9.1 软件。

第三节　结果与分析

一、微细化荞麦淀粉颗粒大小及分布

荞麦原淀粉和球磨处理后微细化淀粉颗粒大小及分布如表 7-1 和图 7-1 所示。可以看出,荞麦原淀粉粒度分布曲线呈现三个尖峰,说明其粒度分布范围较宽,颗粒分布不均匀,颗粒平均径大小为 11.99 μm,其中 63.7% 主要集中在 5.0~20.0 μm 大小范围内,大于 45 μm 颗粒较少;而经过球磨研磨处理后,淀粉颗粒粒度呈现单峰分布,粒度分布范围变窄,粒径相对均匀,颗粒平均径增大至 18.52 μm,且 74.46% 主要集中在 10.0~45.0 μm 大小范围内,大于 75 μm 颗粒较小。其主要原因是在球磨研磨初期,研磨球的摩擦、碰撞、冲击和剪切作用使得淀粉颗粒出现脆性断裂,同时淀粉颗粒由脆性断裂向韧性破裂方向转变,引起能量弛豫现象,导致淀粉颗粒表面活性能增高;随着应变程度急剧增加,淀粉体系出现"阈效应",引起淀粉颗粒内部淀粉链柔性增加,晶格损坏导致颗粒内部结晶层逐渐变薄,引起结晶层发生断层流动现象,最终导致淀粉颗粒发生形变,淀粉颗粒粒径向大颗粒尺寸方向移动;颗粒较小的淀粉颗粒膨胀,导致小颗粒粒径组分比例降低,与此同时淀粉颗粒尺寸增加,颗粒粒径整体向尺寸增大的方向移动,粒径分布变得均匀而广泛。

表7-1 球磨研磨前后荞麦淀粉颗粒大小及分布

样品	淀粉颗粒粒度大小/μm 及分布/%									D_{50}/μm
	0.5~1.0	1.0~2.0	2.0~5.0	5.0~10.0	10.0~20.0	20.0~45.0	45.0~75.0	75.0~100.0	100.0~200.0	
原淀粉	3.48	3.24	6.73	28.28	35.42	20.71	12.69	3.25	0.72	11.99
球磨淀粉	0	0.1	2.82	10.78	41.47	32.99	6.92	2.93	1.89	18.52

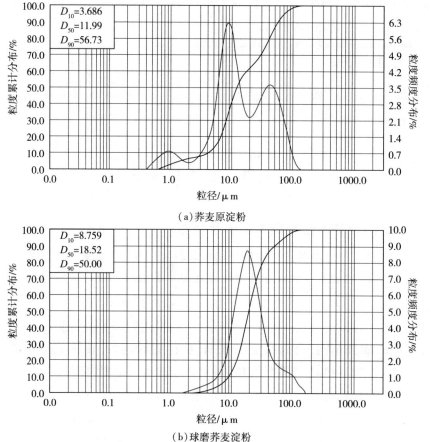

(a)荞麦原淀粉

(b)球磨荞麦淀粉

图7-1 球磨处理前后荞麦淀粉颗粒分布

二、荞麦淀粉颗粒形貌

球磨研磨处理前后荞麦淀粉颗粒形貌如图7-2所示。在不同放大倍数下可以观察到荞麦原淀粉颗粒主要呈多面体形状,但有部分颗粒呈近似球形或椭圆形颗粒,存在部分较大颗粒;颗粒表面结构光滑,颗粒表面嵌有小微孔,此现象与粒度大小测定结果一致。淀粉颗粒经过研磨处理后,颗粒外形完整,仍保持其颗粒形态,但在碰撞、摩擦等机械力作用下发生形变,淀粉颗粒表面变得粗糙,出现裂痕、缝隙、凹陷等形貌状态,淀粉颗粒粒度变大,颗粒大小不均一,形状极不规则,多呈扁平状。这主要是由于淀粉颗粒受机械作用使得淀粉分子内能增加,产生较大的应力和应变作用,随着机械作用时间的延长,动态集中的弹性应力使得淀粉颗粒产生形变,颗粒内部晶体结构受到破坏,淀粉颗粒由多晶态向无定形状态改变。

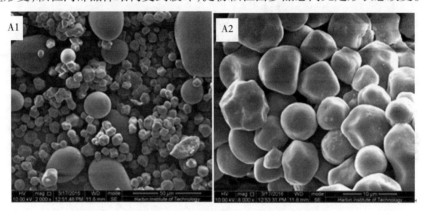

A 荞麦原淀粉(放大倍数 A1:2000×;A2:8000×)

B 球磨荞麦淀粉(放大倍数 B1:2000×;B2:4000×)

图7-2 球磨研磨前后荞麦淀粉颗粒形貌

三、荞麦淀粉晶体结构

球磨研磨前后荞麦淀粉 XRD 曲线如图 7-3 所示。可以看出,荞麦原淀粉衍射角 2θ 在 15°、17°、18°和 23°处出现明显强的衍射峰,为典型 A 型晶体结构特征。研磨处理后微细化淀粉特征衍射峰呈现弥散峰特征,说明研磨处理破坏淀粉颗粒晶体结构,使淀粉颗粒由晶体结构向非晶态结构转变。在 XRD 谱图中,尖峰衍射特征峰主要是由长程有序状态的晶体结构呈现,而弥散衍射峰特征主要是短程有序而长程无序无定形结构。

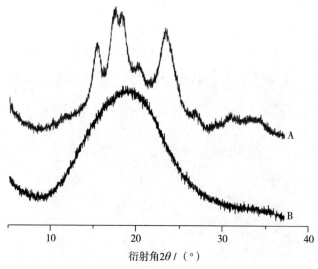

A—荞麦原淀粉;B—球磨荞麦淀粉

图 7-3　球磨研磨前后荞麦淀粉 XRD 曲线

四、荞麦淀粉热力学特性

球磨研磨前后荞麦淀粉热力学特征参数如表 7-2 所示。可以看出,荞麦原淀粉热熔值为 24.63 J/g,糊化温度范围为 57.29~69.48℃之间。经过球磨研磨处理后,其热熔值急剧降低至 2.09 J/g^{-1},糊化温度范围为 51.49~62.40℃之间,糊化温度呈降低趋势。球磨研磨后淀粉晶体结构受到破坏,淀粉颗粒呈非晶化状态,颗粒内部分子链有序排列程度下降,导致淀粉热熔值及糊化温度降低。热熔值与淀粉颗粒结晶结构呈正相关,热熔值随着结晶度的降低而呈下降趋势。

表 7-2　球磨研磨前后荞麦淀粉热力学特征参数

样品	$T_o/℃$	$T_p(℃)$	$T_c(℃)$	$\Delta H /J \cdot g^{-1}$
原淀粉	57.29 ± 0.09^a	62.03 ± 0.11^a	69.48 ± 0.08^a	24.63 ± 0.09^a
球磨淀粉	51.49 ± 0.12^b	55.13 ± 0.14^b	62.40 ± 0.06^b	2.09 ± 0.11^b

注：T_o-起始温度；T_p-峰值温度；T_c-终止温度；$\Delta T= T_c- T_o$，糊化温度范围；ΔH-热熔值；同列中 a、b 字母不同表示差异显著（$P<0.05$）

五、荞麦淀粉糊化特性

淀粉的糊化特性可通过快速黏度分析曲线进行表征分析。曲线中包含有淀粉在糊化过程发生的峰值黏度（PV）、谷值黏度（TV）、最终黏度（FV）等特征值黏度值的变化和成糊温度（PT）变化。其中 PV 表示淀粉溶液在加温过程中因微晶束熔融形成胶体网络时最高黏度值，TV 为保温过程中淀粉从凝胶态变为溶胶态时的最低黏度值；FV 为淀粉分子黏度回升后的最终值；淀粉糊化过程中存在衰减黏度（BD）和回生黏度（SB），其中衰减黏度（BD＝PV-TV）代表热糊稳定性，反映的是淀粉抗热效应和抗剪切效应的性能；回生黏度（SB＝FV-TV）代表冷糊稳定性，在一定程度上反映淀粉糊的抗老化能力。成糊温度（PT）表示淀粉糊的黏度开始增加时的温度，在一定程度上反映淀粉糊化的难易程度。

球磨处理前后荞麦淀粉 RVA 曲线和淀粉糊化特征参数如图 7-4 和表 7-3 所示。从图 7-4 中可以看出，经过球磨研磨处理后，荞麦淀粉黏度特征值峰高显著降低，说明处理后淀粉黏度显著降低。由表 7-3 可知，球磨研磨淀粉的 PV、TV、FV 分别下降了 8529 mPa·s、3913 mPa·s、6029 mPa·s，其原因是研磨处理使淀粉晶体结构受到破坏，颗粒由结晶态转变为无定形态，颗粒破裂程度较大，

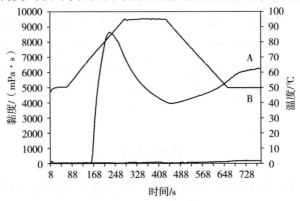

A：荞麦原淀粉；B：球磨荞麦淀粉

图 7-4　球磨研磨前后荞麦淀粉 RVA 曲线

形成淀粉糊的流动阻力下降所导致。同时,BD 值和 ST 值分别减小至 57cP 和 147cP,说明研磨荞麦淀粉的热糊稳定性和冷糊稳定性均优于原淀粉。

因此可知球磨研磨荞麦淀粉的黏度低于原淀粉,更适用于应用到高浓低黏的体系中,且具有较优的冷糊稳定性和热糊稳定性。

表 7-3　球磨研磨前后荞麦淀粉糊化特征参数

样品	PT/℃	PV/ (mPa·s)	TV/ (mPa·s)	FV/ (mPa·s)	BD/ (mPa·s)	SB/ (mPa·s)
原淀粉	68.60 ± 0.6^{b}	8648 ± 18^{a}	3975 ± 18^{a}	6238 ± 25^{a}	4673 ± 13^{a}	2263 ± 17^{a}
球磨淀粉	94.30 ± 1.1^{a}	119 ± 2^{b}	62 ± 1^{b}	209 ± 2^{b}	57 ± 1^{b}	147 ± 3^{b}

注:同列中 a、b 字母不同表示差异显著($P<0.05$)。

第四节　结论

球磨研磨处理荞麦淀粉,淀粉颗粒大小及分布发生改变。颗粒粒径增大,其平均径由 11.99 μm 增大到 18.52 μm;荞麦原淀粉颗粒粒径分布 63.7% 主要集中在 5.0~20.0 μm 大小范围内,研磨后粒径分布 74.46% 主要集中在 10.0~45.0 μm 大小范围内;球磨研磨处理荞麦淀粉,淀粉颗粒形貌及晶体结构受到破坏。形貌由光滑颗粒变成粗糙、不均一颗粒,颗粒表面出现裂痕、缝隙等形貌状态,甚至有小部分淀粉颗粒出现表面剥落的现象;荞麦原淀粉呈 A 型晶体结构,研磨后淀粉颗粒晶体结构受到严重破坏,颗粒由多晶态向无定型态转变;球磨研磨处理荞麦淀粉,淀粉颗粒性质发生改变。研磨前后淀粉颗粒热焓值由 24.63 J/g 降低至 2.09 J/g,糊化温度呈现降低趋势,糊化温度范围由原淀粉的 57.29~69.48℃ 之间降低至 51.49~62.40℃ 之间;研磨后淀粉的黏度值显著降低,PV、TV、FV 分别下降了 8529 cP、3913 cP、6029 cP,BD 值和 ST 值分别减小至 57 cP 和 147 cP。球磨研磨荞麦淀粉更适用于应用到高浓低黏体系中,且具有较优的冷糊稳定性和热糊稳定性。

参考文献

[1] 张力田. 碳水化合物化学[M]. 北京:中国工业出版社,1988:346-352.

[2] 张力田. 改性淀粉[M]. 北京:中国轻工业出版社,1992:32-39.

[3] JUANSANG J, PUTTANLEK C, RUNGSARDTHONG V, et al. Effect of

gelatinisation on slowly digestible starch and resistant starch of heat - moisture treated and chemically modified canna starches[J]. Food Chemistry, 2012, 131 (2):500-507.

[4]PU H Y, CHEN L, LI X X, et al. An oral colon - targeting controlled release system based on resistant starchacetate: synthetization, characterization, and preparation of film - coating pellets [J]. Journal of Agricultural and Food Chemistry, 2011, 59(10):5738-5745.

[5]CHEN L, PU H Y, LI X, et al. A novel oral colon-targeting drug delivery system based on resistant starch acetate[J]. Journal of Controlled Release, 2011, 152 (S1):51-52.

[6]BASTOS D C, SANTOS A E F, SILVA M L J, et al. Hydrophobic corn starch thermoplastic films produced by plasma treatment[J]. Ultramicroscopy, 2009, 109 (8):1089-1093.

[7]蒲华寅. 等离子体作用对淀粉结构及性质影响的研究[D]. 广州:华南理工大学, 2013.

[8]黄祖强, 胡华宇, 童张法, 等. 玉米淀粉的机械活化及其流变特性研究[J]. 食品与机械, 2006, 22(1): 50-52.

[9]陈玲, 温其标, 叶建东. 木薯淀粉微细化及颗粒形貌的研究[J]. 粮食与饲料工业, 1999(12): 41-43.

[10]CHE L M, LI D, WANG L J, et al. Micronization and hydrophobic modification of cassava starch[J]. International Journal of Food Properties, 2007, 10(3): 527-536.

[11]周一鸣, 李保国, 崔琳琳, 等. 荞麦淀粉及其抗性淀粉的颗粒结构[J]. 食品科学, 2013, 34(23): 25-27.

[12]王琳, 许杨杨, 朱轶群. 碱液处理对荞麦淀粉物理性能和结构的影响[J]. 食品工业科技, 2017, 38(6): 79-83.

[13]LIU T Y, MA Y, YU, S F, et al. The effect of ball milling treatment on structure and porosity of maize starch granule[J]. Innovative Food Science and Emerging Technologies, 2011, 12:586-593.

[14]WANG L D, LIU T T, COU F, XIAO Z G, CAO L K. Effect of jet-milling on structure and physico - chemical properties of high - amylose maize starch[J]. Przemysl Chemiczny, 2017, 96(5):1128-1134.

［15］HUANG Z Q, LU J P, LI X H, et al. Effect of Mechanical Activation on Physico-Chemical Properties and Structure of Cassava Starch［J］. Carbohydrate Polymers, 2007, 68(1): 128-135.

［16］YAO N, PAEZ A V, WHITE P J. Structure and Function of Starch and Resistant Starch from Corn with Different Doses of Mutant Amylose-Extender and Floury-1 Alleles［J］. Journal of Agricultural and Food Chemistry, 2009,57 (5): 2040-2048.

［17］王立东,刘婷婷,张丽达,等. 机械活化处理对绿豆淀粉理化性质的影响 ［J］. 中国酿造, 2016, 8(35): 17-141.

［18］刘天一. 笼状玉米淀粉的制备及结构和性能研究［D］. 哈尔滨:哈尔滨工业 大学,2014.

第八章　气流超微粉碎对小米全粉结构及性质的影响

第一节　引言

一、小米及其加工利用研究现状

（一）小米及其营养成分

小米是世界上最古老的栽培作物之一,起源于我国古代黄河流域,产地主要分布在东北华北地区,是谷子经过脱壳制得的粮食。小米各类营养成分被人体的利用率高,张传芳等人研究表明小米的蛋白质消化率为 83.4%、脂肪为90.8%、碳水化合物为 99.4%,这使小米成为优秀的营养膳食。

小米中含有人体生长所必需的氨基酸。小米中蛋白含量高于大米和小麦,是人体必需氨基酸的来源,除赖氨酸含量略低于大米及小麦,其他 7 种必需氨基酸(Thr、Trp、Met、Leu、Phe、Ile、Val)均高于大米和小麦且比例适宜,与人体氨基酸含量接近。

小米中含有适合人体食用的优质脂肪酸。小米中脂肪含量很少,平均含量3.9%左右,但脂肪的质量非常高,脂肪中有益人体的不饱和脂肪酸含量高达85.55%。占俊伟研究表明:小米中主要脂肪酸,亚油酸含量为 70.01%、油酸13.39%、亚麻酸 1.96%、棕榈酸 8.34%、硬脂酸 4.38% 、花生四烯酸 1.72%,亚油酸含量高可以预防胆固醇。

小米含有许多碳水化合物和膳食纤维成分。小米中含有直链淀粉和支链淀粉两类淀粉。两种淀粉含量比例不同,小米饭的蒸煮品质以及口感和质地也不同,直链淀粉含量比例越低小米饭品质越佳,黏性越大,光泽度越好。小米中膳食纤维是普通大米的 25 倍,有助于刺激人体肠道蠕动,降低肠道疾病的发生,减少肠癌的发病率,同时能够预防消化道疾病。膳食纤维可以和人体内的饱和脂肪酸结合,减少胆固醇在血管内壁凝集,防止动脉硬化,同时膳食纤维含量高还可以降低糖尿病人血糖含量。

小米中含有人体代谢生长必需的维生素及微量元素。小米中维生素含量较为丰富,其中维生素 A 为 0.79 mg/g,B 族维生素为 8.1 μg/g,维生素 E 最高可达 0.35 mg/g。小米中富含丰富的微量元素硒,硒元素对拇外翻、克山病具有一定功效。

小米中还含有类胡萝卜素、肌醇、多酚等多种营养成分,所以经常作为一种理想食品被大家认可。

(二)小米的保健功能特性

小米的保健功效早在李时珍巨著《本草纲目》中就有记载。小米营养丰富、食疗功效佳,现在受到越来越多营养学家的推崇,称之为"保健米",也更得到消费者的信赖。

小米是碱性谷物,可以滋补脾胃,胃酸过多或不调者可以经常食用。小米能够清热解渴、养胃去湿气,食用小米既能开胃又护胃,经常食用小米可以保护胃部,预防胃酸过多引起的呕吐和反酸。小米的消化吸收率高且膳食纤维含量高,适量食用有助于胃肠蠕动、缓解便秘。

(三)小米加工研究现状

小米粉的加工。小米经过干磨和湿磨处理制得小米粉。小米经过高温高压膨化制成膨化小米粉,可广泛应用于乳制品、冲剂营养品、婴儿食品、调味食品等产品中。王均等人研究表明加工复配后的小米粉制成的水饺,经过 3 个月冷冻处理,饺子表面没有明显细纹,脱水缩皱现象不明显。刘芳利用复合酶制备增筋小米粉,小米粉的可塑性得到改善,小米粉的加工性能有所提高。

小米蛋白的加工。小米中蛋白含量较高,且无过敏原物质,对预防动脉硬化有益,能够调节胆固醇。小米蛋白提取方法主要包括盐法和碱法。李国强等人对碱法和盐法提取小米蛋白进行了对比,研究结果表明:相对于盐法提取小米蛋白,碱法提取更具有优势,其工艺条件易于调控,操作方法简单易行,蛋白提取率也比较高,其最佳提取条件为:pH 值 10,温度 30 ℃,时间 3 h,料液比为 1∶8。该条件下蛋白质的提取率为 38.79%;刘传运等人通过研究小米蛋白粉的制备,得到纯度 80% 以上淀粉小米蛋白营养粉。

二、超微粉碎技术研究现状

（一）超微粉碎原理

超微粉碎是将高压气体通过超音速喷嘴制成超音速气体,气体射入粉碎区将物料制成流态,物质颗粒被气体推动加速,在喷嘴交汇处发生一系列碰撞,使物料粉碎。被粉碎的物料被气流推动到物粒分级区,涡轮超微细分级器分选出的所需粒径的物料被高速的旋风收集筒收集备用。粒径较大的未被粉碎彻底的物料继续返回对撞区进行二次粉碎。物料的粉碎和分级同时进行,大大提高了工作效率。

（二）超微粉碎技术研究现状

传统的粉碎技术存在很多弊端,如耗费能源,耗费动能多,做功大,温度高,物料本身会变质而失去使用价值。相对而言,超微粉碎技术耗时短,且在短时间内能将物料粉碎成超微粉体,特别是有机物料的粉碎,所需的超微粉体可在瞬时、低温干燥的条件下获得。超微粉碎最大限度地避免了物料营养成分的流失,避免二次污染,并且对物料进行最大限度的利用。超微粉碎具有速度快、时间短等优点,可低温进行,获得的超微粉体粒径均匀、原料耗费少、利用率高、污染小,因此在食品加工、中药提取、农产品深加工行业得到广泛应用。

在20世纪40年代初,国外开始发展超微粉碎技术,到了60年代开始迅速发展,特别是在粉体工程学方面进行了系统的研究。我国对超微粉碎的研究晚于国外十几年,随着我国经济文化的迅速发展,超微粉碎技术研究也上了一个新台阶,但我国对超微粉碎技术理论的研究明显落后于对超微粉碎设备的开发,超微粉碎的研究应该理论结合实际,通过深入研究分析物料粉碎过程中的变化及破碎机理,最大限度地减少超微粉碎过程中的耗能是新理念研究的重中之重。

（三）超微粉碎在食品领域中的应用进展

在软饮料方面,利用超微粉碎技术开发的茶粉、豆粉以及骨粉配制的加钙饮料等,已经得到消费者的认可。传统的泡茶,大部分营养物质都随着茶渣流失,茶叶通过超微粉碎制成茶粉,大大提高了人体对茶叶中营养成分的吸收率。在果蔬加工方面,超微粉碎既保存了果蔬的营养成分,又细化了其中所含的纤维素,使其口感更佳。刘明德研究表明将废弃的柿树叶子经过超微粉碎加工成柿树叶精粉添加到面食中制成保健食品,大大提高了柿树叶中的维生素、氨基酸及微量元素的人体吸收率。除此之外,超微粉碎技术在其他植物精深加工中也有很大的应用空间,如红薯叶粉、银杏叶粉、豆类蛋白粉、脱水蔬菜粉、辣椒粉等。在粮油制品加工中,稻米、小麦经过超微粉碎后得到粒度细小的超微粉,将其混配到食品中,使其易于熟化、风味好、口感佳。在功能性食品加工中,超微粉碎主要在基础物料的制备中起到显著作用,超微粉体很好地提高了功能物质的利用率,减少物料耗费。微粒子在人体内有舒缓作用,可以很好地延长功效性。用超微粉碎制成的细骨粉和虾粉海带粉等,人体更易于吸收,食材营养被利用得更充分。

除此之外,超微粉碎技术可以打破传统调味品的加工技术,香辛料在超微粉碎过程中产生的巨大空隙可以更好地吸收包纳香气。超微粉碎的香辛料物粒在流动性、溶解速度、吸收率等方面均有所改善。在畜禽产品加工中,将畜禽的骨头超微粉碎成鲜骨粉,鲜骨粉含有丰富的蛋白质和磷脂,能够促进人体大脑发育,骨粉中的骨胶原有润肤、抗老的作用。传统的工艺一般将鲜骨熬制成汤,骨中营养并未充分利用,营养严重浪费,通过超微粉碎技术将鲜骨磨成超微粉,提高吸收效率。骨粉还可以作为食品添加剂添加到食品中做成中老年的保健食品,具有独特的保健功能。

三、超微粉碎技术在小米产品开发应用中的优势

(一)提高小米原料利用率

常规粉碎的方法获得的小米粒径过大,还需要二次加工,容易造成小米原料的浪费,并且传统的机械粉碎既消耗能量,又不能达到加工所需的粒径要求,开发小米超微粉产品可有效地减少资源浪费,避免物料的二次污染,小米超微粉可以直接用于下一步生产,同时提高了原料的利用率,使小米粉最大程度的被利用。

(二)改善小米产品性能

超微粉碎技术具有速度快,粉碎彻底、粉碎温度低的优点,能很好地缩短粉碎物料的时间,避免部分做功过大温度过高,在达到最佳粒径要求的同时,更大程度地保留了小米粉的生物活性。

小米被超微粉碎处理后,其中的营养元素大量溶出,大大提高了机体对其营养成分的吸收能力,小米经过超微粉碎处理,粒径变得非常小,小米中所含的营养物

质释放路径大大缩短,营养成分释放速度加快。小米超微粉特别适合老人和病人食用,超微粉的颗粒一般在 $10\sim25~\mu m$ 之间,大部分物料细胞壁被打破,营养成分充分释放,易于溶解吸收,即使人体少量摄入也能够达到补充生命能量的作用。

(三)优化小米产品的加工性能

对小米进行超微粉碎,能够加速其内部物质的理化反应。超微粉碎技术能够使小米粒径达到纳米级,提高小米比表面积,增大小米内部物质间的化学反应的接触面积,提高反应速率,在平时生产中能有效地提高工作效率,节约时间成本。同时超微粉碎是在隔离密闭的环境中进行的,可以有效地避免污染,提高企业产品的安全指标。

第二节　气流超微粉碎对小米粉粒度的影响

气流式超微粉碎的原理是:物料颗粒与颗粒间或颗粒与物板间,以压缩空气通过喷嘴产生的气流作为载体,发生冲击性挤压,摩擦和剪切等作用,从而达到粉碎的目的。该技术具有低温、干燥、密封性能好等优点,可有效避免营养成分的流失与变化,避免污染,在各个领域应用广泛,特别是在食品加工领域得到广泛的应用。

小米超微粉碎,是小米产品加工业的一种新兴技术。在超微粉碎过程中,影响粉体粒径值的有进料粒度、粉碎压力、分选频率、进料次数等因素。本章以超微粉碎后的粒径值(D_{50})为评价指标,研究进料粒度、粉碎压力、分选频率对其影响,在单因素试验的基础上,通过响应面优化气流式超微粉碎的工艺条件。

一、材料与方法

(一)试验材料

新鲜小米,购于专卖店,阴凉干燥处贮藏。

(二)主要仪器设备(表 8-1)

表 8-1　试验仪器设备

名称	厂家
LHL/Y-1 型流化床式气流粉碎机	潍坊正远粉体工程设备有限公司
Perten 3100 型旋风磨	波通瑞华科学仪器有限公司

名称	厂家
Bettersize 2000 激光颗粒分布测量仪	丹东博泰仪器有限公司
MB 25 型快速水分测定仪	上海鸥好斯仪器有限公司
电热鼓风干燥箱	北京大宇仪器有限公司

(三)试验方法

1.气流式超微粉碎工艺流程

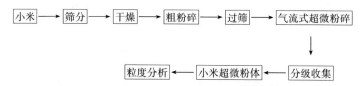

工艺要点:

(1)筛分:去除小米中的杂质;

(2)干燥:将去除杂质后的小米置于烘箱内热风干燥处理,以控制水分含量;

(3)粗粉碎:用 Perten 3100 型旋风磨对干燥好后的小米进行粗粉碎;

(4)气流式超微粉:取适量小米粗粉放入流化床式气流粉碎机中进行粉碎,通过分级筛选后得到小米超微粉。

2.粉体粒度的测定

将超微粉碎后的小米放在激光粒度仪中,加入适量乙醇作分散剂,在常温条件下测定其粒径,以颗粒累计分布率达到 50% 时所对应的粒径值(D_{50}),作为评价指标。

3.单因素试验

(1)进料粒度对小米粉粒度的影响。

取相同干燥时间的小米粗粉,在粉碎压力和分选频率相同的条件下,研究进料粒度分别为 0.150 mm(100 目)、0.125 mm(120 目)、0.106 mm(140 目)、0.090 mm(170 目)、0.075 mm(200 目)时对小米粉粒度的影响。测得其粉体样品的粒度,并进行分析。

(2)粉碎压力对小米粉粒度的影响。

取相同干燥时间的小米粗粉,在分选频率和进料力度相同的条件下,研究粉碎压力分别为 0.65 MPa、0.70 MPa、0.75 MPa、0.80 MPa、0.85 MPa 时对小米粉粒度的影响。测得其粉体样品的粒度,并进行分析。

（3）分选频率对小米粉粒度的影响。

取相同干燥时间的小米粗粉，在进料粒度和粉碎压力相同的条件下，研究分选频率分别为 30 Hz、35 Hz、40 Hz、45 Hz、50 Hz 时对小米粉粒度的影响。测得其粉体样品的粒度，并进行分析。

4.响应面优化试验

通过单因素试验，根据二次回归组合试验设计原理，以颗粒累计分布率达到 50% 时所对应的粒径值（D_{50}）作为响应值，设计进料粒度/mm（X_1）、粉碎压力/MPa（X_2）、分选频率/Hz（X_3）三个因素进行响应面分析试验，试验设计见表 8-2。

表 8-2　响应面分析因素与水平表

因素		水平				
		-1.682	-1	0	1	1.682
进料粒度/mm	X_1	0.075	0.090	0.106	0.125	0.150
粉碎压力/MPa	X_2	0.65	0.70	0.75	0.80	0.85
分选频率/Hz	X_3	30	35	40	45	50

二、结果与分析

（一）单因素试验分析

1.进料粒度对小米粉粒度的影响

图 8-1 表示进料粒度与小米粉粒度的关系。

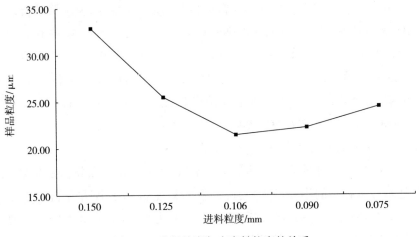

图 8-1　进料粒度与小米粉粒度的关系

由图 8-1 可知,相同干燥时间的小米粗粉,在粉碎压力和分选频率相同的条件下,随着进料粒度的不断减小,粉碎的样品粒度呈下降的趋势,这是因为小米超微分进料粒度越小,超微粉颗粒间的有效碰撞概率越大,从而提高了粉碎效果。但随着进料粒度小于 0.106 mm(140 目)时,粉碎的样品粒度的呈上升趋势,这可能是由于进料粒度过小时,粉碎后颗粒间的破坏力小于其吸引力,产生了凝聚现象,从而对粉碎效果产生了影响。

2.粉碎压力对小米粉粒度的影响

图 8-2 表示粉碎压力与小米粉粒度的关系。

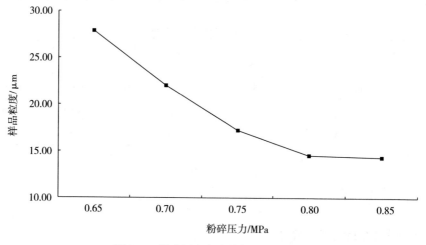

图 8-2   粉碎压力与小米粉粒度的关系

由图 8-2 可知,相同干燥时间的小米粗粉,在进料粒度和分选频率相同的条件下,随着粉碎压力的不断增加,粉碎的样品粒度明显变小,呈下降趋势。这主要是由于高速喷嘴出口气流的速度随着粉碎压力的提高而加快,颗粒获得了更大的动能,从而提高了粉碎效果;但当粉碎压力达到 0.8 MPa 时,粉碎样品粒度下降速度减慢,这是由于当粉碎压力过大时,粉碎室内极易产生激波,激波对颗粒撞击速度并无很明显作用,从而影响粉碎效果。

3.分选频率对小米粉粒度的影响

图 8-3 表示分选频率与小米粉粒度的关系。

由图 8-3 可知,相同干燥时间的小米粗粉,在进料粒度和分选频率相同的条件下,随着分级频率的不断增大,粉碎的样品粒度明显变小,呈下降趋势。这是由于分选机的叶轮高速旋转形成了强大的离心力场,颗粒在此力场中主要受离心力及与离心力方向相反的介质阻力的作用,当离心力大于阻力时,颗粒飞向粉

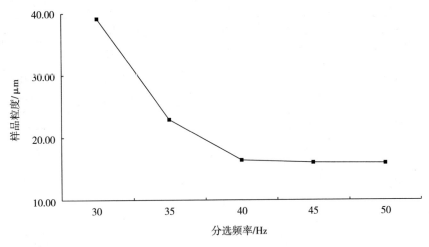

图 8-3　分选频率与小米粉粒度的关系

碎室内壁,并沿着壁面下降,继续循环粉碎;当离心力小于阻力时,颗粒运动通过分选机的叶轮,随着气流进入收集系统;分选频率越大,分选机也轮的转速越快。离心力场的切向速度越高,样品粒度则越小,粉碎效果也越理想。

(二)响应面优化试验的结果与分析

1.响应面试验结果与分析

在单因素试验的基础上,以进料粒度(X_1)/mm、粉碎压力(X_2)/MPa、分选频率(X_3)/Hz 三个因素为自变量,以颗粒累计分布率达到 50%时所对应的粒径值(D_{50}),作为响应值,设计 3 因素共 23 个试验点的二次回归正交旋转组合实验,运用 Design-Expert 软件处理,试验结果见表 8-3。

表 8-3　响应面分析方案及结果

实验编号 No.	进料粒度/mm X_1	粉碎压力/MPa X_2	分选频率/Hz X_3	样品粒度/μm
1	-1	-1	-1	17.792
2	1	-1	-1	13.792
3	-1	1	-1	10.308
4	1	1	-1	15.207
5	-1	-1	1	25.673

实验编号 No.	进料粒度/mm X_1	粉碎压力/MPa X_2	分选频率/Hz X_3	样品粒度/μm
6	1	-1	1	20.733
7	-1	1	1	17.408
8	1	1	1	12.410
9	-1.682	0	0	14.372
10	1.682	0	0	17.308
11	0	-1.682	0	17.694
12	0	1.682	0	11.284
13	0	0	-1.682	12.181
14	0	0	1.682	14.382
15	0	0	0	11.820
16	0	0	0	11.066
17	0	0	0	11.062
18	0	0	0	12.094
19	0	0	0	12.027
20	0	0	0	11.874
21	0	0	0	11.309
22	0	0	0	11.404
23	0	0	0	11.343

采用 Design-Expert 统计软件对优化实验进行响应面回归分析,二次回归模型的 F 值为 7.75,模型 R^2 为 0.9029,P 值<0.01,大于在 0.01 水平上的 F 值,而模拟项的 F 值为 4.36,小于在 0.05 水平上的 F 值,说明该模型拟合结果好。一次项、二次项和交互项的 F 值均大于 0.01 水平上的 F 值,说明其对粉碎效果有显著的影响。进而获得二次回归方程为:$Y = 11.51 - 0.3X_1 - 2.45X_2 + 1.67X_3 + 1.11X_1X_2 - 1.35X_1X_3 - 1.31X_2X_3 + 1.92X_1^2 + 1.44.079X_2^2 + 1.01X_3^2$。

2.交互效应分析

交互效应对样品粒径的影响见图 8-4~图 8-6。

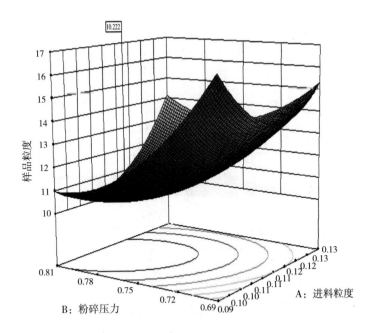

图 8-4　样品粒度作为粉碎压力、进料粒度的响应面

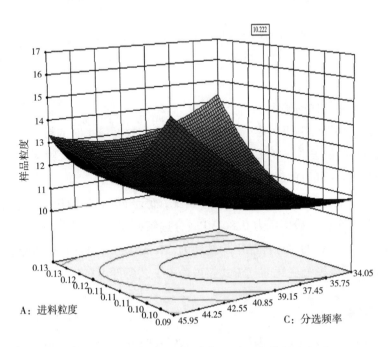

图 8-5　样品粒度作为进料粒度、分选频率的响应面

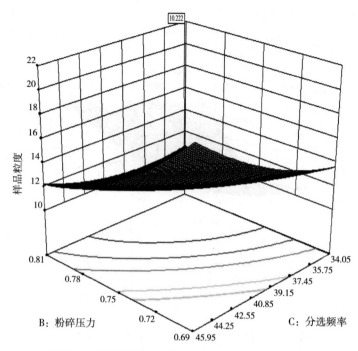

图 8-6　样品粒度作为粉碎压力、分选频率的响应面

由图 8-6 可见,所有响应面图均开口向上、凹面,响应值随自变量的大小而改变,且增减的幅度不一致。另外,该模型在试验范围内存在稳定点,且稳定点为最佳值。

3.最优粉碎条件的确定

对实验模型进行响应面典型分析,以获得样品粒度最小时的粉碎条件。预测样品粒度最小时的进料粒度 0.110 mm、粉碎压力 0.79 MPa、分选频率 36.6 Hz,理论上该条件下得到的样品粒度为 10.202 μm。

按照预测最优条件并结合实际操作情况,确定气流式超微粉碎工艺条件为:进料粒度 0.106 mm、粉碎压力 0.80 MPa、分选频率 37 Hz。在修正条件下,重复试验三次验证,得到的实际样品平均粒度为(10.220±0.02)μm,与预测值较为接近。因此,采用该模型优化的气流式超微粉碎工艺条件可靠。

三、小结

本章试验以小米为原料进行气流式超微粉碎,在单因素试验的基础上,通过响应面优化法并结合实际情况确定了最佳粉碎工艺参数:进料粒度 0.106 mm、粉碎压力 0.80 MPa、分选频率 37 Hz。在此条件下重复试验,得到小米超微粉的平均粒度为(10.220±0.02)μm,与预测值基本相符。因此,认为本试验建立的模型能够较好地反映出气流式超微粉碎工艺条件。

通过气流式超微粉碎处理的小米粉,平均粒度为(10.220±0.02)μm,小于 25 μm,可实现添加到食品中后不产生粗糙感、提高适口性的目的。

第三节　气流超微粉碎对小米粉理化性能的影响

本试验通过利用流化床式超微气流粉碎技术对小米进行超微粉碎,并对超微小米粉与未经超微细处理的普通小米粉在营养成分、休止角和滑角、溶解性、酶解性、糊化特性及热稳定性等理化性能进行测定,并进行对比分析,为小米超微粉的营养价值保持和产品拓展利用提供理论参考。

一、材料与方法

(一)试验材料

新鲜小米,购于专卖店,阴凉干燥处贮藏。

(二)主要仪器设备(表8-4)

表 8-4　试验仪器设备

名称	厂家
LHL/Y-1 型流化床式气流粉碎机	潍坊正远粉体工程设备有限公司
Perten 3100 型旋风磨	伯恩及科学仪器有限公司
RVA 快速黏度测定仪	北京华宇科学仪器有限公司
电子天平	江苏博通仪器有限公司

(三)试验方法

1.小米粗粉的制备

利用传统粉碎机粉碎小米,过 100 目筛得到小米粗粉,备用。

2.小米超微粉的制备

利用 LHL/Y-1 型流化床式气流粉碎机,在粉碎压力为 0.8 MPa、进料粒度

0.106 mm、分选频率 37 Hz 的工艺条件下粉碎,得到小米超微粉,备用。

3.营养成分的测定

蛋白质含量的测定参照 GB/T 5009.5—2003;可溶性糖含量采用蒽酮比色法测定;黄酮含量采用芦丁比色法测定。

4.休止角和滑角的测定

方法参考文献。

5.溶解性能的测定

方法参考文献。

6.酶解性能的测定

(1)酶解时间

方法参考文献。

(2)酶解速度

方法参考文献。

7.糊化特性的测定

分别称取不同粒度的小米粉各 3.50 g,量筒称量 25 mL 去离子水,搅拌均匀,放入旋转塔中,利用 RVA 快速黏度测定仪分别测定其糊化特性。

二、结果与分析

(一)超微粉碎对小米粉营养成分的影响

不同粒度小米粉的营养成分,如表 8-5 所示。

表 8-5　不同粒度小米粉的营养成分

样品	蛋白质/%	可溶性糖/%	黄酮/%
粗粉	9.28	60.42	1.01
超微粉	8.73	60.39	1.02

由表 8-5 可知,经过超微粉碎的小米超微粉在蛋白质含量略有降低,这可能是因为蛋白质黏附在淀粉颗粒上,在气流粉碎的撞击过程中而造成的损失;小米超微粉的可溶性糖及黄酮含量与粗粉相比基本不变。这说明气流式超微粉碎处理可较好地避免营养成分的流失与变化。

(二)超微粉碎对小米粉休止角和滑角的影响

不同粒度小米粉休止角和滑角变化,如表 8-6 所示。

表 8-6　不同粒度小米粉休止角和滑角

样品	休止角/(°)	滑角/(°)
粗粉	75.02±1.30	39.75±1.86
超微粉	64.93±1.22	31.12±1.33

由表 8-6 可知,不同粒度小米粉的休止角在 64.93°~75.02°之间,滑角在 31.12°~39.75°之间,小米粉的休止角和滑角伴随着粉体粒度的减小而减小,不同粒度间的休止角和滑角差异显著($P<0.05$)。结果表明,气流式超微粉碎处理可以提高小米粉体的流动性,改善粉体表面的附着力。

(三)超微粉碎对小米粉溶解性能的影响

不同温度、不同粒度小米粉溶解性能变化,如图 8-7 所示。在相同温度下,随着粒度的减小,其溶解度增加,且差异显著($P<0.05$);在粒度相同时,温度越高,小米粉体的溶解度越高,且差异显著($P<0.05$)。这是由于加热可以破坏淀粉分子结晶区的氢键,因此,温度越高,结晶结构受到破坏越强,游离水越易于渗入,其溶解度也越高。结果表明,超微粉碎处理改善了小米粉的分散性和溶解性。

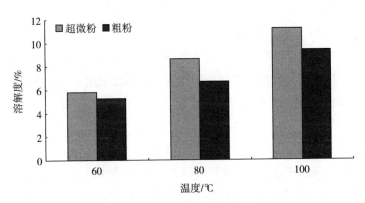

图 8-7　不同温度、不同粒度小米粉溶解度

(四)超微粉碎对小米粉酶解性能的影响

不同粒度小米粉的酶解性能,如表 8-7 所示。

表8-7　不同粒度小米粉的酶解性能

指标	粗粉	超微粉
酶解时间/min	78.49±4.12	45.23±3.64
酶解速度/(g·min⁻¹)	0.073±0.003	0.106±0.05

由表8-7可以看出,随着粉体粒度的减小,小米粉的完全酶解时间也明显缩短($P<0.05$),酶解速度也显著加快($P<0.05$)。这是因为随着粉体颗粒粒度的减小,粉体吸水能力逐渐升高,酶与底物的接触面积增大,溶解度和溶胀度增大。而在超微粉碎时,淀粉颗粒的组织结构被破坏,双螺旋结构逐渐打开,小米粉体的抗酶解结构发生异构。此外,超微粉碎处理后的小米粉体,表面孔隙和裂缝变大,更容易与酶接触发生降解。

(五)超微粉碎对小米粉糊化特性的影响

不同粒度的小米粉糊化特性,如表8-8所示。

表8-8　不同粒度小米粉的糊化特性

样品	糊化温度/℃	峰值黏度/(mPa·s)	谷值黏度/(mPa·s)	衰减值/(mPa·s)	最终黏度/(mPa·s)	回生值/(mPa·s)
粗粉	67.65	3382	1947	1435	3893	1946
超微粉	67.60	3716	2158	1558	4227	2069

(1)不同粒度小米粉的糊化温度。

由表8-8可知,随着粉体粒度的减小,糊化温度略有降低。这是因为超微粉碎使粉体颗粒减小,分子结构受到一定程度的损伤,增加了与水的结合程度,粉体分子及粉体高聚体高度水化形成凝胶化,从而也就更容易糊化。

(2)不同粒度小米粉的峰值黏度。

由表8-8可知,随着粒度的减小,峰值黏度增大显著。这是因为超微粉碎处理使粉体颗粒间紧密靠紧,传递着较大的内部摩擦力,峰值黏度也就增大。此外有研究表明,峰值黏度与面粉的评价存在显著或极显著的正相关,是度量粉体品质的重要指标。

(3)不同粒度小米粉的谷值黏度。

由表8-8可知,随着粒度的减小,谷值黏度显著增大。这可能是由于超微粉碎处理,增大了粉体中直链淀粉或破损淀粉的含量,而谷值黏度主要与直链淀粉含量有关,且有研究表明谷值黏度与破损淀粉含量呈正相关性。

(4)不同粒度小米粉的衰减值。

由表8-8可知,随着粒度的减小,衰减值显著增大。衰减值表示小米粉糊黏度的热稳定性,该值增大表示其热稳定性变差,进而影响其凝胶性和凝沉性。这可能是由于超微粉碎处理使粉体中的颗粒结构松散,强度降低的缘故。

(5)不同粒度小米粉的最终黏度。

由表8-8可知,随着粒度的减小,最终黏度增大显著。这可能是由于超微粉碎处理影响了粉体颗粒与水分子的吸附结合,进而改变了其糊化的均一稳定状态。

(6)不同粒度小米粉的回生值。

由表8-8可知,随着粒度的减小,其回生值增大显著。回生值代表了粉体的冷黏度,冷黏度高,则易于沉淀。其沉淀性越强,耐低温性越差。回生会产生黏度增加、形成胶体等效应。

三、小结

随着粉体粒度的减小,休止角和滑角均增大,其流动性得到明显地改善;随着粉体粒度的减小,溶解度增加,有效地改善了其溶解性和分散性;随着粉体粒度的减小,其完全酶解时间也明显缩短、酶解速度也显著加快,其酶解性能得到显著的改善;随着粒度的变小,小米粉体的RVA糊化温度降低、其黏度(峰值黏度、谷值黏度、最终黏度)均得到提高、其衰减值与回生值也显著增大。

经过超微粉碎后的小米粉,粒度变小,表面积扩大,理化特性均得到部分改善;这表明,超微粉碎技术能更好地提高小米粉性能及其加工特性。

第四节 气流超微粉碎对小米粉应用特性的影响

小米粉的粒度对面团的流变学特性及其面制品品质有较大影响。普通粉碎的小米粗粉直接应用于面制品中,由于其不含面筋蛋白、淀粉颗粒大、口感粗糙等问题会影响其食用品质,降低消费者的接受度。超微粉碎是一种新兴的食品加工技术,研究表明,经过超微粉碎处理的小米粉,由于其粒度减小、比表面积增大,具有独特的理化性质,口感及加工特性会有极大地提升。

本章主要研究不同粒度、不同含量的小米小麦混合粉的粉质特性和糊化特性,以及小米挂面品质特性,并试图找到三者之间的相关性,以期为小米挂面的工业化生产提供指导。

一、材料与方法

(一)试验材料(表8-9)

表8-9　试验材料

名称	来源
高筋小麦粉	市售,今麦郎面粉有限公司
小米粗粉	实验室自制
小米超微粉	实验室自制

(二)主要仪器设备(表8-10)

表8-10　试验仪器设备

名称	厂家
LHL/Y-1型流化床式气流粉碎机	潍坊正远粉体工程设备有限公司
Perten 3100型旋风磨	波通瑞华科学仪器有限公司
SJJ-A06V1和面机	佛山市小熊电器有限公司
HO-6面条机	茂兴食品机械厂
101-1AB型电热鼓风干燥箱	天津市泰斯特仪器有限公司
智能醒发箱	广州市缔特商贸有限公司
粉质仪-Farinograph-E型	brabender(德国)公司
快速黏度仪	法恩斯曼科学仪器有限公司

(三)试验方法

1.混合粉粉质特性的测定

将小米粗粉及超微粉与分别高筋小麦粉混合均匀,配成添加量为0、5%、10%、15%、20%的小米—小麦混合粉,按GB 14614—2006测定混合粉的面粉吸水率、形成时间、稳定时间及粉质质量指数等粉质特性。

2.混合粉糊化特性的测定

将小米粗粉及超微粉与分别高筋小麦粉混合均匀,配成添加量为0、5%、10%、15%、20%的小米—小麦混合粉,并分别称取不同配比的混合粉各3.50 g,量筒称量25 mL去离子水,搅拌均匀,放入旋转塔中,用RVA快速黏度分析仪分别测定糊化温度、峰值黏度、谷值黏度、最终黏度、衰减值以及回生值。

3.小米挂面的制作

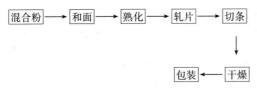

工艺要点：

（1）混合粉：将小米粗粉、小米超微粉分别与高筋小麦粉进行复配混合,比例均为 0、5%、10%、15%、20%。

（2）熟化：将和好的面团从和面机中取出,置于密闭容器中,放入智能醒发箱,温度设定为 30℃、湿度 85%,时间为 45 min,进一步提高面团的品质。

（3）干燥：将制好的面条放置在智能干燥箱内干燥,温度设定为 25℃。

4.小米挂面的品质评价

参照 SB/T 10137—93,选择 10 名专业老师从色泽、表观状态、适口性、黏性、韧性、光滑性、食味及断条率、烹调性等方面进行小米挂面的综合品质评价。

二、结果与分析

（一）不同粒度小米粉含量对混合粉粉质特性的影响

1.不同粒度小米粉含量对混合粉吸水率的影响

图 8-8 表示不同粒度小米粉含量对混合粉吸水率的影响。

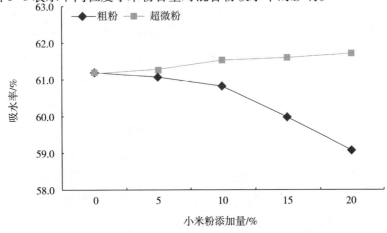

图 8-8　不同粒度小米粉添加量对混合粉吸水率的影响

由图 8-8 可知,随着小米超微粉含量的增加,混合粉面团的吸水率呈上升的趋势;随着小米粗粉含量的增加,混合粉面团的吸水率呈下降的趋势,当添加量超过 10％时,其吸水率下降显著。在添加量相同的情况下,添加超微粉的混合粉面团吸水率较添加粗粉的混合粉相比有所增加,且增加趋势随着添加量的增加而变大。这是因为随着粒度的变小,小米粉中的损伤淀粉含量增大,淀粉颗粒受损,其晶体区域被打破,有助于水分子的进入,从而使面团的吸水率上升。

2.不同粒度小米粉含量对混合粉形成时间的影响

图 8-9 表示不同粒度小米粉含量对混合粉形成时间的影响。

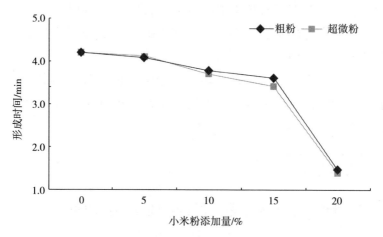

图 8-9　不同粒度小米粉添加量对混合粉形成时间的影响

由图 8-9 可知,随着不同粒度小米粉含量的增加,混合粉面团形成时间均呈减少的趋势,当添加量超过 15％时,其形成时间均显著减少。在添加量相同的情况下,当添加量低于 5％时,添加超微粉的混合粉面团形成时间较添加粗粉的混合粉相比几乎无差别;当添加量超过 5％时,添加超微粉的混合粉面团形成时间较添加粗粉的混合粉相比略有减少。

3.不同粒度小米粉含量对混合粉稳定时间的影响

图 8-10 表示不同粒度小米粉含量对混合粉稳定时间的影响。由图 8-10 可知,随着不同粒度小米粉含量的增加,混合粉面团的稳定时间均呈减少的趋势,当添加量超过 15％时,其稳定时间均显著减少。在添加量相同的情况下,添加超微粉的混合粉面团稳定时间较添加粗粉的混合粉相比略有减少。

根据 SB/T 10137—93 面条用小麦粉的规定,面条专用粉的面团稳定时间最

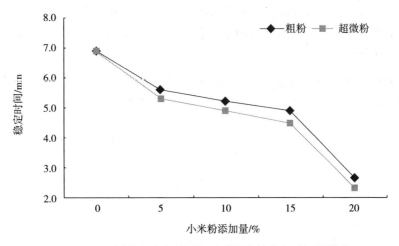

图 8-10　不同粒度小米粉添加量对混合粉稳定时间的影响

低要达到 3 min。由此可见,当添加量低于 20%时,无论是小米粗粉还是超微粉在制作面条时都是可以考虑使用的。

4.不同粒度小米粉含量对混合粉弱化度的影响

图 8-11 表示不同粒度小米粉含量对混合粉弱化度的影响。由图 8-11 可知,随着不同粒度小米粉含量的增加,混合粉的弱化度均呈上升的趋势,当添加量超过 15%时,其弱化度均显著上升。在添加量相同的情况下,添加超微粉的混合粉弱化度较添加粗粉的混合粉略有上升。这是因为小米本身不含面筋蛋白,其粉体含量的增加,使混合粉中的面筋比例下降,导致面团对机械搅拌承受力的

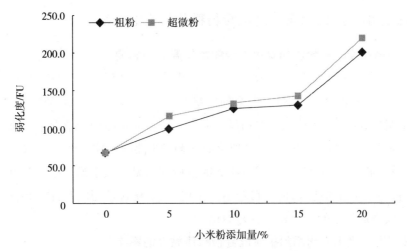

图 8-11　不同粒度小米粉添加量对混合粉弱化度的影响

下降,进而影响混合粉面团的弱化度;粒度的减小,有利于颗粒进入到淀粉—蛋白质的网状结构中,破坏面筋的网状结构,使面团的面筋强度减弱,进而影响混合粉面团的弱化度。

5.不同粒度小米粉含量对混合粉粉质指数的影响

图 8-12 表示不同粒度小米粉含量对混合粉粉质指数的影响。

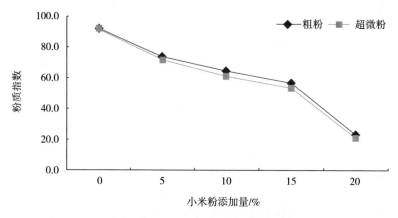

图 8-12　不同粒度小米粉添加量对混合粉粉质指数的影响

由图 8-12 可知,随着小米粉含量的增加,混合粉的粉质指数均呈现下降的趋势,当添加量超过 15%时,其粉质指数均显著下降。在添加量相同的情况下,添加超微粉的混合粉粉质指数较添加粗粉的混合粉相比略有降低。这与弱化度上升的原因相同,都是源于面筋比例的下降及其强度的减弱。

(二)小米超微粉含量对混合粉糊化特性的影响

1.不同粒度小米粉添加量对混合粉糊化温度的影响

图 8-13 表示不同粒度小米粉添加量对混合粉糊化温度的影响。由图 8-13 可知,随着小米粉含量的增加,混合粉的糊化温度均呈现上升的趋势,当添加量超过 15%时,混合粉的糊化温度均显著上升。在添加量相同的情况下,当添加量低于 5%时,添加超微粉的混合粉糊化温度较添加粗粉的混合粉相比几乎无差别;当添加量超过 5%时,添加超微粉的混合粉糊化温度低于添加粗粉的混合粉。这表明,小米粉含量越大,混合粉越不易糊化;小米粉含量相同时,添加超微粉的混合粉较添加粗粉的混合粉更容易糊化。

2.不同粒度小米粉添加量对混合粉峰值黏度的影响

图 8-14 表示不同粒度小米粉添加量对混合粉峰值黏度的影响。由图 8-14

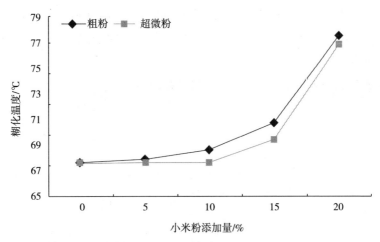

图 8-13　不同粒度小米粉添加量对混合粉糊化温度的影响

可知,随着小米粉含量的增加,混合粉的峰值黏度均呈现下降的趋势,当添加量超过 15% 时,混合粉的峰值黏度均显著下降。在添加量相同的情况下,添加超微粉的混合粉峰值黏度大于添加粗粉的混合粉,且随着小米粉含量的增加,两者的差值也越大。

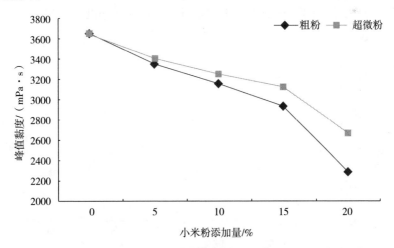

图 8-14　不同粒度小米粉添加量对混合粉峰值黏度的影响

3.不同粒度小米粉添加量对混合粉谷值黏度的影响

图 8-15 表示不同粒度小米粉添加量对混合粉谷值黏度的影响。

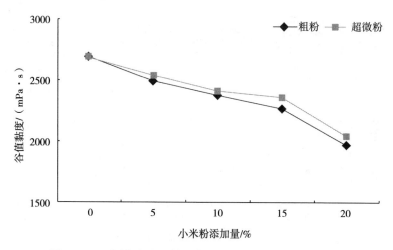

图8-15　不同粒度小米粉添加量对混合粉谷值黏度的影响

由图8-15可知,随着小米粉含量的增加,混合粉的谷值黏度均呈现下降的趋势,当添加量超过15%时,混合粉的谷值黏度均显著下降。在添加量相同的情况下,添加超微粉的混合粉谷值黏度大于添加粗粉的混合粉。

4.不同粒度小米粉添加量对混合粉最终黏度的影响

图8-16表示不同粒度小米粉添加量对混合粉最终黏度的影响。

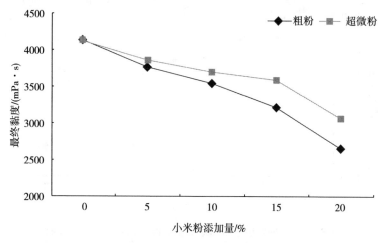

图8-16　不同粒度小米粉添加量对混合粉最终黏度的影响

由图8-16可知,随着小米粉含量的增加,混合粉的最终黏度均呈现下降的趋势,当添加量超过15%时,混合粉的最终黏度均显著下降。在添加量相同的情况下,添加超微粉的混合粉最终黏度大于添加粗粉的混合粉,且随着小米粉含量的增加,两者的差值也逐渐增大。

5.不同粒度小米粉添加量对混合粉衰减值的影响

图 8-17 表示不同粒度小米粉添加量对混合粉衰减值的影响。

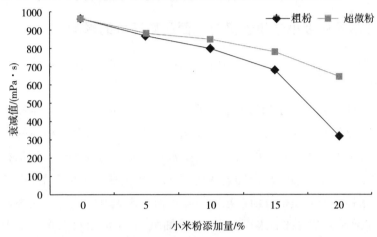

图 8-17　不同粒度小米粉添加量对混合粉衰减值的影响

由图 8-17 可知,随着小米粉含量的增加,混合粉的衰减值均呈现下降的趋势,当添加量超过 15% 时,添加粗粉的混合粉衰减值显著下降。在添加量相同的情况下,添加超微粉的混合粉衰减值大于添加粗粉的混合粉,且随着小米粉含量的增加,两者的差值也逐渐增大。

6.不同粒度小米粉添加量对混合粉回生值的影响

图 8-18 表示不同粒度小米粉添加量对混合粉回生值的影响。

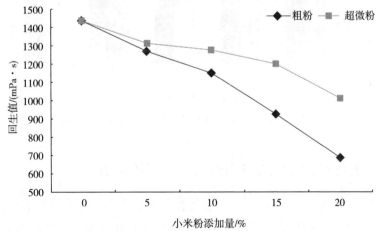

图 8-18　不同粒度小米粉添加量对混合粉回生值的影响

由图 8-18 可知,随着小米粉含量的增加,混合粉的回生值均呈现下降的趋势。在添加量相同的情况下,添加超微粉的混合粉回生值大于添加粗粉的混合粉,且随着小米粉含量的增加,两者的差值也逐渐增大。

(三)不同粒度小米粉含量对挂面品质评价的影响

对添加小米粗粉和小米超微粉制作的挂面进行感官评价,评分结果见图 8-19。

由图 8-19 可知,当小米粉添加量低于 5% 时,添加相同粒度小米粉的小米挂面的品质得分随着添加量的增加呈现上升的趋势;小米粉含量相同的小米挂面的品质得分随着粒度的减小而减小。当小米粉添加量超过 5% 时,添加相同粒度小米粉的小米挂面的品质得分随着添加量的增加呈现下降的趋势;小米粉含量相同的小米挂面的品质得分随着粒度的减小而呈现上升的趋势。在添加量相同时,添加超微粉制作的挂面表面光滑,口感细腻,而添加粗粉制作的小米挂面口感粗糙、弹性差。由此可见,添加超微粉制作挂面在外观、口感方面均优于添加粗粉的挂面。

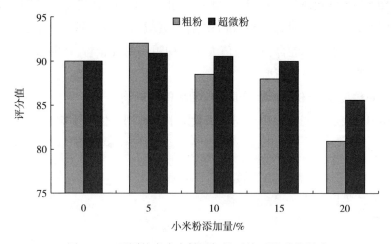

图 8-19　不同粒度小米粉添加量对挂面品质的影响

(四)混合粉糊化特性与小米挂面品质的关系

在粒度相同时,混合粉的糊化温度随着小米粉添加量的增加而增高;混合粉的峰值黏度、谷值黏度、衰减值、最终黏度以及回生值均随着小米粉添加量的增加而减小。在小米粉添加量相同时,混合粉的糊化温度随着粒度的减小而降低;

混合粉的峰值黏度、谷值黏度、衰减值、最终黏度以及回生值均随着粒度的减小而增大。从混合粉糊化特性及小米挂面的品质变化规律上可以大致推测出，小米挂面的品质与混合粉糊化温度成负相关，与混合粉的峰值黏度、谷值黏度、衰减值、最终黏度以及回生值均成正相关。

根据上述分析可得，对混合粉进行快速黏度检测，通过糊化温度、峰值黏度、谷值黏度、衰减值、最终黏度以及回生值等指标，基本可以预测小米挂面的品质。

（五）混合粉粉质特性与小米挂面品质的关系

在粒度相同时，混合粉的弱化度随着小米粉添加量的增加而变大；混合粉的面团形成时间、稳定时间以及粉质指数均随着小米粉添加量的增加而降低。在小米粉添加量相同时，混合粉的弱化度随着粒度的减小而增大；混合粉的面团形成时间、稳定时间以及粉质指数均随着粒度的减小而减小。从混合粉粉质特性及小米挂面的品质变化规律上大致可以推测出，在粒度相同时，小米挂面的品质与弱化度成负相关，与面团形成时间、稳定时间以及粉质指数均成正相关。

根据上述分析可得，通过对混合粉进行粉质测定，在一定程度上可以预测小米挂面的品质。

三、小结

与添加小米粗粉的混合粉相比，添加小米超微粉的混合粉糊化温度降低，峰值黏度、谷值黏度、最终黏度、衰减值以及回生值均增大。

与添加小米粗粉的混合粉相比，添加小米超微粉的混合粉面团吸水率增大，面团形成时间缩短，弱化度上升，粉质指数降低。

从面条制作的结果来看，小米虽然不含面筋，但本身具有良好的成型性，添加小米超微粉制作的挂面表面光滑，色泽较好，较添加小米粗粉制作的挂面品质及外观有很大的改观。综合考虑小米挂面的色泽、蒸煮品质以及营养价值，最终确定添加15%的小米超微粉所制作的挂面有韧性，口感好。

混合粉的糊化特性、粉质特性与小米挂面的品质特性有非常好的相关性，可以利用对混合粉进行快速黏度检测及粉质测定，通过糊化温度、峰值黏度、谷值黏度、衰减值、最终黏度以及回生值，面团形成时间、稳定时间、弱化度、粉质指数等指标，基本可以预测小米挂面的品质。

第五节　结论

（1）小米粒度随着进料粒度的减小呈下降趋势，随着粉碎压力和分级频率不断增加，其粒度不断减小。在此基础上，通过响应面优化法并结合实际生产操作情况确定了最佳粉碎工艺参数：进料粒度 0.106 mm、粉碎压力 0.80 MPa、分选频率 37 Hz，在此条件下重复试验，得到小米超微粉的平均粒度为（10.220±0.02）μm，与预测值基本相符。

（2）与普通粉碎的小米粉相比，小米超微粉休止角和滑角均增大，其流动性得到明显的改善；其溶解度增加，有效地改善了溶解性和分散性；其完全酶解时间也明显缩短、酶解速度也显著加快，酶解性能得到显著的改善；其糊化温度降低、其黏度（峰值黏度、谷值黏度、最终黏度）均得到提高，其衰减值与回生值也显著增大；且其主要营养成分含量基本不变，较好地避免了营养成分的流失。这表明，气流式超微粉碎能更好地提高小米粉的性能及其加工特性。

（3）与添加小米粗粉的混合粉相比，添加小米超微粉的混合粉糊化温度降低，峰值黏度、谷值黏度、最终黏度、衰减值以及回生值均增大；混合粉面团吸水率增大，面团形成时间和稳定时间缩短，弱化度上升，粉质指数降低。从面条制作结果来看，添加小米超微粉制作的挂面表面光滑、色泽较好，当小米超微粉添加量为15%时，所制作的挂面品质口感最佳。

（4）混合粉的糊化特性、粉质特性与小米挂面的品质特性有非常好的相关性，可以利用对混合粉进行快速黏度检测及粉质测定，通过糊化温度、峰值黏度、谷值黏度、衰减值、最终黏度以及回生值，面团形成时间、稳定时间、弱化度、粉质指数等指标，基本可以预测小米挂面的品质。

参考文献

［1］杨连威,赵晓燕,李婷,盖国胜,杨玉芬. 中药超微粉碎后对其性能的影响研究［J］. 世界科学技术-中医药现代化,2008,6:77-81.

［2］李雅,杨永华,蔡光先. 超微粉碎技术对黄芪药材主要化学成分提取率的影响［J］. 中成药,2008,2:229-231.

［3］李成华,曹龙奎. 振动磨超微粉碎黑木耳的试验研究［J］. 农业工程学报,2008,4:246-250.

[4] 于克学,孙建霞,白卫滨,等. 超微茶粉面条的研制[J]. 食品科技,2008,6:
121-123.

[5] 范毅强,王华,徐春雅,等. 葡萄皮超微粉碎工艺的研究[J]. 食品工业科技,
2008,6:223-225,227.

[6] 张素萍,胡能. 超微粉碎技术在中药生产中应用探讨[J]. 贵州化工,2008,
3:29-32,37.

[7] 楼丹飞,周端. 中药超微粉碎研究进展[J]. 河南中医,2008,8:102-105.

[8] 谷丽丽,张雪梅,田莉瑛,等. 中药超微粉碎技术的应用及进展[J]. 生命科
学仪器,2008,8:49-52.

[9] 肖安红,邝艳梅,孙秀发. 超微粉碎对大豆豆皮膳食纤维性质影响的研究
[J]. 食品工业科技,2008,10:99-100,103.

[10] 张爱丽,徐忠坤,张庆芬,等. 海螺蛸气流粉碎工艺优化及粉碎前后相关指
标对比[J]. 中成药,2016,1:58-62.

[11] 付丽红,任文静,李玉娥. "沁州黄"小米总黄酮提取工艺的研究[J]. 山西
农业大学学报:自然科学版,2016,3:219-223.

[12] 周禹含,毕金峰,陈芹芹,等. 超微粉碎对冬枣粉芳香成分的影响[J]. 食品
工业科技,2014,3:52-58.

[13] 孙源源,杜光. 超微粉碎技术在中药中的应用进展[J]. 医药导报,2014,1:
69-71.

[14] 梅新,木泰华,陈学玲,等. 超微粉碎对甘薯膳食纤维成分及物化特性影响
[J]. 中国粮油学报,2014,2:76-81.

[15] 李状,朱德明,李积华,等. 振动超微粉碎对毛竹笋干物化特性的影响[J].
农业工程学报,2014,3:259-263.

[16] 于滨,和法涛,葛邦国,等. 超微粉碎对苦瓜渣理化性质与体外降糖活性的
影响[J]. 农业机械学报,2014,2:233-238.

[17] 谢怡斐,田少君,马燕,等. 超微粉碎对豆渣功能性质的影响[J]. 食品与机
械,2014,2:7-11.

[18] 王艳萍,刘宇灵,杨立新,等. 超微粉碎技术对三七药材粉碎效果及有效成
分含量的影响[J]. 中国中药杂志,2014,8:1430-1434.

[19] 陈军,赵晓燕,王宪昌,等. 超微粉碎对酶解玉米秸秆粉纤维的影响研究
[J]. 生物技术,2014,3:74-78.

[20] 张国真,何建军,姚晓玲,等. 超微粉碎麦麸及其不同组分基本成分和物化

特性分析[J]. 食品科技,2014,7:147-152.

[21] 谢涛,杨春丰,亢灵涛,等. 超微粉碎锥栗淀粉的理化性质变化[J]. 现代食品科技,2014,6:121-125,81.

[22] 田晓红,汪丽萍,谭斌,等. 小米粉含量对小米小麦混合粉及其挂面品质特性的影响研究[J]. 中国粮油学报,2014,8:17-22.

[23] 李晓玲,陈相艳,王文亮,等. 超微粉碎辅助超声—微波法提取玉米黄色素[J]. 中国食品学报,2014,8:99-107.

[24] 赵仕婷,木泰华,郭亚姿,等. 两种超微粉碎方法对甘薯膳食纤维物化功能特性影响的比较研究[J]. 食品工业科技,2014,15:101-106.

[25] 郝征红,张炳文,郭珊珊,等. 振动式超微粉碎处理时间对绿豆淀粉理化性质的影响[J]. 农业工程学报,2014,18:317-324.

[26] 汪慧,韩雍,宋曦. 小米粉添加量对酥性饼干加工的影响[J]. 陇东学院学报,2014,5:48-51.

[27] 蔡亭,汪丽萍,刘明,等. 挤压加工对小米多酚及抗氧化活性的影响研究[J]. 食品工业科技,2014,20:102-106.

[28] 王萍,陈芹芹,毕金峰,等. 超微粉碎对菠萝蜜超微全粉品质的影响[J]. 食品工业科技,2015,1:144-148.

[29] 汪丽萍,田晓红,刘明,等. 苦荞超微粉对苦荞小麦混合粉及其挂面品质的影响[J]. 粮油食品科技,2015,1:1-4.

[30] 张小利,夏春燕,王慧清,等. 超微粉碎对香菇多酚组成及抗氧化活性的影响[J]. 食品科学,2015,11:42-49.

[31] 左永慧,纵伟,张康逸,等. 响应面优化红枣膳食纤维的超微粉碎工艺[J]. 食品科技,2015,7:81-85.

[32] 刘欢,顾邢伟,王雪,等. 玉米秸秆超微粉碎与醇解液化研究[J]. 农业机械学报,2015,11:214-220.

[33] 张超,张晖,李冀新. 小米的营养以及应用研究进展[J]. 中国粮油学报,2007,1:51-55,78.

[34] 赵凤存,刘怡菲,吴占军,等. 中药超微粉碎技术的研究进展与思考[J]. 河北农业科学,2007,1:100-102.

[35] 刘建成,黄一帆,陈庆,等. 超微粉碎对鱼腥草中金丝桃苷和槲皮苷溶出的影响[J]. 福建农林大学学报:自然科学版,2007,2:167-170.

[36] 李华,袁春龙,沈洁. 超微粉碎技术在葡萄籽加工中的应用[J]. 华南理工

大学学报：自然科学版，2007，4：123-126．

[37] 蓝海军，刘成梅，涂宗财，等．大豆膳食纤维的湿法超微粉碎与干法超微粉碎比较研究[J]．食品科学，2007，6：171-174．

[38] 黄建蓉，李琳，李冰．超微粉碎对食品物料的影响[J]．粮食与饲料工业，2007，7：25-27．

[39] 汪涛，孙亮，梁蓉梅，等．中药超微粉碎的研究进展与应用前景[J]．药学实践杂志，2007，3：129-133．

[40] H HUANG，W. K CHEN，L YIN，Z XIONG，Y. C LIU，P. L Teo. Micro/meso ultra precision grinding of fibre optic connectors[J]. Precision Engineering，2003：281.

[41] 刘树立，王华．超微粉碎技术的优势及应用进展[J]．干燥技术与设备，2007，1：35-38．

[42] 郑慧，王敏，于智峰，等．超微粉碎对苦荞麸功能特性的影响[J]．农业工程学报，2007，12：258-262．

[43] H. K. TÖNSHOFF，B. DENKENA，T. FRIEMUTH，M. Reichstein. Precision grinding of components for aerostatic micro guidance [J]. Precision Engineering，2002，272.

[44] YANMIN WANG，ERIC FORSSBERG，PENG LIN. Hybrid Comminution with High - Pressure Roller and Stirred Bead Milling[J]. Part. Part. Syst. Charact. ，2006，225.

[45] Anonymous. GRINDING WHEEL RESISTS HEAT，WEAR[J]. Modern Machine Shop，2009，824.

[46] XIAOZONG CHEN，FEI LI，YUAN DONG，BEIBEI LIANG，LIANJUN WANG，LIDONG CHEN，WAN JIANG. Fabrication of Micro/Nano - Structured Bi < SUB > 2 </SUB > Te < SUB > 3 </SUB > Bulk Materials with Low Thermal Conductivity by Spark Plasma Sintering[J]. J. Am. Ceram. Soc. ，2012，957.

[47] 朱华明，付廷明，郭立玮，等．水蛭的湿法超微粉碎提取及其工艺优化[J]．中草药，2013，15：2079-2084．

[48] 张红刚，汪妮，李顺祥，等．超微粉碎技术对中药有效成分提取效果影响研究[J]．广州化工，2013，16：63-65．

[49] 李安平，蒋雅茜，王飞生，等．超微粉碎对竹笋膳食纤维功能特性的影响[J]．经济林研究，2013，3：93-97．

［50］ 王丽宏,张延,张宝彤,等. 超微粉碎技术的特点及应用概况［J］. 饲料博览,2013,10:13-16.

［51］ 冯蕾,李梦琴,李超然. 小米粉对面条特性及动态力学性质的影响［J］. 食品科学,2013,19:118-122.

［52］ 张懋,王亮. 超微粉碎在食品加工中的研究进展［J］. 无锡轻工大学学报,2003,4:106-110.

［53］ 李志猛,王跃生,李晓明,等. 甘草饮片超微粉碎前后甘草酸溶出行为的比较研究［J］. 中国中药杂志,2003,11:37-40.

［54］ 潘思轶,王可兴,刘强. 不同粒度超微粉碎米粉理化特性研究［J］. 中国粮油学报,2003,5:1-4.

［55］ 盛勇,刘彩兵,涂铭旌. 超微粉碎技术在中药生产现代化中的应用优势及展望［J］. 中国粉体技术,2003,3:28-31.

［56］ 刘丽萍. 小米营养及小米食品的开发［J］. 粮油加工与食品机械,2003,1:48-49.

［57］ 付春宇. 板栗气流超微粉碎研究与应用［D］. 秦皇岛:河北科技师范学院,2011.

［58］ B. DENKENA,T. FRIEMUTH,M. REICHSTEIN,H. K. Tönshoff. Potentials of Different Process Kinematics in Micro Grinding ［J］. CIRP Annals – Manufacturing Technology,2003,521.

［59］ 沈丹. 挤压膨化对鹰嘴豆淀粉理化特性及其品质的影响［D］. 哈尔滨:黑龙江八一农垦大学,2015.

［60］ 孟娇. 物理改性杂粮对杂粮粉粉质特性及馒头品质的影响［D］. 哈尔滨:黑龙江八一农垦大学,2015.

［61］ 李敏. 超微茶粉及茶叶面条加工技术的研究［D］. 长沙:湖南农业大学,2014.

［62］ 孙颖. 小麦麸皮膳食纤维的脱色及超微粉碎加工［D］. 无锡:江南大学,2008.

［63］ 王晓峰. 超微粉碎过程粉碎腔流场的研究［D］. 无锡:江南大学,2008.

［64］ 陈丽尧. 猪骨骼超微粉碎工艺及新产品的开发［D］. 哈尔滨:东北农业大学,2008.

［65］ 孙强. 当归超微粉直接压片工艺及其片剂质量标准研究［D］. 天津:天津大学,2007.

[66] 李强双. 芸豆淀粉的提取、理化性质及应用研究[D]. 哈尔滨:黑龙江八一农垦大学,2013.

[67] 王亮,张懋,孙金才,等. 牡蛎壳超微粉碎工艺及粉体性质[J]. 无锡轻工大学学报,2004,1:58-61.

[68] 潘思轶,王可兴,刘强. 不同粒度超微粉碎米粉理化特性研究[J]. 食品科学,2004,5:58-62.

[69] 朱莉,隆泉,郑保忠. 超微粉碎技术及其在中药加工中的应用[J]. 云南大学学报:自然科学版,2004,S1:128-131.

[70] 陈存社,刘玉峰. 超微粉碎对小麦胚芽膳食纤维物化性质的影响[J]. 食品科技,2004,9:88-90,94.

[71] 舒朝晖,刘根凡,马孟骅,等. 中药超微粉碎之浅析[J]. 中国中药杂志,2004,9:6-10.

[72] P·B. ,石金柱. 储藏对小米粉中蛋白质质量的影响[J]. 粮食加工,1987,4:50-52.

[73] 贾奎连. 浅谈精制小米的加工技术[J]. 粮食与饲料工业,1995,12:3-5.

[74] 吕文海,邱福军,王作明. 炮制与超微粉碎对水蛭药效影响的初步实验研究[J]. 中国中药杂志,2001,4:25-28.

[75] 袁惠新,俞建峰. 超微粉碎的理论、实践及其对食品工业发展的作用[J]. 包装与食品机械,2001,1:5-10.

[76] 李亚光,周立汉. 精制小米的加工技术[J]. 粮食与饲料工业,2001,5:19-20.

[77] 杨远通,钟海雁,潘曼,等. 超微粉碎对猕猴桃渣膳食纤维功能性质的影响[J]. 食品与机械,2011,1:11-14,18.

[78] 廖正根,陈绪龙,赵国巍,等. 超微粉碎对骨碎补理化性质的影响[J]. 中草药,2011,3:461-465.

[79] 王跃,李梦琴. 超微粉碎对小麦麸皮物理性质的影响[J]. 现代食品科技,2011,3:271-274.

[80] 胥佳,魏嘉颐,李锦麟,等. 超微粉碎处理对葡萄籽中原花青素和脂肪酸成分的影响[J]. 中国农学通报,2011,17:92-97.

[81] 傅茂润,陈庆敏,刘峰,等. 超微粉碎对糯米理化性质和加工特性的影响[J]. 中国食物与营养,2011,6:46-50.

[82] 陈相艳. 我国小米加工产业现状及发展趋势[J]. 农产品加工(学刊),

2011,7:131-133.

[83] 罗刚,陈立庭,周晶. 超微粉碎技术在中药研究中的应用[J]. 现代药物与临床,2011,2:108-112.

[84] 张荣,徐怀德,姚勇哲,等. 黄芪超微粉碎物理特性及其制备工艺优化[J]. 食品科学,2011,18:34-38.

[85] 申玲玲,杜光,郭俊浩. 超微粉碎对中药活性成分溶出度的影响[J]. 中国医院药学杂志,2011,14:1213-1214,1230.

[86] 李德成,刘庆燕. 超微粉碎技术在中药制剂中广泛应用的优越性[J]. 世界中医药,2011,5:454-455.

[87] 郭旭东,郭宇廷,刁其玉,等. 超微粉碎技术在中草药上的应用[J]. 中国现代中药,2011,9:40-44.

[88] 张慧,卞科,万小乐. 超微粉碎对谷朊粉理化特性及功能特性的影响[J]. 食品科学,2010,1:127-131.

[89] 高虹,史德芳,何建军,等. 超微粉碎对香菇柄功能成分和特性的影响[J]. 食品科学,2010,5:40-43.

[90] 刘云海,杜光. 超微粉碎对中药活性成分提取率的影响[J]. 中国医院药学杂志,2010,1:66-69.

[91] 张洁,于颖,徐桂花. 超微粉碎技术在食品工业中的应用[J]. 农业科学研究,2010,1:51-54.

[92] 王海滨,夏建新. 小米的营养成分及产品研究开发进展[J]. 粮食科技与经济,2010,4:36-38,46.

[93] 区子弁,王琴. 超微粉碎技术及其设备在粮油加工中的应用[J]. 广东农业科学,2010,7:192-194.

[94] 计红芳,张令文,张远,等. 小米粉面包的生产配方及工艺研究[J]. 农产品加工:创新版,2010,10:55-57,62.

[95] 张霞,李琳,李冰. 功能食品的超微粉碎技术[J]. 食品工业科技,2010,11:375-378.

[96] 王力立. 小米中主要营养成分的测定及小米茶的制备[D]. 太原:山西大学,2011.

[97] 解喜明. 小米深加工的基本技术及其利用[J]. 粮油食品科技,1992,5:13-7.

[98] 李伦,张晖,王兴国,等. 超微粉碎对脱脂米糠膳食纤维理化特性及组成成

分的影响[J]. 中国油脂,2009,2:56-59.

[99] 高云中,张晖,李伦,等. 超微粉碎对花生蛋白提取及性质的影响[J]. 中国油脂,2009,4:23-27.

[100] 黄晟,朱科学,钱海峰,等. 超微及冷冻粉碎对麦麸膳食纤维理化性质的影响[J]. 食品科学,2009,15:40-44.

[101] 严国俊,蔡宝昌,潘金火,等. 丁香的超微粉碎工艺研究[J]. 中药材,2009,11:1748-1751.

[102] 谢瑞红,王顺喜,谢建新,等. 超微粉碎技术的应用现状与发展趋势[J]. 中国粉体技术,2009,3:64-67.

[103] 杨跃进,赵京林,孟亮,等. 中药通心络(超微粉碎)对猪急性心肌梗死再灌注后无再流的影响[J]. 中国中西医结合杂志,2006,1:49-53.

[104] 王晓炜,程光宇,吴京燕,等. 超微粉碎和普通粉碎对柳松菇多糖的提取及凝胶柱层析分离的研究[J]. 南京师大学报:自然科学版,2006,1:66-70.

[105] 向智男,宁正祥. 超微粉碎技术及其在食品工业中的应用[J]. 食品研究与开发,2006,2:88-90,102.

[106] 陈开文,谭涌. 中药超微粉碎应用研究概况[J]. 中国药业,2006,2:75-77.

[107] 郝征红,张炳文,岳凤丽. 超微粉碎加工技术在农产资源开发中的应用[J]. 食品科技,2006,7:24-27.

[108] 刘树立,王春艳,盛占武,等. 超微粉碎技术在食品工业中的优势及应用研究现状[J]. 四川食品与发酵,2006,6:5-7.

[109] 张蕾,乔旭光,占习娟,等. 超微粉碎对荷叶黄酮类物质醇提工艺的影响[J]. 食品与发酵工业,2006,11:142-145.

[110] 郑慧. 苦荞麸皮超微粉碎及其粉体特性研究[D]. 杨凌:西北农林科技大学,2007.

[111] 刘素稳,常学东,李航航,等. 不同粉碎方法对杏鲍菇超微粉体物化性质的影响[J]. 现代食品科技,2013,11:2722-2727.

[112] 周禹含,毕金峰,陈芹芹,等. 超微粉碎对枣粉品质的影响[J]. 食品与发酵工业,2013,10:91-96.

[113] 高志明,陈振林,罗杨合,等. 超微粉碎对荸荠皮膳食纤维的影响[J]. 湖北农业科学,2012,2:364-366.

[114] 史德芳,周明,郭鹏,等. 气流和机械碾轧超微粉碎香菇柄的效果比较[J].

农业工程学报,2012,8:280-286.

[115] 乔一腾,司玉慧,盖国胜,等. 超微粉碎对大豆分离蛋白功能性质的影响[J]. 中国食品学报,2012,9:57-61.

[116] 吴占威,胡志和,鲍洁. 超微粉碎及螺杆挤压对大豆豆渣粒度和加工性质的影响[J]. 食品科学,2012,22:133-138.

[117] 司玉慧. 超微粉碎对大豆分离蛋白功能作用的影响[D]. 泰安:山东农业大学,2012.

[118] 罗斐斐. 脱皮及超微粉碎对蓝、紫粒小麦粉及饼干品质的影响[D]. 泰安:山东农业大学,2012.

[119] 洪杰,张绍英. 湿法超微粉碎对大豆膳食纤维素微粒结构及物性的影响[J]. 中国农业大学学报,2005,3:90-94.

[120] 孙长花,钱建亚. 超微粉碎技术在食品工业中的应用及进展[J]. 扬州大学烹饪学报,2005,2:57-60.

[121] 沈洁,李华,高锦明. 超微粉碎技术在中药和保健食品中的应用[J]. 食品研究与开发,2005,6:178-181.

第九章 不同的粉碎预处理方式对绿豆全粉性质的影响

第一节 引言

一、背景

绿豆是我国乃至世界上非常重要的一种食用植物种子,也是世界上产量及销量较大的食用植物种子之一。中国是世界上最主要的绿豆种植国家和成品绿豆出口国,在国际绿豆贸易市场占有重要份额。绿豆与水稻、玉米、小麦等作物相比而言,属于小宗经济作物,但是绿豆因其经济价值高,用途广泛,对生长环境要求低等优点,而得到广泛种植,并享有"绿色珍珠"的美誉。同时绿豆还因其高附加值而作为一种扶贫作物,在贫困地区进行专项种植,从而帮助老百姓增加收入。此外,绿豆还作为一种理想的营养保健食品原料,在食品工业、酿造工业和医药工业等行业有很多重要的应用。随着中国人民生活水平的逐步提高,人们越来越关注、重视膳食营养,消费者们渐渐注意到了绿豆的营养价值与饮食功效,随之国内对绿豆的需求量也持续上升。

随着中国人民饮食水平的提高、膳食结构的改善,人们越来越追求高品质的生活方式。饮食结构多元化,食用材料多样化。而绿豆则由于它显著的功效进而受到消费者的青睐。据研究发现,绿豆的主要功效包括以下三个方面:

(1)绿豆功效:绿豆性寒味甘,既能清热消暑,又可解热毒。

(2)药用价值:可以清热,益补元气,解酒毒、食物中毒,治疗抽筋,以及缓解各种药物引起的中毒症状。

(3)保健作用:绿豆煮粥,食用时清凉可口,可以消热防暑。经常食用绿豆,不仅具有缓解高血压、预防动脉硬化等功能,而且对糖尿病、肾炎等病症有较好的治疗效果。同时研究发现不同的粉碎方式对绿豆粉的颗粒度、理化性质、糊化性质等有一定的影响,研究发现经不同粉碎方式得到绿豆粉应用在食品中会产生不同的感官、食用性质,所以应对不同的粉碎方式对绿豆粉的性质的影响及其规律进行探索和研究,故开展本实验研究。

二、不同粉碎方式的研究现状及进展

绿豆在我国有种类丰富的资源,并且越来越受到消费者群体的欢迎,具有营养价值高,保健功效强的优点。虽然国外的绿豆研究及应用起源较早,而国内绿豆性质及应用研究发展的速度缓慢,仍处于起步阶段。目前国内主要研究了绿豆全粉的营养成分、活性成分及理化性质,邓志汇、王娟等研究了绿豆皮与绿豆仁的营养成分,研究发现绿豆皮中含有的膳食纤维远高于绿豆仁。张海均等研究了绿豆全粉营养成分及活性成分,研究发现绿豆全粉中含有大量黄酮类、多酚类和生物碱物质。邓志汇、王娟等通对多品种绿豆全粉样品进行了糊化特性分析试验,发现绿豆全粉的淀粉特性与糊化特性之间存在一定程度的相关性。

采用不同的处理方法以减小面粉颗粒度大小是产品开发前的主要预处理操作。不同的研磨粉碎方法对谷物全粉的理化性质、功能性质和微观结构有着重要影响,并进一步影响其产品的加工和产品质量。

许多科学研究表明,当各种谷物(如小麦、大麦、大米、玉米、高粱)被加工成谷物全粉时,不同的研磨粉碎预处理方式可能会改变色度、颗粒度、松装密度、振实密度、吸水性、持水性和持油性、溶解度、膨胀度,破坏谷类面粉淀粉的结构、功能特性,从而使谷物全粉具有不同的理化性质。而不同研磨粉碎方式制备的谷类面粉理化性能的差异,主要是由于研磨粉碎的条件差异引起的,包括机械力强度、研磨强度、研磨时间等。

如上所述,不同的碾磨粉碎预处理方式影响了最终面粉的性质。因此,不同的研磨粉碎预处理方式是影响绿豆全粉最终质量的重要因素。同时许多研究还进一步比较了不同的研磨粉碎预处理方式对谷物制品感官品质的影响。然而,关于不同研磨方法对绿豆全粉的结构组成、理化特性和功能特性的影响的研究工作却少有报道。本研究的目的是应用气流研磨粉碎、球磨研磨粉碎和普通机械粉碎等不同的研磨粉碎方法制备绿豆全粉,探索不同的研磨粉碎预处理方式对绿豆全粉理化性质的影响。

(1)气流研磨粉碎。

气流粉碎是一种高能量的冲击式研磨技术,它利用高压气流作用制得颗粒度极小(<40 μm)的超细面粉。气流磨装有一个或者是多个气流喷嘴,用来在高压气流下加速投料颗粒,由于面粉颗粒间碰撞和颗粒撞击粉碎室表面的结果,面

粉颗粒度的减小。最近,这种微粒细化技术被运用在小麦面粉粉碎过程中,结果得到平均颗粒直径介于 11~23 μm 和 17~53 μm 白色小麦面粉和小麦全粉。近些年来有科学家研究了气流磨粉碎、分级对全麦面包质量属性产生的影响。而这种超细的气流磨粉碎预处理对小麦粉性质的影响,还尚未探索。

(2)球磨粉碎。

球磨机是利用高速旋转的球磨筒体,借助球磨筒中研磨介质的惯性和自身重力的作用,使得研磨介质之间相互冲击、碰撞、研磨从而使物料粉碎细化的一种机器。采用球磨粉碎的方式对物料进行粉碎,具有可连续生产,生产能力大等明显优点,并可以对研磨产品的细度进行调整、控制。李琳等人的研究采用了球磨粉碎的方式生产超微绿茶粉,得出相同条件下,采用球磨粉碎方式制得的绿茶粉中茶多酚和水浸出物含量、咖啡碱的浸出量明显高于普通粉碎方式制得的绿茶粉。王立东、郎双静等人的研究发现采用球磨粉碎方式制得的绿豆全粉淀粉颗粒结构被破坏,同时,和普通粉碎方式制得的绿豆全粉相比,球磨粉碎方式制得的绿豆全粉溶解度、膨胀度等性质明显地增强。

(3)普通机械研磨粉碎。

普通机械研磨粉碎方式是通过粉碎机的剪切力、颗粒之间以及颗粒与粉碎机内壁之间的撞击和粉碎机的研磨的作用,将物料颗粒进行研磨和粉碎,以制得颗粒较小的细微粉末。普通机械粉碎设备具有粉碎速度快、粉碎量小,颗粒度分布范围窄等特点。王梓桐、林海等人研究分析了液氮粉碎和机械粉碎对云芝多糖的影响,发现机械粉碎对云芝多糖的提取率有一定的影响,相比之下,液氮粉碎方式云芝多糖的提取率更高。

第二节　材料与方法

一、试验材料与试剂

干燥绿豆:由黑龙江省大庆市种子公司提供的大鹦哥绿品种的绿豆;

无水乙醇:分析纯,沸程 60~90℃,辽宁泉瑞试剂有限公司;

蒸馏水:大庆市庆湖蒸馏水经销部,符合 GB/T 6682—2008 对三级水的要求;

其他化学试剂均为分析纯,均从天津市大茂化学试剂有限公司购买。

二、仪器设备

AR2140 型电子分析天平,精确度:0. 0001 g,瑞士梅特勒-托利多仪器有限公司;

QM-ISP2 型行星式球磨机:南京大学仪器厂;

S-3400N 扫描电镜(SEM):日本 HITACHI 公司;

Bettersize 2000 型激光粒度分布仪:辽宁省丹东百特仪器有限公司;

DGG-9140B 型电热恒温鼓风干燥箱(控温精度为 0. 1℃):上海森信实验仪器有限公司;

BCD-256KT 型冰箱(冷藏室 4℃),山东省青岛市海尔股份有限公司;

100 mL、250 mL、500 mL 容量瓶;1 mL、2 mL、5 mL、10 mL 移液管;1 mL 注射器等。

三、试验方法

(一)原料磨粉及处理

将原料绿豆在除杂、烘干之后加入到粉碎机中磨粉,过 60 目筛,得到初级原料绿豆全粉。称取初级原料绿豆全粉 500 g,将恒温干燥箱设定 55℃下干燥 8 h,得到水分含量为 3.00% 的绿豆全粉,用塑料自封袋密封,干燥保存。普通机械粉碎预处理方式的样品则是将初级绿豆全粉在过 80 目、100 目、120 目滤筛得到,得到的绿豆全粉颗粒度分别于市售标准面粉、特制二级面粉、特制一级面粉一致。将初级原料绿豆全粉投入气流磨中进行研磨粉碎,对绿豆全粉性质影响显著的因素为气流强度及研磨粉碎机转动频率,选取 0. 55 MPa、0. 65 MPa、0. 75 MPa 三组不同的气流强度,根据研磨粉碎机转动频率的不同而选取 30 Hz、40 Hz、50 Hz 三组不同的转动频率,相互组合共制得 9 份气流研磨粉碎的样品。球磨研磨粉碎处理制得的绿豆全粉颗粒度主要受到研磨机转动频率和研磨粉碎时间的影响,根据研磨粉碎机转动频率的不同,选取 30 Hz、40 Hz、50 Hz 三组不同的转动频率,根据研磨粉碎时间的不同,选取 1 h、5 h、10 h 三组不同的研磨粉碎处理时间,相互组合共制得 9 份球磨粉碎的样品。

(二)水分含量的测定

参照国家标准《GB 5009. 3—2016 食品安全国家标准 食品中水分的测定》进行具体水分含量测定。

(三)绿豆全粉颗粒度的测定

绿豆全粉的颗粒度分布是采用 Bettersize 2000 型激光粒度分布仪来进行测定的,参照张嫡等人测定野灵芝微粉激光粒度的方法,采用激光粒度分布仪进行绿豆全粉颗粒度及粒度分布测定。选取 D_{10} 值、D_{50} 值、D_{90} 值及比表面积表征绿豆全粉的颗粒度大小及分布情况。

(四)绿豆全粉颗粒表面的观察

采用扫描电子显微镜(scanning electron microscope, SEM)对淀粉颗粒表面形貌进行观察和研究。运用不同的方法处理后的淀粉颗粒,在扫描电子显微镜下呈现出清晰的同心环状或者是层状结构。SEM 的具体操作参照方晨璐等人的实验研究进行。设定加速电压为 15 kV,并选取适当的放大倍数以观察绿豆全粉颗粒表面形貌。

(五)绿豆全粉中总淀粉含量的测定

依据南博对碘—淀粉碘化钾比色法测定葛根中淀粉含量的研究,并综合各方面因素考虑,本实验选用比色法测定绿豆全粉中总淀粉含量。根据国家标准《GB 5009.9—2016 食品安全国家标准　食品中淀粉的测定》设计试验方案。测定方法:称取 20.00 g 绿豆全粉经溶解,过滤,乙醚、乙醇洗涤脱脂处理,制得粗淀粉。再称取 1.000 g 绿豆粗淀粉加入蒸馏水在沸水浴中糊化得到透明状淀粉溶液,定容到 100 mL 容量瓶中。吸取 2.0 mL 样品溶液定容到 100 mL,再吸取 2.0 mL 稀释的样品溶液,滴加 0.2 mL 碘液,用蒸馏水补足至 10 mL,在 660 nm 波长处测定吸光度值,再根据标准曲线计算样品中淀粉含量。

(六)绿豆全粉中损伤淀粉含量的测定

采用酶解法测定绿豆全粉中损伤淀粉的含量。依据国家标准《GB/T 9826—2008 粮油检验小麦粉破损淀粉测定 α-淀粉酶法》设计实验操作方案。测定方法:称取 1.00 g(14%湿基)绿豆全粉样品,称取 0.050 g 酶,加入 45 mL 乙酸缓冲液,在 30℃恒温水浴锅中准确保温 15 min。再加入 3 mL 10%硫酸溶液和 2 mL 12%钨酸钠溶液,充分混合,静置 2 min,过滤,滤液即为试样测定液,并做空白对照。吸取 5.0 mL 试样测定液于试管中,根据国家标准《GB 5009.7—2016 食品安全国家标准　食品中还原糖的测定》进行还原糖含量的测定。

(七)绿豆全粉松装密度、振实密度及卡尔系数的测定

淀粉粉体松装密度(Bulk Density,BD)和振实密度(True Density,TD)测定参照 Muttakin 等研究的方法进行测定。卡尔系数(Carl Index,CI)测定参照王小飞等的研究进行实验设计。松装密度测定:选取带有刻度并已知体积量筒(v_b),并称量其质量记为(m_1),将待测试绿豆全粉样品装入量筒中并填满后,称量绿豆全粉和量筒质量记为(m_2),松装密度计算公式如式(9-1)所示。振实密度的测定:将待测定的样品装入已知体积(v_t)和质量(m_1)的量筒中,连续振荡 100 次,并不断地添加绿豆全粉样品,直至粉体达到紧密稳定状态,粉体振实密度计算公式如式(9-2)所示。压缩度计算如公式(9-3)所示。

松装密度(g/cm^3):
$$\rho_b = \frac{m_2 - m_1}{v_b} \times 100 \tag{9-1}$$

振实密度(g/cm^3):
$$\rho_t = \frac{m_2 - m_1}{v_t} \times 100 \tag{9-2}$$

卡尔系数(Carl Index,%):
$$k = \frac{\rho_t - \rho_b}{\rho_t} \times 100\% \tag{9-3}$$

(八)绿豆全粉溶解度、膨胀度的测定

绿豆全粉溶解度和膨胀度的测定参照张华等方法进行测定。溶解度测定:取 25 mL 质量分数为 2.0% 的淀粉乳,在 25℃ 下搅拌 30 min 后,用离心机在 3000 r/min 速度下离心 20 min;将上层清液倾入烘干至恒重的平皿中,然后移入恒温干燥箱于 90℃ 条件下蒸干。再升温至 110℃,烘干至恒重,称重,得被溶解淀粉质量 A(g)。平皿质量 M_1(g),称离心管离心后沉淀物质量 P(g),样品干基质量为 M(g)。溶解度(S)和膨胀度计算公式如式(9-4)和式(9-5)所示:

溶解度:
$$S = \frac{A}{M} \times 100\% \tag{9-4}$$

膨胀度:
$$E = \frac{P}{M(100 - S)} \times 100\% \tag{9-5}$$

(九)绿豆全粉持油性、持水性及吸水性的测定

持油性测定:依据邓芝串等相关研究的方法,并做适当改动:取 1.000 g 绿豆淀粉样品与 10 mL 大豆油混匀,搅拌 10 min,3000 r/min 室温离心 25 min,移除上清

液,沉淀称重,按式(9-6)计算持油性。

持水性测定:称取 5.000 g 样品分散于水中,100℃ 水浴 1 h,冷却至室温后在转速为 3000 r/min 下离心 10 min,弃去上清液,称沉淀重量,按式(9-7)计算持油性。

吸水性测定:称取 0.2 g 绿豆全粉样品与 6 mL 蒸馏水与已知质量的离心管中,振荡 1 min 后静置 10 min,1600 r/min 离心 25 min,倒去上清液,将沉淀物同离心管置于 50℃ 干燥 25 min 后称重。按式(9-8)计算持油性。

持油性(g/100g) = (离心后沉淀的质量-绿豆全粉样品的质量)/绿豆全粉样品的质量×100 (9-6)

持水性(%) = (沉淀重量/样品重量)×100% (9-7)

$$吸水性 = \frac{m_2 - m_1}{m}$$ (9-8)

式(9-8)中:m_2 为离心后总质量(g);m_1 为离心前样品与离心管总质量(g);m 为样品质量(g)。

(十)绿豆全粉总酚含量的测定

汪丹等以芥子酸为对照品,利用福林酚比色法测定了油菜籽中总酚含量,研究发现不同产地的油菜籽中总酚含量存在显著的差异,其中贵州省油菜籽总酚含量最高为 6.845 mg/g。测定方法:称取 2 g 原料加入 25 mL 70% 乙醇超声提取 25 min 后离心(4000 r/min)10 min。提取上清液,用于测定多酚含量。以没食子酸为标准品绘制标准曲线,根据标准曲线计算样品中多酚含量。

(十一)图表制作分析

每次试验均做 3 次平行实验。图表制作采用 Excel 2017 软件。

第三节　结果与分析

一、绿豆粉的营养成分测定结果

绿豆营养成分及含量测定结果如表 9-1 所示。从表 9-1 中可以得出,实验绿豆中蛋白质含量约为 23.17%,脂肪含量约为 1.81%,灰分含量约为 3.79%,水分含量约为 11.31%,总淀粉含 38.27%。

表 9-1　绿豆的基本营养成分及含量

名称	蛋白质含量/%	脂肪含量/%	灰分含量/%	总淀粉含量/%	水分含量/%
绿豆	23.17%	1.81%	3.79%	38.27%	11.31%

二、绿豆全粉的颗粒大小及分布

采用不同的研磨粉碎预处理方式处理绿豆,实验结果如表 9-2～表 9-4 所示。

表 9-2　机械研磨绿豆全粉颗粒度及分布表

样品	D_{10} 值	D_{50} 值	D_{90} 值	S_w 比表面积/($m^2 \cdot g^{-1}$)
普通机械粉碎 80 目	4.387	22.400	103.300	0.230
普通机械粉碎 100 目	4.169	22.250	97.220	0.236
普通机械粉碎 120 目	4.047	22.080	96.170	0.240

在其他条件不变的情况下,普通机械研磨后过筛得到的不同目数的绿豆全粉在颗粒度及分布、比表面积有明显的区别。随着滤筛目数的增加,绿豆全粉颗粒的 D_{10} 值、D_{50} 值、D_{90} 值呈依次减小趋势;同时,比表面积却呈现增大的趋势,随着过筛目数的增加,比表面积逐渐增大。表明随着滤筛目数的增加,绿豆全粉颗粒度减小,比表面积增大,得到的绿豆全粉越细。

表 9-3　气流研磨绿豆全粉颗粒度及分布表

样品	D_{10} 值	D_{50} 值	D_{90} 值	S_w 比表面积/($m^2 \cdot g^{-1}$)
气流研磨 0.55 MPa 30 Hz	2.786	8.794	21.860	0.387
气流研磨 0.55 MPa 40 Hz	2.616	7.348	17.980	0.428
气流研磨 0.55 MPa 50 Hz	2.496	6.787	16.320	0.458

在气流强度为 0.55 MPa 条件下,研磨粉碎机选用不同的转动频率对绿豆全粉的颗粒度及分布、比表面积有明显的影响。随着转动频率的增加,绿豆全粉颗粒的 D_{10} 值、D_{50} 值、D_{90} 值呈依次减小趋势;相反,比表面积却呈现相反的趋势,转动频率增加,比表面积增大。表明随着转动频率的增加,绿豆全粉颗粒度减小,比表面积增大,得到的粉末越细。

表 9-4　球磨研磨绿豆全粉颗粒度及分布表

样品	D_{10} 值	D_{50} 值	D_{90} 值	S_w 比表面积/($m^2 \cdot g^{-1}$)
球磨粉碎 1 h	6.184	33.790	139.000	0.184
球磨粉碎 5 h	6.059	28.490	68.070	0.267
球磨粉碎 10 h	5.911	27.680	47.010	0.350

在其他条件不变的情况下,球磨研磨的时间对绿豆全粉的颗粒度及分布、比表面积有明显的影响。随着研磨时间的增加,绿豆全粉颗粒的 D_{10} 值、D_{50} 值、D_{90} 值呈依次减小趋势;同时,比表面积却呈现相反的趋势,随着研磨时间的增加,比表面积逐渐增大。表明随着研磨时间的增加,绿豆全粉颗粒度减小,比表面积增大,得到的粉末越细。

综上所述,在普通机械研磨粉碎、球磨粉碎、气流研磨粉碎等三种不同的研磨粉碎方式预处理下,绿豆全粉颗粒的 D_{10} 值、D_{50} 值、D_{90} 值呈依次减小趋势,其中在气流强度为 0.55 MPa、转动频率 50 Hz 条件下气流研磨粉碎的值最小,分别为 2.496 μm、6.787 μm、16.320 μm。与此同时,比表面积却呈现相反的趋势,随着研磨时间、研磨粉碎机转动频率的增加,比表面积逐渐增大,其中气流研磨粉碎的比表面积最大,为 0.458 m^2/g。表明在 3 种方式中气流研磨粉碎得到的绿豆全粉颗粒度最小,比表面积值最大,得到的粉末最细。

三、绿豆全粉颗粒表面形貌观察结果

不同的研磨粉碎预处理方式制得的绿豆全粉其表面形貌观察结果如图9-1~图9-3 所示。

图 9-1　机械研磨粉碎绿豆全粉电镜图

图 9-2　球磨研磨粉碎绿豆全粉电镜图

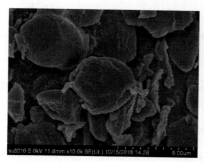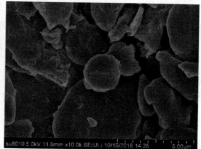

图 9-3　气流研磨粉碎绿豆全粉电镜图

本试验观察到绿豆全粉颗粒主要呈椭圆形颗粒形状、近似球形,还有部分颗粒呈多面体形状,电镜观察下仍可以观察到绿豆全粉中存在一些较大的颗粒。这些颗粒表面结构圆润光滑,无裂缝、缝隙、凹陷等特征。实验观察到的绿豆全粉颗粒表面形貌现象与绿豆全粉的颗粒度及分布测定结果中得到的测定结果相一致。但是绿豆全粉颗粒经过研磨粉碎处理后,由于在研磨、碰撞、摩擦等机械力作用下发生形变,绿豆全粉颗粒表面结构发生了改变,部分颗粒变得粗糙,出现裂纹、缝隙、凹陷等形貌特征。淀粉颗粒形状变得不规则,多呈扁平状粒或多面体状,颗粒大小分布不均一,并产生损伤淀粉,进而影响绿豆全粉的性质。

四、绿豆全粉中总淀粉含量

(一)绿豆全粉中总淀粉含量标准曲线的绘制

以精制绿豆淀粉稀释后总淀粉浓度为横坐标,吸光度值(A)为纵坐标绘制相关标准曲线,标准曲线如图 9-4 所示。从图中可见,芥子酸的浓度在 0.000 ~ 0.800 μg/mL 范围内与其吸光值大致呈现线性关系,线性回归方程为 $y =$

0.2918x+0.0139,相关系数 R^2 = 0.9779。

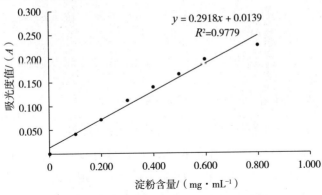

图9-4 绿豆全粉中总淀粉含量标准曲线

(二)绿豆全粉中总淀粉含量的测定结果

本试验测得绿豆全粉中总淀粉含量如表9-5所示。

表9-5 绿豆全粉中总淀粉含量的测定

样品	总淀粉含量/%
气流研磨 0.55 MPa 30 Hz	31.08
气流研磨 0.55 MPa 40 Hz	34.96
气流研磨 0.55 MPa 50 Hz	38.23
球磨粉碎 1 h	28.64
球磨粉碎 5 h	29.57
球磨粉碎 10 h	30.04
机械粉碎 80 目	29.59
机械粉碎 100 目	32.02
机械粉碎 120 目	32.58

由试验结果数据可知,在气流强度为 0.55 MPa 时,随着气流研磨采用的转动频率的增大,绿豆全粉中的总淀粉含量略有上升。其原因可能是气流研磨过程中除去了绿豆的外皮,而绿豆外皮这一部分含粗纤维较多,淀粉含量低。随着转动频率的上升,绿豆外皮逐渐被分离出来,而使得绿豆全粉中的总淀粉含量有所上升。球磨粉碎处理下,随着时间的增加,绿豆全粉中总淀粉含量并没有明显变化,表明球磨粉碎时间的长短对绿豆全粉中总淀粉含量并无明显影响。机械粉碎处理下,随着粉碎过滤筛目数的增加,绿豆全粉中的总淀粉含量呈上升趋

势,表明不同的过筛目数得到不同颗粒度大小的绿豆全粉对其总淀粉含量有一定程度的影响。可能的原因是过筛处理滤去了颗粒度较大的绿豆全粉颗粒,并且绿豆外皮因结构性质特殊不易研磨粉碎,在过筛处理中被滤除,而使得过筛处理后的绿豆全粉中含绿豆外皮成分较少,因此实验结果测得总淀粉含量升高。

五、绿豆全粉中损伤淀粉含量的测定结果

由图9-5试验结果数据可知,在气流强度为0.55 MPa条件下,气流研磨粉碎采用的转动频率对绿豆全粉中的损伤淀粉含量有显著影响。如图所示,随着粉碎机转动频率的增大,绿豆全粉中破损淀粉含量出现上升趋势,在气流强度为0.55 MPa、转动频率为50 Hz条件下,损伤淀粉值最高为32.144。球磨粉碎处理下,处理时间的增加绿豆全粉中损伤淀粉含量产生了明显的影响,随着球磨粉碎处理时间的增加,绿豆全粉中破损淀粉含量呈现明显的上升趋势。机械粉碎处理下,随着粉碎过滤筛目数的增加,绿豆全粉中的总淀粉含量呈上升趋势,表明不同的过筛目数得到不同颗粒度大小的绿豆全粉对其总淀粉含量有一定程度的影响。

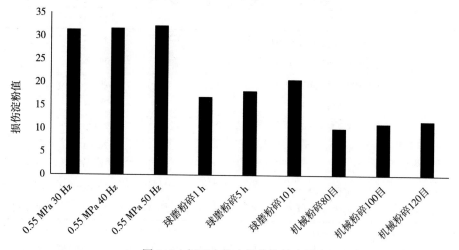

图9-5　绿豆全粉中损伤淀粉含量

在3种不同的绿豆粉碎预处理方式作用下,绿豆全粉中破损淀粉含量均显著增加。分析其可能的原因有以下3点:

(1)在气流研磨处理条件下,研磨粉碎机转动频率的增加,对绿豆原料研磨作用力增大,使得制粉过程中产生了较多破损淀粉。

(2)在球磨粉碎处理条件下,球磨粉碎处理的时间的增加,增加了绿豆全粉

颗粒之间相互摩擦的次数,使得制粉过程中产生了较多破损淀粉。

(3)在机械粉碎处理条件下,机械粉碎后过滤筛的目数增加,得到的绿豆全粉的颗粒度减小,得到更小颗粒度的绿豆全粉需要更多的颗粒之间的摩擦,使得制粉过程中产生了较多破损淀粉。

六、绿豆全粉松装密度、振实密度及流动性

本实验测得绿豆全粉松装密度、振实密度及流动性的测定结果如表9-6所示。

表9-6　绿豆全粉松装密度、振实密度及卡尔系数

样品	松装密度(BD)	振实密度(TD)	卡尔系数(CI)
气流研磨 0.55 MPa 30 Hz	0.620	0.943	34.252
气流研磨 0.55 MPa 40 Hz	0.586	0.918	36.166
气流研磨 0.55 MPa 50 Hz	0.568	0.893	36.394
球磨粉碎 1 h	0.555	0.925	40.000
球磨粉碎 5 h	0.535	0.906	40.949
球磨粉碎 10 h	0.503	0.834	41.688
机械粉碎 80 目	0.579	1.014	42.813
机械粉碎 100 目	0.561	0.981	42.899
机械粉碎 120 目	0.539	0.965	44.145

如表9-6绿豆全粉松装密度、振实密度及流动性的测定结果数据所示,在3种不同的绿豆粉碎预处理方式作用下,处理条件的改变对绿豆全粉的松装密度、振实密度及流动性都产生了明显的影响。在大气压强为 0.55 MPa 条件下,气流研磨粉碎采用的研磨粉碎机转动频率对绿豆全粉松装密度、振实密度有显著影响。随着粉碎机转动频率的增大,绿豆全粉松装密度、振实密度呈现下降趋势,相反,卡尔系数却呈现上升趋势,表明随着绿豆全粉颗粒度的减小,其流动性减弱。同理,在球磨粉碎处理作用下,随着处理时间的增加,绿豆全粉松装密度、振实密度呈现下降趋势,相反,卡尔系数却呈现上升趋势,表明随着绿豆全粉研磨粉碎时间的增加,其颗粒度的减小,流动性减弱。在机械粉碎处理作用下,随着粉碎过滤筛目数的增加,绿豆全粉松装密度、振实密度呈现下降趋势,相反,卡尔系数却呈现上升趋势,随着机械粉碎后过滤筛的目数增加,其颗粒度的减小,流动性减弱。

七、绿豆全粉溶解度、膨胀度

本实验测得绿豆全粉溶解度、膨胀度的测定结果如表9-7所示。

表9-7　绿豆全粉溶解度、膨胀度

样品	溶解度值/（g/100g）	膨胀度/%
气流研磨 0.55 MPa 30 Hz	48.58	1.75
气流研磨 0.55 MPa 40 Hz	45.67	1.62
气流研磨 0.55 MPa 50 Hz	41.69	1.51
球磨粉碎 1 h	31.50	1.17
球磨粉碎 5 h	29.34	1.09
球磨粉碎 10 h	28.02	0.93
机械粉碎 80 目	19.16	0.87
机械粉碎 100 目	17.08	0.79
机械粉碎 120 目	16.05	0.67

如表9-7绿豆全粉溶解度、膨胀度的测定结果的数据所示,在3种不同的绿豆粉碎预处理方式作用下,处理条件的改变对绿豆全粉溶解度、膨胀度都产生了明显的影响。在大气压强为0.55 MPa条件下,气流研磨粉碎采用的研磨粉碎机转动频率对绿豆全粉溶解度、膨胀度有显著影响。随着粉碎机转动频率的增大,绿豆全粉溶解度、膨胀度呈现下降趋势。在球磨粉碎处理作用下,随着处理时间的增加,绿豆全粉溶解度、膨胀度呈现下降趋势。在机械粉碎处理作用下,随着粉碎过滤筛目数的增加,绿豆全粉溶解度、膨胀度呈现下降趋势。

八、绿豆全粉持油性、持水性及吸水性

不同的粉碎预处理方式制得的绿豆全粉持油性、持水性及吸水性的测定结果如表9-8所示。在3种不同的绿豆粉碎预处理方式作用下,处理条件的改变对绿豆全粉溶解度、膨胀度都产生了明显的影响。在大气压强为0.55 MPa条件下,气流研磨粉碎采用的研磨粉碎机转动频率对绿豆持油性、持水性及吸水性有显著影响。随着粉碎机转动频率的增大,绿豆全粉持油性、持水性呈现下降趋势,而吸水性呈现上升趋势。在球磨粉碎处理作用下,随着处理时间的增加,绿豆全粉持油性、持水性呈现下降趋势,而吸水性呈现上升趋势。在机械粉碎处理作用下,随着粉碎过滤筛目数的增加,绿豆全粉持油性、持水性呈现下降趋势,而

吸水性呈现上升趋势。

表 9-8　绿豆全粉持油性、持水性及吸水性

样品	持油性	持水性	吸水性
气流研磨 0.55 MPa 30 Hz	1.5006	0.0858	1.4285
气流研磨 0.55 MPa 40 Hz	1.5448	0.0785	1.7125
气流研磨 0.55 MPa 50 Hz	1.5981	0.0747	1.8403
球磨粉碎 1 h	1.4219	0.1464	2.1112
球磨粉碎 5 h	1.5985	0.1398	2.7701
球磨粉碎 10 h	1.8601	0.1331	2.7463
普通机械粉碎 80 目	1.4794	0.1911	1.2524
普通机械粉碎 100 目	1.5098	0.1889	1.0731
普通机械粉碎 120 目	1.6151	0.1831	1.0411

九、绿豆全粉总酚含量的测定

(一)绿豆全粉中总酚含量标准曲线的绘制

以标准没食子酸为标准品参照,以没食子酸含量为横坐标,吸光度值(A)为纵坐标绘制相关标准曲线,标准曲线如图 9-6 所示。从图 9-6 中可见,芥子酸的浓度在 0.000~5.000 mg/g 范围内与其吸光值大致呈现线性关系,线性回归方程为 $y = 0.0811x+0.0086$,相关系数 $R^2 = 0.9960$。

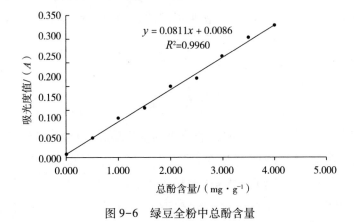

图 9-6　绿豆全粉中总酚含量

（二）绿豆全粉中总酚含量的测定

本实验测得绿豆全粉总酚含量的测定结果如表9-9所示。

表9-9　绿豆全粉中总酚含量

样品	总酚含量/（mg·g^{-1}）
气流研磨 0.55 MPa 30 Hz	1.6613
气流研磨 0.55 MPa 40 Hz	1.5610
气流研磨 0.55 MPa 50 Hz	1.4689
球磨粉碎 1 h	1.6776
球磨粉碎 5 h	1.7155
球磨粉碎 10 h	1.7670
机械粉碎 80 目	1.5393
机械粉碎 100 目	1.5662
机械粉碎 120 目	1.5664

由试验结果数据可知,在0.55 MPa大气压强下,随着气流研磨采用的研磨粉碎机转动频率的增大,绿豆全粉中的总酚含量有一定程度的下降。其原因可能是气流研磨过程中除去了绿豆的外皮,而绿豆外皮这一部分含粗纤维较多,绿豆外皮中多酚含量较高,随着研磨粉碎机转动频率的上升,绿豆外皮含量逐渐减少,而使得绿豆全粉中的总酚含量有所下降。球磨粉碎处理下,随着时间的增加,绿豆全粉中总酚含量并没有明显变化,表明球磨粉碎时间的长短对绿豆全粉中总酚含量并无明显影响。机械粉碎处理下,随着粉碎过滤筛目数的增加,绿豆全粉中的总酚含量并无明显变化,表明不同的过筛目数得到不同颗粒度大小的绿豆全粉对其总酚含量并无明显的影响。

第四节　结论

对试验绿豆采用三种不同的研磨粉碎预处理后,绿豆全粉的颗粒度大小及分布、晶颗粒表面形貌及理化性质变化如下:

（1）试验绿豆经过3种不同的研磨粉碎预处理,其颗粒度大小及分布、颗粒表面形貌和都发生明显的变化。虽然绿豆全粉颗粒仍保持完整的颗粒形态,但是由于受到研磨粉碎机械力及剪切力的作用,部分绿豆全粉颗粒表面形貌变得不光滑,粗糙,出现裂纹、缝隙、凹陷等现象,淀粉颗粒粒度变大,颗粒大小分布变得不均一,形状向不规则转变不规则,呈扁平状颗粒占大多数;气流粉碎处理制得的绿豆全粉 D_{50} 值最小,为 6.787 μm,比表面积值最大为 0.458 m²/g,表明由气流研磨粉碎制得绿豆全粉最细。

(2)在 3 种不同的粉碎预处理方式作用下,绿豆全粉中的损伤淀粉含量均呈现上升趋势,气流研磨粉碎处理的绿豆全粉中损伤淀粉值最高为 32.144。同时气流研磨粉碎处理的绿豆全粉中总淀粉含量最高为 38.23%,气流研磨粉碎的绿豆全粉中总酚含量最低为 1.4689 mg/g。

(3)3 种不同的粉碎处理方式下,绿豆全粉的松装密度、振实密度和流动性都呈现下降趋势;溶解度、膨胀度及持水性、持油性都呈现上升趋势。

参考文献

[1] 孙明威,周振亚. 制约我国绿豆生产与贸易问题的研究[J]. 中国合作经济,2016(9):58-61.

[2] 李玉瑞. 绿豆的保健功效[J]. 吉林蔬菜,2015(3):25-28.

[3] DIDI YU, JINCHENG CHEN, JIE MA, et al. Effects of different milling methods on physicochemical properties of common buck wheat flour[J]. LWT-Food Science and Technology, 2018(6):92.

[4] 闫巧珍. 绿豆全粉理化性质和消化特性的研究[D]. 咸阳:西北农林科技大学,2017.

[5] 邓志汇,王娟. 绿豆皮与绿豆仁的营养成分分析及对比[J]. 现代食品科技,2010,26(6):656-659.

[6] 王倩,马丽苹,焦昆鹏,等. 绿豆皮不溶性膳食纤维提取及其性质研究[J]. 农产品加工,2015,17(14):12-15.

[7] 张海均,贾冬英,姚开. 绿豆的营养与保健功能研究进展[J]. 食品与发酵科技,2012,48(1):7-10.

[8] 邓志汇,王娟. 不同品种绿豆的淀粉特性、糊化特性分析及对比[J]. 现代食品科技,2011,17(11):57-65.

[9] B DAYAKAR RAO, MOHAMED ANIS, K KALPANA, K V SUNOOJ, J V PATIL, T GANESH. Influence of milling methods and particle size on hydration properties of sorghum flour and quality of sorghum biscuits[J]. LWT-Food

Science and Technology, 2016, 12(23): 67.

[10] ANGELIDIS G, PROTONOTARIOU, S MANDALA, I & Rosell, C M. Effects of different milling on wheat flour characteristics and starch hydrolysis. Journal of Food Science & Technology, 2016, 11(24): 53-78.

[11] 汪周俊, 黄亮, 李爱科, 等. 绿豆—小麦混合粉加工特性及其挂面品质研究 [J]. 粮油食品科技, 2016, 24(5): 49-53.

[12] B DAYAKAR RAO, DHANASHRI B KULKARNI, KAVITHA C. Study on evaluation of starch, dietary fiber and mineral composition of cookies developed from 12 sorghum cultivars[J]. Food Chemistry, 2016, 45(15): 56-58.

[13] ATHINA LAZARIDOU, DIMITRIOS G. VOURIS, PANAGIOTIS ZOUMPOULAKIS, COSTAS G. Biliaderis. Physicochemical properties of jet milled wheat flours and doughs[J]. Food Hydrocolloids, 2018, 35(16): 66-68.

[14] DIMITRIOS G. VOURIS, ATHINA LAZARIDOU, IOANNA G. MANDALA, COSTAS G. Biliaderis. Wheat bread quality attributes using jet milling flour fractions[J]. LWT-Food Science and Technology, 2018, 11(22): 92.

[15] 杨丽红. 不同加工工艺对超微绿茶粉品质的影响及应用[D]. 合肥:安徽农业大学, 2015.

[16] 李琳, 刘天一, 李小雨, 等. 超微茶粉的制备与性能[J]. 食品研究与开发, 2011, 32(1): 53-56.

[17] 王立东, 刘婷婷, 寇芳, 等. 球磨研磨对绿豆淀粉颗粒结构及性质的影响 [J]. 中国食品添加剂, 2016, 10(7): 167-173.

[18] 郎双静, 王立东. 球磨研磨对荞麦淀粉结构及性质的影响[J]. 农产品加工, 2019, 3(4): 4-8.

[19] 李茂菊, 黄磊, 温东宁. 桑枝粉机械粉碎工效对比试验[J]. 现代农业科技, 2015, 22(15): 200.

[20] 王梓桐, 林海. 液氮研磨和机械粉碎对云芝多糖提取的影响[J]. 科技资讯, 2018, 16(1): 245-247.

[21] GB 5009.3—2016 食品安全国家标准 食品中水分的测定[S].

[22] 张嫦, 胡蓉, 杨学军, 等. 灵芝野微粉的激光粒度测定法研究[J]. 西南民族大学学报:自然科学版, 2008(3): 507-510.

[23] BARRERA G N, CALDERóN DOMíNGUEZ G, CHANONA PéREZ J, et al.

Evaluation of the mechanical damage on wheat starch granules by SEM，ESEM，AFM and texture image analysis［J］. Carbohydrate Polymers，2013，98（2）：1449-1457.

［24］方晨璐，黄峻榕，任瑞珍，等. 酶解薯类淀粉适用于电镜观察其颗粒表面及内部结构［J］. 农业工程学报，2018，34（22）：306-312.

［25］南博. 碘—淀粉比色法测定不同产地葛根淀粉含量［A］. 中华中医药学会中药鉴定分会. 中华中医药学会第九届中药鉴定学术会议论文集——祝贺中华中医药学会中药鉴定分会成立二十周年［C］. 中华中医药学会中药鉴定分会：中华中医药学会，2008：13.

［26］GB 5009.9—2016 食品安全国家标准　食品中淀粉的测定［S］.

［27］GB/T 9826—2008 粮油检验　小麦粉破损淀粉测定 α-淀粉酶法［S］.

［28］GB 5009.7—2016 食品安全国家标准　食品中还原糖的测定［S］.

［29］SYAHRIZAL MUTTAKIN，MIN SOO KIM，DONG-UN LEE. Tailoring physicochemical and sensorial properties of defatted soybean flour using jet-milling technology［J］. Food Chemistry，2015，16（12）：18.

［30］王小飞，高原，蒋楠. 奶粉流动性测试方法［J］. 食品安全质量检测学报，2015，6（9）：3360-3366.

［31］张华，王新天，宋佳宁，等. 不同干燥方法对预糊化淀粉理化性质的影响［J］. 食品工业，2018，39（7）：4-7.

［32］邓芝串，张晖，张超，等. 籽瓜种子蛋白质的持水及持油性研究［J］. 中国粮油学报，2015，30（9）：49-54.

［33］汪丹丹，杨瑞楠，张良晓，等. Folin-Ciocaileu 比色法测定油菜籽中总酚含量［J］. 食品安全质量检测学报，2018，9（5）：979-984.

第十章　超微粉碎对小米麸皮膳食
纤维物理特性的影响

第一节　引言

　　小米麸皮为小米加工后的副产物,年产40万吨左右,主要由小米的果皮、种皮、糊粉层、少量的胚和胚乳组成,富含蛋白质、脂肪、矿物质、维生素、半纤维素和纤维素等营养成分,其膳食纤维含量高达45%以上。提高小米麸皮膳食纤维的膨胀力、持水性、吸油性等物理特性成为人们研究的热点。郑红艳等以非糯性小米麸皮为原料,研究了酶—化学法提取膳食纤维的工艺,制备得到纯度为92%的膳食纤维。刘敬科等研究以小米糠膳食纤维为原料对血糖和血脂的调节作用,证明小米糠膳食纤维对血糖和血脂具有一定的调节作用。刘倍毓等采用酶—化学法制备得到糯性小米麸皮、非糯性小米麸皮中的膳食纤维,并对其化学成分、膳食纤维的物化特性等进行了研究,得到糯性和非糯性小米麸皮膳食纤维中不溶性膳食纤维质量分数分别达到91.35%、89.55%,膳食纤维均具有良好的物化特性。

　　超微粉碎是一项新型的食品加工技术,具有速度快,时间短,可低温粉碎,粒径细且分布均匀,节省原料,提高利用率,增强产品物理化学特性,利于机体对营养成分的吸收等特点。超微粉碎后粉体处于微观粒子和宏观物体之间的过渡状态,具有巨大的表面积和孔隙率,质量均匀,很好的溶解性,很强的吸附性、流动性,化学反应速度快,溶解度大等特性。且超微粉碎技术的粉碎过程对原料中原有的营养成分影响较小,随着颗粒微细程度不同,对某些天然生物资源的食用特性、功能特性和理化性能产生多方面的影响。美国、日本市售的果味凉茶、冻干水果粉、海带粉、花粉等,多是采用超微粉碎技术加工而成的。我国在超微粉碎方面的研究和应用较多,王跃等人研究了超微粉碎对小麦麸皮物理性质的影响,得到超微粉碎的麸皮在持水力、膨胀力和阳离子交换能力较原粉具有较大提高。张荣等人研究了黄芪超微粉碎物理特性及制备工艺条件的优化,得到超微粉碎可以显著提高黄芪粉体流动性、持水力、膨胀力和容积密度。李成华等人研究了利用振动磨超微粉碎黑木耳加工技术参数的研究,优化得到最佳的工艺参数,得到黑木耳超微粉平均粒径 D_{50} 为 4.6 μm。蓝海军等对大豆膳食纤维的干法和湿法超微粉碎进行了对比研究,并进行了物理性质测定,得出干法粉碎对膨胀力、持水力、结合水力的影响不及湿法粉碎的大,却更有助于水分蒸发速率的提高;申瑞玲等研究微粉碎对燕麦麸皮营养成分及物理特性的影响,微粉碎可以改善燕麦麸皮的物理特性,在粒度为 250~125 μm 时燕麦麸皮持水力最强;在 180~150 μm 时麸皮膨胀力最大;在 150~125 μm 时麸皮水溶性最佳。

目前虽然对小米麸皮膳食纤维的提取方法及物理、化学、功能特性的研究报道较多,但对通过采用超微粉碎技术处理小米麸皮膳食纤维,并研究其粉碎前后物理性质的变化的研究报道较少。本试验以小米麸皮为原料,通过淀粉酶和蛋白酶去除麸皮中的淀粉和蛋白,制备得到高纯膳食纤维,并考察不同粉碎粒度对小米麸皮膳食纤维物理特性的影响,将麸皮膳食纤维原粉与超微粉碎微粉在膨胀力、持水力、持油力、结合水力和阳离子交换能力等性质方面进行对比试验,为小米麸皮膳食纤维的开发利用提供一定的理论依据。

第二节　材料与方法

一、材料与仪器

小米麸皮由大庆市肇州县托古农产品有限公司提供;耐高温 α-淀粉酶(液体,活力≥20000 u/mL),由上海金穗生物科技有限公司提供;中性蛋白酶(固体,活力≥4000 u/g),由北京奥博星生物技术有限责任公司提供;硝酸银、氢氧化钠、盐酸等试剂均为国产分析纯;大豆油为市售优级纯。

QM-DY 行星式球磨机,南京大学仪器厂;XF-100 高速粉碎机(24000r/min),西安明克斯检测设备有限公司;Bettersize 2000 激光颗粒分布测量仪,丹东市百特仪器有限公司;TGL-16B 台式离心机,上海安亭科学仪器厂;AR2140 电子天平,梅特勒-托利多仪器(上海)有限公司;KDY-08C 凯氏定氮仪,上海瑞正仪器设备有限公司;DK-S24 型电热恒温水浴锅,上海森信实验仪器有限公司;DGG-9053A 型电热恒温鼓风干燥箱,上海森信实验仪器有限公司;LD4-40 低速大容量离心机,北京京立离心机有限公司;WXL-5 快速智能马弗炉,鹤壁市天弧仪器有限公司;S40 pH 计,梅特勒-托利多仪器(上海)有限公司。

二、试验方法

(一)小米麸皮膳食纤维的制备及成分的测定

1.原料预处理

称取原料小米麸皮 100 g,分散于 1000 mL 纯水中,常温浸泡 30 min,洗涤除去杂质,于 60℃烘干,将烘干后小米麸皮粉碎至 40 目,备用。

2.麸皮中膳食纤维的提取

称取粉碎 40 目的小米麸皮 50 g,分散于 500 mL 纯水中,浸泡 20 min,调节溶液 pH 为 5.6,并加入 1.5%(相对于麸皮中淀粉)的耐高温 α-淀粉酶,在 90℃条件下处理 30 min,以碘溶液显色验证是否水解完全,降温至 40℃,调节 pH 为 7.0,加入 2%(相对于麸皮蛋白)中性蛋白酶水解 120 min,升温至 85℃灭酶 20 min,用纯净水反复洗涤麸皮后,于 60℃下干燥过夜,得小米麸皮膳食纤维。

3.膳食纤维成分的测定

按照《GB/T 22224—2008 食品中膳食纤维的测定 酶重量法和酶重量法—液相色谱法》方法测定可溶性膳食纤维(SDF),不溶性膳食纤维(IDF)和总膳食纤维(TDF)。

(二)小米麸皮膳食纤维超微粉碎及粒径的测定

1.小米麸皮超微粉碎

取适量粉碎至 40 目的小米麸皮膳食纤维,置于球磨机中,固定球磨机粉碎部分参数:激振力为 22000 N,磨介质充填率为 50%,球料比为 5,通过改变粉碎时间(0.5 h、1.0 h、1.5 h、2 h)的长短来控制粒度范围,最终得到 a、b、c、d 四种微粉。

2.粒径的测定

取适量的超微粉碎小米麸皮样品置于激光粒度测定仪器内,以无水乙醇作为湿润剂,通过超声波对粉体分散 2 min,测定各样品的粒径分布。$D(v,0.5)$ 表示在粒度累计分布曲线上 50% 颗粒的直径小于或等于此值,又称为颗粒的平均粒径,本研究以 D_{50} 为粉碎后产品的试验指标。

(三)小米麸皮膳食纤维物理性质的测定

1.膨胀力的测定

参考 Femenia 等的方法,准确称取膳食纤维 0.5 g,置于 10 mL 量筒中移液管准确移取 5.00 mL 蒸馏水加入其中。振荡均匀后分别在 25℃、37℃条件下放置 24 h,读取液体中膳食纤维的体积。

$$膨胀力(mL/g) = \frac{膨胀后体积 - 干品体积}{样品干质量}(mL/g)$$

2.持水力的测定

根据 Esposito 等的方法,准确称取 3 g 样品于 50 mL 的离心管中,加入 25 mL 的去离子水,分别在 25℃、37℃下搅拌 30 min,3000 r/min 离心 30 min,弃去上清液并用滤纸吸干离心管壁残留水分,称量。

$$持水力(g/g) = \frac{样品湿质量 - 样品干质量}{样品干质量}(g/g)$$

3.持油力的测定

按 Sangnark 等的方法进行,取 1.0 g 膳食纤维于离心管中,加入食用油 20 g,分别在 25℃、37℃下静置 1 h,3000 r/min 离心 30 min,去掉上层油,残渣用滤纸吸干游离的油,称量。

$$吸油量(g/g) = \frac{样品湿质量 - 样品干质量}{样品干质量}(g/g)$$

4.结合水力的测定

根据郑建仙等的方法进行测定。先将 100 mg 膳食纤维分别浸泡于 25℃、37℃的蒸馏水中,在 14 000 r/min 下离心处理 20 h,除去上层清液,残留物置于 G-2 多孔玻璃坩埚上静置 1 h,称量该残留物 M_1,然后在 120℃下干燥 2 h 后再次称量残留物 M_2,两者差值即为所结合的水质量,换算成每克膳食纤维的结合水克数。

$$结合水力(g/g) = \frac{M_1 - M_2}{样品干质量}(g/g)$$

5.阳离子交换能力的测定

称取一定量的样品置于烧杯中,注入 0.1 mol/L 的 HCl,浸泡 24 h 后过滤,用蒸馏水洗去过量的酸,用 10% 的 $AgNO_3$ 溶液滴定滤液,直到不含氯离子为止(无白色沉淀产生)。将滤渣微热风干燥后置于干燥器中备用。准确称取 0.25 g 干滤渣加入到 100 mL 5% NaCl 溶液中,磁力搅拌器搅拌均匀后,每次用 0.01 mol/L 的 NaOH 滴定,记录对应的 pH,直到 pH 变化很小为止,并根据得到的数据作 V_{NaOH}-pH 关系图。

第三节　结果与分析

一、小米麸皮膳食纤维成分

经测定小米麸皮中可溶性膳食纤维含量占 1.78%,不溶性膳食纤维含量占 90.58%,总膳食纤维的含量为 92.36%。

二、小米麸皮膳食纤维超微粉碎微粉粒径(表 10-1)

表 10-1　各微粉粒径测定结果(D_{50})

粒径	样品				
	小米麸皮膳食纤维原粉	微粉 a	微粉 b	微粉 c	微粉 d
$D_{50}/\mu m$	212.5	122.462	65.412	23.465	19.568

三、超微粉碎小米麸皮膳食纤维膨胀力的测定

从图 10-1 中可以看出,随着小米麸皮膳食纤维粉体的细化,其膨胀力在 25℃、37℃条件下均优于未经超微粉碎的麸皮膳食纤维,呈现先增加后减小的趋势,微粉 b 和微粉 c 的膨胀效果较好,微粉 b 的膨胀力最大,在 25℃时为原粉的 2.3 倍,37℃时为原粉的 2.2 倍。可能是由于随着粉碎粒度细化程度的加强,麸皮比表面积增大,亲水基团暴露,溶于水后,颗粒伸展产生更大的容积。随着粉碎粒度的进一步减小,膳食纤维中大分子半纤维素、纤维素的长链断裂,小分子物质增加,对水分的吸附能力降低,导致膨胀力降低。

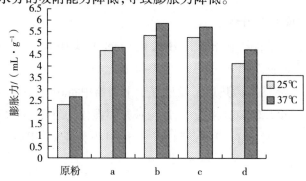

图 10-1　超微粉碎对小米麸皮膳食纤维膨胀力的影响

　　同等条件下,随着温度的升高,麸皮膳食纤维的膨胀力相应增大,说明温度对膨胀力的增加具有一定的促进作用,可能是由于温度较高时,可以适当疏松膳食纤维的结构从而吸收更多的水分。

四、超微粉碎小米麸皮膳食纤维持水力的测定

　　从图 10-2 中可以看出,随着小米麸皮膳食纤维微粉的细化,其持水力在 25℃、37℃条件下均较优于未经过超微粉碎的产品,变化趋势与膨胀力变化相似,呈现先增大后减小的趋势,微粉 c 的持水力最大,为 25℃时原粉的 3.1 倍,37℃时为原粉的 2.9 倍。这可能是由于随着粒度的减小,比表面积增大,颗粒能够与水产生更好的接触,且产品纤维组成结构更为疏松,毛细孔更多,渗透性增强,使其持水力增大。但随着产品粒度的进一步减小,强烈的机械作用使得产品内部的多孔纤维结构受到破坏,滞留水分的能力降低,使得持水力降低。

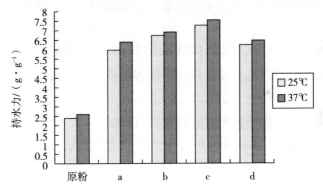

图 10-2　超微粉碎对小米麸皮膳食纤维持水力的影响

　　同等条件下,麸皮膳食纤维在 37℃的持水能力优于 25℃,同膨胀力一样,温度升高使得膳食纤维的结构疏松,增强其持水效果。

五、超微粉碎小米麸皮膳食纤维持油力的测定

　　从图 10-3 中可以看出,麸皮膳食纤维经超微粉碎后产品的持油力高于粉碎前,并且随着微粉粒度的减小,其持油能力先升高后降低,微粉 c 具有较好的持油能力,在 25℃和 37℃时均为原料的 1.6 倍。持油力的变化与持水力的变化相似,随着粒度的减小,使得可供吸油的表面积增大,且细颗粒样品的纤维组成结构更为松散,毛细孔更多;但如果粒度过小,麸皮膳食纤维内部的纤维结构受到破坏,使得之前的毛细孔呈现裂缝,从而使样品的持油性减弱。

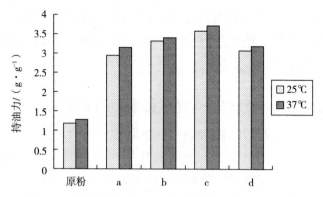

图 10-3　超微粉碎对小米麸皮膳食纤维持油力的影响

同等条件下,麸皮膳食纤维在 25℃时具有较好的吸油性,随着温度变化,37℃时样品的吸油性降低。可能是由于温度的升高,油脂的流动性增强,黏度降低,使得油脂不能很好地存留在样品表面及纤维组织结构内部。

六、超微粉碎小米麸皮膳食纤维结合水力的测定

从图 10-4 中可以看出,超微粉碎后随着微粉粒度的减小,结合水力是逐渐降低的,说明超微粉碎不利于产品结合水。微粉 c 在 25℃、37℃条件下的结合水力均为原料的 70%。这是因为随着微粉粒度的减小,天然膳食纤维的结构被破坏,在离心力的作用下,不能束缚更多的水分,使得结合水能力下降。

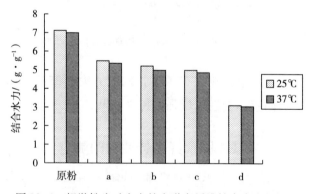

图 10-4　超微粉碎对小米麸皮膳食纤维结合水力的影响

同等条件下,25℃时结合水的效果优于 37℃时,这可能是由于温度的升高,水分子的运动速率随着温度的升高而加快,导致纤维结构更加不容易束缚水分子。

七、超微粉碎小米麸皮膳食纤维阳离子交换能力的测定

从图 10-5 中可以看出,超微粉碎后麸皮膳食纤维的阳离子交换能力优于原粉,且随着微粉粒度的减小,其阳离子交换能力增强,微粉 c、微粉 d 的交换能力优于微粉 a、微粉 b。麸皮膳食纤维的结构中含有羟基、羧基和氨基等侧链基团,可产生类似于弱酸性阳离子交换树脂的作用,可与 Ca^{2+}、Zn^{2+}、Cu^{2+}、Pb^{2+} 等离子进行可逆交换,影响消化道的 pH、渗透压及氧化还原电位等,出现一个更缓冲的环境以利于消化吸收。在阳离子交换过程中,其滴定曲线越陡,表明阳离子交换能力越强。当麸皮膳食纤维经过超微粉碎后,纤维结构暴露出更多的羟基和羧基等侧链基团,增强其阳离子交换能力。

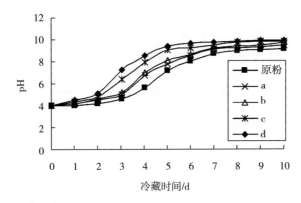

图 10-5　超微粉碎对小米麸皮膳食纤维阳离子交换能力的影响

第四节　结论

小米麸皮经过酶法处理得到高纯度的膳食纤维,其总膳食纤维含量为92.36%。进一步利用超微粉碎方法制备得到麸皮膳食纤维微粉,其膨胀力、持水力、持油力、阳离子交换能力等物理性质均较原粉有较大提高,结合水力较原粉有所降低。综合其各项性能,微粉 c(D_{50} 粒径 ≤23.465 μm)的综合指标最佳,膨胀力在25℃、37℃时分别为原粉的2.3倍、2.2倍,持水力在25℃、37℃时分别为原粉的3.1倍、2.9倍,持油力在25℃、37℃时均为原粉的1.6倍,结合水力在25℃、37℃时均为原粉的70%,并具有较强的阳离子交换能力。

参考文献

［1］郑晓杰,牟德华. 膳食纤维改性的研究进展［J］.食品工程,2009,3:5-8.

［2］朱国君,赵国华. 膳食纤维的改性研究进展［J］.粮食与油脂,2008,4: 40-42.

［3］郑红艳,范超敏,钟耕,等.小麦麸皮提取膳食纤维工艺的研究［J］.食品工业 科技,2011,32(3):261-267.

［4］刘敬科,赵巍,张华博,等.小米糠膳食纤维调节血糖和血脂功能的研究［J］. 湖北农业科学,2012,51(8):1636-1639.

［5］刘倍毓,郑红艳,钟耕,等.小米麸皮膳食纤维成分及物化特性测定［J］.中国 粮油学报,2011,26(10):30-34.

［6］谢瑞红,王顺喜,谢建新,等.超微粉碎技术的应用现状与发展趋势［J］.中国 粉体技术, 2009,15(3):64-67.

［7］黄晟,朱科学,钱海峰,等.超微及冷冻粉碎对麦麸膳食纤维理化性质的影响 ［J］.食品科学,2009,30(15):40-44.

［8］王跃,李梦琴. 超微粉碎对小麦麸皮物理性质的影响［J］.现代食品科技, 2011,3:271-274.

［9］张荣,徐怀德,姚勇哲,等.黄芪超微粉碎物理特性及其制备工艺优化［J］.食 品科学,2011,32(18):34-38.

［10］李成华,曹龙奎.振动磨超微粉碎黑木耳的试验研究［J］.农业工程学报, 2008,24(4):246-250.

［11］蓝海军,刘成梅,涂宗财,等. 大豆膳食纤维的湿法超微粉碎与干法超微 粉碎比较研究［J］.食品科学,2007,6(28):171-174.

［12］申瑞玲,程珊珊,张勇. 微粉碎对燕麦麸皮营养成分及物理特性的影响 ［J］.粮食与饲料工业,2008,3:17-18.

［13］FEMENIA A, LEFEBVRE C, THEBAUDIN Y, et al. Physical and sensory properties of model foods supplemented with cauli-flower fiber［J］. Journal of Food Science, 1997, 62 (4):635-639.

［14］ESPOSITO F,ARLOTTIB G, BONIFATI A M, et al. Antioxidant activity and dietary fibre in durum wheat bran by - products［J］. Food Research International, 2005(38):1167-1173.

［15］SANGNARK A, NOOMHORM A. Effect of particle sizes on functional properties of dietary fiber prepared from sugarcane Bagasse［J］. Food Chemistry, 2003, 80: 221.

［16］郑建仙, 耿立萍, 高孔荣. 利用蔗渣制备高活性膳食纤维添加剂的研究［J］. 食品与发酵工业, 1996(3):58-61.

［17］NAGANO T, AKASAKA T, NISHINARI K. Dynamic viscoelastic properties of glycinin and β- conglycinin gels from soybeans ［J］. Biopolymers, 1994, 34: 1303-1309.

［18］陈存社,刘玉峰. 超微粉碎对小麦胚芽膳食纤维物化性质的影响［J］. 食品科技,2004, 9:88-90.

［19］李伦,张晖,王兴国. 超微粉碎对脱脂米糠膳食纤维理化特性及组成成分的影响［J］. 中国油脂,2009,34(2):56-58.

［20］李焕霞,王华,刘树立. 粒度不同对膳食纤维品质影响研究［J］. 四川食品与发酵, 2007,43(3):34-37.